U0169407

装配式建筑混凝土构件生产与施工

主　编　黄小亚　李姗姗　胡　婷

副主编　王丽梅　陶昌楠

参　编　张　岩　刘成明　耿真真　曹让玲

西南交通大学出版社

·成都·

图书在版编目（CIP）数据

装配式建筑混凝土构件生产与施工 / 黄小亚，李姗姗，胡婷主编. --成都：西南交通大学出版社，2023.11
ISBN 978-7-5643-9460-8

Ⅰ. ①装… Ⅱ. ①黄… ②李… ③胡… Ⅲ. ①装配式混凝土结构 – 结构构件 – 生产工艺 – 高等学校 – 教材
Ⅳ. ①TU37

中国国家版本馆 CIP 数据核字（2023）第 159854 号

Zhuangpeishi Jianzhu Hunningtu Goujian Shengchan yu Shigong

装配式建筑混凝土构件生产与施工

主编　　黄小亚　　李姗姗　　胡　婷

责任编辑	王同晓
封面设计	吴　兵

出版发行	西南交通大学出版社 （四川省成都市金牛区二环路北一段 111 号 西南交通大学创新大厦 21 楼）
邮政编码	610031
营销部电话	028-87600564　028-87600533
网址	http://www.xnjdcbs.com
印刷	四川森林印务有限责任公司

成品尺寸	185 mm × 260 mm
印张	19.25
字数	481 千
版次	2023 年 11 月第 1 版
印次	2023 年 11 月第 1 次
定价	48.50 元
书号	ISBN 978-7-5643-9460-8

前 言

2016 年 2 月发布的《中共中央国务院关于进一步加强城市建设管理工作的若干意见》和 2016 年 9 月国务院常务会议审议通过的《关于大力发展装配式建筑的指导意见》提出，力争用 10 年左右的时间，使装配式建筑占我国新建建筑的比例达到 30%。由此，拉开了我国建筑行业转型、产业升级的序幕。若按预期完成意见目标，我们需要培养成千上万的技术技能应用型人才。

装配式建筑混凝土构件生产与施工是土建类专业的一门专业核心课程。本书主要根据高等院校土建类专业人才培养目标和课程教学的要求，通过校企合作共同编写，融入装配式建筑行业先进技术和丰富案例，对接 1+X 装配式建筑构件制作与安装职业技能等级考核标准，严格按照新规范、新技术、新理念编写而成。

本书共六个模块，包括基础知识、生产准备工作、装配式混凝土构件生产、装配式混凝土构件施工前准备工作、装配式混凝土构件安装、装配式混凝土结构连接施工等。结合高等职业教育的特点，本书注重培养实践能力，依据装配式建筑混凝土构件生产与施工工艺流程，将"理论实践一体化"与"仿真实训"融合入教材编写过程，学生可通过扫描二维码观看学习，具有较强的实用性。

本书由重庆建筑科技职业学院（黄小亚、李姗姗、胡婷、王丽梅、陶昌楠、张岩）联合重庆化工职业学院（耿真真）、重庆君道渝城绿色建筑科技有限公司（刘成明）、四川省宏业建设软件有限责任公司（曹让玲）进行编写。本书由黄小亚副教授主编，具体编写分工如下：模块 1 由重庆建筑科技职业学院的陶昌楠编写；模块 2 由重庆建筑科技职业学院的黄小亚主要编写，重庆建筑科技职业学院的张岩参与编写了模块 2 中的 2.3 节；模块 3 由重庆建筑科技职业学院的李姗姗主要编写，重庆君道渝城绿色建筑科技有限公司的刘成明参与编写了模块 3 中的 3.10 节；模块 4 由重庆建筑科技职业学院的王丽梅编写；模块 5 由重庆建筑科技职业学院的黄小亚主要编写，重庆化工职业学院的耿真真参与编写了模块 5 中的 5.3 节和 5.4节；模块 6 由重庆建筑科技职业学院的胡婷主要编写，四川省宏业建设软件有限责任公司的曹让玲参与编写了模块 6 中的 6.2 节。

本书在编写过程中，听取和采纳了重庆君道渝城绿色建筑科技有限公司、四川省宏业建设软件有限责任公司的专家及工程师们的意见，参考了相关规范、教材、论文及网络资料，加入了相关实际工程案例，在此向他们表示衷心的感谢！由于作者水平有限，书中难免存在疏漏之处，诚挚希望广大读者谅解。

编 者

2023 年 1 月

目 录

模块 4　装配式混凝土构件施工前准备工作

模块 5　装配式混凝土构件安装

模块 6　装配式混凝土结构连接施工

模块 1

情景导入

随着人口红利的弱化，建筑工业化、高度机械化的生产加工，协调的运输和施工使得人工成本降低，以及在"碳达峰"与"碳中和"目标的背景下，推动了建筑业转型升级。本模块主要介绍装配式建筑的基础内容。

学习目标

通过学习，掌握装配式混凝土建筑的概念和分类；掌握装配式混凝土结构的定义、装配式混凝土结构建筑的特点、装配整体式混凝土结构的分类；了解装配式建筑的发展概况；熟悉装配式混凝土结构中常用的预制受力构件和非承重构件。

1.1 装配式混凝土结构概述

【学习内容】

（1）装配式建筑的概念；
（2）装配式建筑的分类；
（3）装配式混凝土结构的定义；
（4）装配式整体混凝土结构体系。

【知识详解】

1.1.1 装配式建筑的概念

装配式建筑前世今生　　　看未来——装配式建筑的发展

装配式建筑是指将组成建筑的部分构件或全部构件在工厂内加工完成，然后运输到施工现场，再将预制构件通过可靠的连接方式拼装就位而建成的建筑，简单地说就是"像造汽车一样建房子"。《装配式混凝土建筑技术标准》（GB/T 51231—2016）中将结构系统、外维护系统、设备与管线系统、内装系统的主要部分采用预制部品部件集成的建筑定义为装配式建筑。这种建筑的优点是建造速度快，受气候条件制约小，既可节约劳动力，又可提高建筑质量，是建筑工业化的重要组成。

1.1.2 装配式建筑的分类

（1）按结构材料分类。

装配式建筑按结构材料分类，可分为装配式钢筋混凝土结构建筑、装配式钢结构建筑、装配式木结构建筑、装配式组合结构建筑（钢结构、木结构、混凝土组合的装配式建筑）。

（2）按建筑高度分类。

装配式建筑按建筑高度复分类，可分为低层装配式建筑（1~3层）、多层装配式建筑（3~9层或27 m以下）、高层装配式建筑（10层或27 m以上）和超高层装配式建筑（100 m以上）。

（3）按结构体系分类。

装配式建筑按结构体系分类，可分为剪力墙结构、框架结构、框架-剪力墙结构、筒体结构、无梁板结构、空间薄壁结构、悬索结构、预制钢筋混凝土柱单层厂房结构等。

1.1.3 装配式混凝土结构的概念

装配式混凝土结构是指由预制混凝土构件通过可靠的连接方式装配而成的混凝土结构。装配式混凝土结构根据预制构件连接方式的不同可分为装配整体式混凝土结构和全装配式混凝土结构。

1. 装配整体式混凝土结构

装配整体式混凝土结构是指由预制混凝土构件通过可靠的连接方式进行连接，并与现场后浇混凝土、水泥基灌浆料形成整体的装配式混凝土结构，简称装配整体式结构。

2. 全装配式混凝土结构

全装配式混凝土结构是指混凝土构件全部预制，构件之间依靠干法连接（如螺栓连接、焊接等）形成整体的混凝土结构。一般国外部分低层建筑或抗震地区的多层建筑会采用全装配式混凝土结构。

1.1.4 装配式混凝土结构的特点

装配式混凝土结构建筑也称为PC建筑，PC是英文Precast Concrete的缩写，译为预制混凝土。与传统现浇混凝土结构建筑相比，装配式混凝土结构建筑是将建筑各个部件进行划分预制，再进行现场装配。装配式混凝土结构具有以下特点。

1. 提升建筑质量

装配式混凝土结构建筑是对建筑体系和运作方式的变革，并不是单纯地将工艺从现浇变为预制，这种变更更有利于提升建筑质量。

（1）设计质量的提升。装配式混凝土结构要求设计必须精细化、协同化，如果设计不精细，构件制作好了才发现问题，就会造成很大的损失。装配式混凝土结构建筑还要求设计必须深入、细化和协同，同样有利于提高设计质量和建筑质量。

（2）预制构件生产质量的提升。预制混凝土构件在工厂模台上和精致的模具中生产，模具组对做到严丝合缝，混凝土不漏浆；墙、柱等立式构件大都"躺着"浇筑，振捣方便，板式构件若在振捣台上振捣，效果更好；预制工厂一般采用蒸汽养护方式，养护的升温速度、恒温保持和降温速度均使用计算机控制，养护湿度也能够得到充分保证，大大提高了混凝土浇筑、振捣和养护环节的质量。现浇混凝土结构的施工误差往往以厘米计，而预制构件的误差以毫米计，误差过大则无法装配，预制构件的高精度会带动现场后浇混凝土部分精度的提高。同时，外饰面与结构和保温层在工厂一次性成型，经久耐用、抗渗防漏、保温隔热，降噪效果更好，质量更有保障。

（3）有利于质量管理。装配式建筑实行建筑、结构、装饰的集成化、一体化，会大量减少质量隐患，而工厂作业环境比工地现场更适合进行全面细致的质量检查和控制。从生产组织体系上，装配式将建筑业传统的层层竖向转包变为扁平化分包，层层转包最终将建筑质量的责任系于流动性非常强的一线工人身上，而扁平化分包将建筑质量的责任由专业化制造工厂（工厂有厂房、设备）分担，质量责任更容易追溯。

2. 节省劳力，提高作业效率

装配式混凝土结构建筑节省劳动力主要取决于预制率大小、生产工艺自动化程度和连接节点设计。预制率高、自动化程度高和安装节点简单的工程，可节省 50% 以上的劳动力。但如果装配式混凝土结构建筑预制率不高，生产工艺自动化程度不高，结构连接还比较麻烦或有较多的后浇区，节省劳动力就会比较困难。从总的趋势看，随着预制率的提高、构件的模数化和标准化提升，生产工艺自动化程度会越来越高，节省人工的比率也会越来越大，装配式建筑把很多现场作业转移到工厂进行，将高处或高空作业转移到平地进行，将风吹、日晒、雨淋的室外作业转移到车间里进行，使工作环境大为改善。

装配式混凝土结构建筑是一种集约生产方式，构件制作可以实现机械化、自动化和智能化，大幅度提高生产效率。某生产叠合楼板的专业工厂年产 120 万平方米楼板，其生产线上只有 6 个工人；而若采用手工作业方式生产这么多的楼板，则需要近 200 个工人。工厂作业环境比现场优越，工厂化生产不受气候条件的制约，刮风、下雨也不影响构件制作，同时，工厂调配平衡劳动力资源也比工地更为方便。

3. 节能减排环保

装配式混凝土结构建筑能有效地节约材料，减少模具材料消耗，材料利用率高，特别是减少木材消耗；预制构件表面光洁平整，可以取消找平层和抹灰层；工地不用满搭脚手架，减少脚手架材料消耗；装配式建筑精细化和集成化会降低各个环节，如围护、保温、装饰等环节的材料与能源消耗，集约化装修会大量节约材料，材料的节约自然会降低能源消耗，减少碳排放量，并且工厂化生产更加容易实现废水、废料的控制和再生利用。

另外，装配式混凝土建筑会大幅度减少工地建筑垃圾及混凝土现浇量，从而减少工地养护用水和冲洗混凝土罐车的污水排放量。预制工厂养护用水可以循环使用，节约用水。装配式建筑会减少工地浇筑混凝土振捣作业，减少模板和砌块与钢筋切割作业，减少现场支拆模板，由此会减轻施工噪声污染；装配式建筑的工地会减少粉尘。内外墙无须抹灰，会减少灰尘及落地灰等。

4. 缩短工期

装配式混凝土结构建筑缩短工期与预制率有关，预制率高，缩短工期就多一些；预制率低，现浇量大，缩短工期就少一些。北方地区利用冬季生产构件，可以大幅度缩短总工期。就整体工期而言，装配式混凝土结构建筑减少了现场湿作业，外墙围护结构与主体结构一体化完成，其他环节的施工也不必等主体结构完工后才进行，可以紧随主体结构的进度，当主体结构结束时，其他环节的施工也接近结束。对于精装修房屋，装配式混凝土结构建筑缩短工期效果更显著。

5. 发展初期成本偏高

目前，大部分装配式混凝土结构建筑的成本高于现浇混凝土结构，许多建设单位不愿接受的最主要原因是成本高。装配式混凝土结构建筑必须有一定的建设规模才能降低建设成本，若一座城市或一个地区建设规模过小，厂房设备摊销成本过高，则很难维持运营。装配式初期工厂未形成规模化、均衡化生产；专用材料和配件因稀缺而价格高；设计、制作和安装环节人才匮乏导致错误、浪费和低效，都会增加成本。

6. 人才队伍的素质亟须提升

传统的建筑行业是劳动密集型产业，现场操作工人的技能和素质普遍不高。随着装配式建筑的发展，繁重的体力劳动将逐步减少，复杂的技能型操作工序大幅度增加，对操作工人的技术能力提出了更高的要求，亟须有一定专业技能的工人向高素质的新型产业工人转变。

1.1.5 装配整体式混凝土结构的分类

1. 装配整体式混凝土框架结构

装配整体式混凝土框架结构，即全部或部分框架梁、柱采用预制构件建造而成的装配整体式混凝土结构，简称装配整体式框架结构，如图 1.1 所示。

装配式建筑
PC 结构体系

图 1.1　装配整体式混凝土框架结构

2. 装配整体式混凝土剪力墙结构

装配整体式混凝土剪力墙结构是指全部或部分剪力墙采用预制剪力墙板建成的装配整体式混凝土结构，简称装配整体式剪力墙结构，如图 1.2 所示。

图 1.2　装配整体式混凝土剪力墙结构

3. 装配整体式混凝土框架-剪力墙结构

装配整体式混凝土框架-剪力墙结构是由装配整体式框架结构和现浇剪力墙(现浇核心筒)两部分组成,适用于高层装配式建筑,如图 1.3 所示。

这种结构形式中的框架部分采用与预制装配整体式框架结构相同的预制装配技术,使预制装配整体式混凝土框架技术在高层及超高层建筑中得以应用。鉴于对该种结构形式的整体受力研究不够充分,目前,装配整体式混凝土框架-剪力墙结构中的剪力墙只能采用现浇。

图 1.3　装配整体式混凝土框架-剪力墙结构

4. 装配整体式混凝土筒体结构

装配整体式混凝土筒体结构是由竖向筒体为主组组成的承受竖向和水平作用的建筑结构,

如图 1.4 所示。装配整体式混凝土筒体结构的筒体可分为剪力墙围成的薄壁筒和由密柱框架或壁式框架围成的框筒等。

　　装配整体式混凝土筒体结构还包括框架筒体结构和筒中筒结构等。框架筒体结构为由核心筒与外围稀柱框架组成的筒体结构。筒中筒结构是由核心筒与外围框筒组成的筒体结构。

图 1.4　装配整体式筒体结构

1.2　装配式混凝土建筑预制构件

【学习内容】

（1）预制混凝土框架柱；
（2）预制混凝土叠合梁；
（3）预制剪力墙外墙板和内墙板；
（4）预制桁架钢筋混凝土叠合楼板和预制带肋底板混凝土叠合楼板；
（5）预制混凝土楼梯板；
（6）预制混凝土阳台板、预制混凝土空调板、预制混凝土女儿墙；
（7）预制混凝土外围护墙板；
（8）预制内隔墙板。

装配式建筑
PC 构件的种类

【知识详解】

　　预制混凝土构件是指在工厂或施工现场预先制作的混凝土构件，简称预制构件。预制构件可分为预制混凝土结构受力构件、预制混凝土结构围护构件两种。

1.2.1　预制混凝土结构受力构件

　　装配式混凝土结构常用的预制构件有：预制混凝土框架柱、预制混凝土叠合梁、预制混凝土剪力墙外墙板、预制混凝土剪力墙内墙板、预制混凝土钢筋桁架叠合楼板、预制带肋底板混凝土叠合楼板、预制混凝土楼梯板、预制混凝土阳台板、预制混凝土空调板、预制混凝土女儿墙等。这些主要的受力构件通常在工厂预制加工完成，待强度符合规定要求后，再进行现场装配施工。

1. 预制混凝土框架柱

预制混凝土框架柱（图 1.5）是建筑物的主要竖向结构受力构件，一般采用矩形截面。预制混凝土框架柱与底部座浆料之间接合面应设置粗糙面和键槽。对于边柱，为了避免支模困难，可以将节点区的边模一起预制。为了减少预制框架柱的连接工作量，可以将两层柱一起预制，形成类似于莲藕形的预制框架柱。

图 1.5　预制混凝土框架柱

2. 预制混凝土叠合梁

预制混凝土叠合梁（图 1.6）是预制混凝土梁顶部在施工现场后浇混凝土而形成的整体受力水平结构受力构件。预制混凝土叠合梁是由预制混凝土底梁和后浇混凝土叠合层组成的。其中，底梁在工厂预制，叠合层在施工现场后浇筑混凝土。

图 1.6　预制混凝土叠合梁

3. 预制混凝土剪力墙墙板

（1）预制混凝土剪力墙外墙板。

预制混凝土剪力墙外墙板（图1.7）是指在工厂预制成的，内叶板为预制混凝土剪力墙、中间夹有保温度层、外叶板为钢筋混凝土保护层的预制混凝土夹心保温剪力墙墙板。内叶板侧面在施工现场通过预留钢筋与现浇剪力墙边缘构件连接，底部通过钢筋灌浆套筒与下层预制剪力墙预留钢筋相连。

图1.7 预制混凝土剪力墙外墙板

（2）预制混凝土剪力墙内墙板。

预制混凝土剪力墙内墙板（图1.8）是指在工厂预制成的混凝土剪力墙构件。预制混凝土剪力墙内墙板侧面在施工现场通过预留钢筋与现浇剪力墙边缘构件连接，底部通过钢筋灌浆套筒与下层预制剪力墙预留钢筋相连。

图1.8 预制混凝土剪力墙内墙板

4. 预制混凝土叠合楼板

预制混凝土叠合楼板常见的主要有两种，一种是预制桁架钢筋混凝土叠合楼板；另一种是预制带肋底板混凝土叠合楼板。

（1）预制桁架钢筋混凝土叠合楼板。

预制桁架钢筋混凝土叠合楼板（图1.9）属于半预制构件，下部为预制混凝土底板，上部为后浇混凝土叠合层。预制混凝土叠合板的预制部分最小厚度为6 cm，叠合楼板在工地安装到位后应进行二次浇筑，叠合层的厚度有7 cm、8 cm、9 cm等，预制底板和后浇叠合层共同作用整体受力，外露部分为桁架钢筋。其中，桁架钢筋的主要作用如下：

① 桁架钢筋可以作为叠合板生产和安装阶段的起吊点；

② 在制作和安装过程中提高楼板的刚度；

③ 伸出预制混凝土底板的桁架钢筋和混凝土粗糙面保证了叠合楼板预制部分与后浇部分有效地接合成整体。

图1.9 预制桁架钢筋混凝土叠合楼板

（2）预制带肋底板混凝土叠合楼板。

预制带肋底板混凝土叠合楼板（图1.10）一般为预应力带肋混凝土叠合楼板（简称"PK板"）。PK板由预制带肋底板、纵向预应力钢筋、横向穿孔钢筋、后浇层组成。

预制带肋底板混凝土叠合楼板具有以下优点：

① 厚度薄：预制底板3 cm厚，自重约为1.1 kN/m^2。

② 用钢量省：由于采用1860级高强度预应力钢绞线，比其他叠合板用钢量节省60%。

③ 承载能力强：破坏性试验承载力可高达1 100 kN/m。

④ 抗裂性能好：由于采用了预应力，极大提高了混凝土的抗裂性能。

⑤ 新老混凝土接合好：由于采用了T形肋，新老混凝土互相咬合，新混凝土流到孔中形成销栓作用。

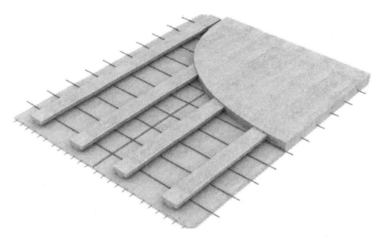

图 1.10　预制带肋底板混凝土叠合楼板

5. 预制混凝土楼梯板

预制混凝土楼梯板（图 1.11）受力明确，外形美观，避免了现场支模，安装后可作为施工通道，节约了施工工期。

图 1.11　预制混凝土楼梯板

6. 预制混凝土阳台板

预制混凝土阳台板（图 1.12）能够克服现浇阳台支模复杂，现场高空作业费时、费力及高空作业时的施工安全问题。

图 1.12　预制混凝土阳台板

7. 预制混凝土空调板

预制混凝土空调板（图 1.13）通常采用预制实心混凝土板，板顶预留钢筋通常与预制叠合板的现浇层相连。

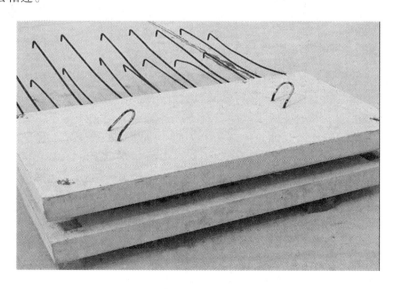

图 1.13　预制混凝土空调板

8. 预制混凝土女儿墙

预制混凝土女儿墙（图 1.14）设置于屋顶处外墙的延伸部位，通常有立面造型，采用预制混凝土女儿墙的优势是免支模、安装快速、节省工期。

图 1.14　预制混凝土女儿墙

1.2.2　常用预制混凝土非承重构件

非承重构件主要是指预制隔墙。预制外隔墙起围护作用，用来抵御风雨、温度变化、太阳辐射等，具有保温、隔热、隔声、防水、防潮、耐火等性能。预制内隔墙可以起到分隔室内空间的作用，具有隔声、隔视线及某些特殊要求的性能。

1. 预制混凝土外围护墙板

预制混凝土外围护墙板是指预制商品混凝土外墙构件，安装在主体结构上，起围护、装饰作用的非承重预制混凝土外墙板，简称外挂墙板，包括预制混凝土夹心保温外墙板和预制混凝土非保温外墙板等。外围护墙板除应具有隔声与防火的功能外，还应具有隔热、保温、抗渗、抗冻融、防碳化等作用和满足建筑艺术装饰的要求。预制混凝土外围护墙板可采用轻骨料单一材料制成，也可采用复合材料（结构层、保温隔热层和饰面层）制成。

（1）预制混凝土夹心保温外墙板。

预制混凝土夹心保温外墙板（图 1.15）是集承重、围护、保温、防水、防火等功能于一体的重要装配式预制构件，由内叶墙板、保温材料、外叶墙板三部分组成。

预制混凝土夹心保温外墙板宜采用平模工艺生产。生产时，一般先浇筑外叶墙板混凝土层，再安装保温材料和拉结件，最后浇筑内叶墙板混凝土，这样可以使保温材料与结构同寿命。当采用立模工艺生产时，应同步浇筑内、外叶墙板混凝土层，并应采取保证保温材料及拉结件位置准确的措施。

图 1.15　预制混凝土夹心保温外墙板

（2）预制混凝土非保温外墙板。

预制混凝土非保温外墙板（图 1.16）是在预制车间加工并运输到施工现场吊装的钢筋混凝土外墙板，在板底设置预埋铁件，通过与楼板上的预埋螺栓连接达到底部固定，再通过连接件达到顶部与楼板的固定。它在工厂采用工业化生产，具有施工速度快、质量好、维修费用低的特点。

预制混凝土非保温外墙板可充分体现大型公共建筑外墙独特的表现力。预制混凝土非保温外墙板必须具有防火、耐久等基本性能，还要求造型美观、施工简便、环保节能等。

图 1.16　预制混凝土非保温外墙板

预制混凝土外围护墙板采用工厂化生产，现场进行安装的施工方法，具有施工周期短、质量可靠（对防止裂缝、渗漏等质量通病十分有效）、节能环保（耗材少，减少扬尘和噪声等）、工业化程度高及劳动力投入量少等优点，在住宅建筑上得到了广泛运用。

预制混凝土外围护墙板在生产中使用了高精密度的钢模板，模板的一次性摊销成本较高，如果施工建筑物外形变化不大，且外墙板生产数量大，模具通过多次循环使用后成本可以下降。

　2．预制内隔墙板

装配式内隔墙板是指高宽比不小于 2.5，采用轻质材料制作，用于自承重内隔墙的非空心条板（以下简称内隔墙板）。装配式内隔墙板墙体系统是由内隔墙板、黏结材料、定位钢卡、调整板、嵌缝材料、防裂增强材料及石膏腻子构成的。

（1）按内隔墙板成型方式分类。

内隔墙板按成型方式可分为挤压成型墙板和立模（平模）浇筑成型墙板、蒸压成型墙板。

① 挤压成型墙板（图1.17），是在预制工厂将搅拌均匀的轻质材料料浆，使用挤压成型机通过模板（模腔）成型的墙板。按断面不同，其可分为空心板和实心板两类。在保证墙板承载和抗剪的前提下，将墙体断面做成空心，可以有效降低墙体的质量，并通过墙体空心处空气的特性提高隔断房间内的保温、隔声效果。

② 立模（平模）浇筑成型墙板（图1.18），也称预制混凝土整体内墙板，是在预制车间按照所需的样式使用钢模具拼接成型、浇筑或摊铺混凝土制成的墙板。

③ 蒸压成型墙板（图1.19），是在原成组立模工艺基础上改进而生产出来的一种轻质墙板。以轻质高强陶粒、陶砂、水泥、砂、加气剂及水等配制的轻骨料混凝土为基料，内置钢筋骨架，经浇筑成型、养护（蒸养、蒸压）而制成的轻质条形墙板。用于工业与民用建筑工程中的非承重隔墙。

图1.17　挤压成型墙板　　　　　图1.18　立模（平模）浇筑成型墙板

图1.19　蒸压成型墙板

（2）按内隔墙板材料类型分类。

预制内隔墙板按材料类型可分为陶粒混凝土内隔墙板、蒸压加气混凝土内隔墙板、增强型发泡水泥无机复合内隔墙板、硅酸钙板夹芯复合内隔墙板等。

① 陶粒混凝土内隔墙板（图 1.20），是以普通硅酸盐水泥为胶结料，陶粒、工业灰渣等轻质材料为骨料，加水搅拌成浆料，其内配置钢筋网片形成的条形板材。

陶粒混凝土内隔墙板为绿色环保建材，传热系数≤0.22，具有良好的隔热保温功能；墙板不会出现板材因吸潮而松化、返卤、变形、强度下降等现象，可用于厨房、卫生间、地下室等潮湿区域；内部组成材料及其板与板之间的凹凸槽连接都具有良好的吸声和隔声功能、其板与板拼接成整体，经测试抗冲击性能是一般砌体的 1.5 倍。陶粒混凝土内隔墙板用钢结构方法固定，墙体强度高，可作层高、跨度大的间隔墙体，整体抗震性能高于普通砌筑墙体数的 10 倍，且能满足抗震烈度 8 级以上建筑要求；即使在大跨度、斜墙等特殊要求部位中应用，也拥有高强度及良好的整体性能。陶粒混凝土内隔墙板可以直接打钉或膨胀螺栓进行吊挂重物，如空调机、吊柜等，单点吊挂力在 1 000 N 以上；也可根据设计要求，分别用于分户隔墙、分室隔墙、走廊隔墙、卫生间隔墙、厨房隔墙和楼梯间隔墙。

② 蒸压加气混凝土内隔墙板（图 1.21），是以水泥、石灰、硅砂等为主要原料，根据结构要求配置添加经防锈处理的钢筋网片或钢筋网架，为轻质多孔新型的绿色环保建筑材料。

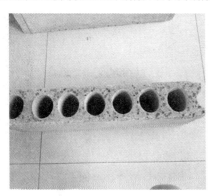　　　　

图 1.20　陶粒混凝土内隔墙板　　　　图 1.21　蒸压加气混凝土内隔墙板

蒸压加气混凝土内隔墙板密度轻，强度高，立方体抗压强度≥4 MPa，单点吊挂力≥1 200 N；保温隔热性好，不仅可以用于保温要求高的寒冷地区，也可以用于隔热要求高的高热地区，满足节能标准的要求；隔声性能好，由大量均匀的、互不连通的微小气孔组成的多孔材料，具有很好的隔声性能，100 mm 厚的蒸压加气混凝土板平均隔声量为 40.8 dB；耐火、耐久性能好；抗冻、抗渗水性能好；软化系数高。可根据设计要求，分别用于分户隔墙、分室隔墙、走廊隔墙、楼梯间隔墙、厨房隔墙等。

③ 增强型发泡水泥无机复合内隔墙板，用约束发泡工艺，以抗裂砂浆和增强网组成的增强面层与芯层材料通过自挤压发泡复合而成的墙板材料，其中，芯层材料是以普通硅酸盐水泥、粉煤灰、复合发泡剂、抗裂纤维等为主要用料，通过化学发泡形成的泡沫混凝土隔板。

④ 硅酸钙板夹芯复合内隔墙板，采用纤维水泥平板式纤维增强硅酸钙板等作为面板与夹芯层材料复合制成。板内装材为聚苯颗粒和水泥，面板一般采用纤维水泥平板、纤维增强硅酸钙板、玻镁板、石膏平板等。硅酸钙板夹芯复合内隔墙板具有质量轻、防火、保温、隔

声性能好、防冻、使用面积大、寿命长等优点；同时加工性能好，可锯、刨、钻、粘、接，减少湿作业，施工快、无须抹灰，可直接装饰，可组装成单层、双层内隔墙。该板也可根据设计要求，分别用于分户隔断、分室隔墙、走廊隔墙和楼梯间隔墙等特点。

1.3 规范中关于预制构件制作的规定

【学习内容】

（1）规范中的一般规定；
（2）构件制作准备规定；
（3）构件制作规定；
（4）构件检验规定。

【知识详解】

随着装配式建筑的规范标准不断地更新和完善，装配式建筑的标准化、工业化得到大幅提升。关于装配式混凝土结构预制构件制作的一些规定如下：

1. 一般规定

（1）预制构件制作单位应具备相应的生产工艺设施，并应有完善的质量管理体系和必要的试验检测手段。

（2）预制构件制作前，应对其技术要求和质量标准进行技术交底，并应制订生产方案。生产方案应包括生产工艺、模具方案、生产计划、技术质量控制措施、成品保护、堆放及运输方案等内容。

（3）预制构件用混凝土的工作性能应根据产品类别和生产工艺要求确定，构件用混凝土原材料及配合比设计应符合国家现行标准《混凝土结构工程施工规范》（GB 50666）、《普通混凝土配合比设计规程》（JGJ 55）和《高强混凝土应用技术规程》（JGJ/T 281）等的规定。

（4）预制结构构件采用钢筋套筒灌浆连接时，应在构件生产前进行钢筋套筒灌浆连接接头的抗拉强度试验，每种规格的连接接头试件数量不应少于 3 个。

（5）预制构件用钢筋的加工、连接与安装应符合国家现行标准《混凝土结构工程施工规范》（GB 50666）和《混凝土结构工程施工质量验收规范》（GB 50204）等的有关规定。

2. 制作准备

（1）预制构件制作前，对带饰面砖或饰面板的构件，应绘制排砖图或排板图；对夹心外墙板，应绘制内、外叶墙板的拉结件布置图及保温板排板图。

（2）预制构件模具除应满足承载力、刚度和整体稳定性要求外，尚应符合下列规定：
① 应满足预制构件质量、生产工艺、模具组装与拆卸、周转次数等要求；
② 应满足预制构件预留孔洞、插筋、预埋件的安装定位要求；
③ 预应力构件的模具应根据设计要求预设反拱。

（3）预制构件模具尺寸的允许偏差和检验方法应符合表 1.1 的规定。当设计有要求时，模具尺寸的允许偏差应按设计要求确定。

表 1.1　预制构件模具尺寸的允许偏差和检验方法

项次	检验项目及内容		允许偏差/mm	检验方法
1	长度	≤6 m	1，−2	用钢尺量平行构件高度方向，取其中偏差绝对值较大处
		>6 m 且≤12 m	2，−4	
		>12 m	3，−5	
2	截面尺寸	墙板	1，−2	用钢尺测量两端或中部，取其中偏差绝对值较大处
3		其他构件	2，−4	
4	对角线差		3	用钢尺量纵、横两个方向对角线
5	侧向弯曲		$l/1\ 500$ 且≤5	拉线，用钢尺量测侧向弯曲最大处
6	翘曲		$l/1\ 500$	对角拉线测量交点间距离值的两倍
7	底模表面平整度		2	用 2 m 靠尺和塞尺量
8	组装缝隙		1	用赛片或塞尺量
9	端模与侧模高低差		1	用钢尺量

注：l 为模具与混凝土接触面中最长边的尺寸。

（4）预埋件加工的允许偏差应符合表 1.2 的规定。

表 1.2　预埋件加工允许偏差

项次	检验项目及内容		允许偏差/mm	检验方法
1	预埋件锚板的边长		0，−5	用钢尺量
2	预埋件锚板的平整度		1	用直尺和塞尺量
3	锚筋	长度	10，−5	用钢尺量
		间距偏差	±10	用钢尺量

（5）固定在模具上的预埋件、预留孔洞中心位置的允许偏差应符合表 1.3 的规定。

表 1.3　模具预留孔洞中心位置的允许偏差配式

项次	检验项目及内容	允许偏差/mm	检验方法
1	预埋件、插筋、吊环、预留孔洞中心线位置	3	用钢尺量
2	预埋螺栓、螺母中心线位置	2	用钢尺量
3	灌浆套筒中心线位置	1	用钢尺量

注：检查中心线位置时，应沿纵、横两个方向量测，并取其中的较大值。

（6）应选用不影响构件结构性能和装饰工程施工的隔离剂。

3. 构件制作

（1）在混凝土浇筑前应进行预制构件的隐蔽工程检查，检查项目应包括下列内容：
① 钢筋的牌号、规格、数量、位置、间距等；
② 纵向受力钢筋的连接方式、接头位置、接头质量、接头面积百分率、搭接长度等；
③ 箍筋、横向钢筋的牌号、规格、数量、位置、间距，箍筋弯钩的弯折角度及平直段长度；
④ 预埋件、吊环、插筋的规格、数量、位置等；
⑤ 灌浆套筒、预留孔洞的规格、数量、位置等；
⑥ 钢筋的混凝土保护层厚度；
⑦ 夹心外墙板的保温层位置、厚度，拉结件的规格、数量、位置等；
⑧ 预埋管线、线盒的规格、数量、位置及固定措施。

（2）带面砖或石材饰面的预制构件宜采用反打一次成型工艺制作，并应符合下列要求：
① 当构件饰面层采用面砖时，在模具中铺设面砖前，应根据排砖图的要求进行配砖和加工；饰面砖应采用背面带有燕尾槽或黏结性能可靠的产品。
② 当构件饰面层采用石材时，在模具中铺设石材前，应根据排板图的要求进行配板和加工；应按设计要求在石材背面钻孔、安装不锈钢卡钩、涂覆隔离层。
③ 应采用具有抗裂性和柔韧性、收缩小且不污染饰面的材料嵌填面砖或石材之间的接缝，并应采取防止面砖或石材在安装钢筋、浇筑混凝土等生产过程中发生位移的措施。

（3）夹心外墙板宜采用平模工艺生产，生产时应先浇筑外叶墙板混凝土层，再安装保温材料和拉结件，最后浇筑内叶墙板混凝土层；当采用立模工艺生产时，应同步浇筑内外叶墙板混凝土层，并应采取保证保温材料及拉结件位置准确的措施。

（4）应根据混凝土的品种、工作性、预制构件的规格形状等因素，制订合理的振捣成型操作规程。混凝土应采用强制式搅拌机搅拌，并宜采用机械振捣。

（5）预制构件采用洒水、覆盖等方式进行常温养护时，应符合现行国家标准《混凝土结构工程施工规范》（GB 50666）的要求。

预制构件采用加热养护时，应制订养护制度对静停、升温、恒温和降温时间进行控制，宜在常温下静停 2～6 h，升温、降温速度不应超过 20 ℃/h，最高养护温度不宜超过 70 ℃，预制构件出池的表面温度与环境温度的差值不宜超过 25 ℃。

（6）脱模起吊时，预制构件的混凝土立方体抗压强度应满足设计要求，且不应小于 15 N/mm²。

（7）采用后浇混凝土或砂浆、灌浆料连接的预制构件结合面，制作时应按设计要求进行粗糙面处理。设计无具体要求时，可采用化学处理、拉毛或凿毛等方法制作粗糙面。

（8）预应力混凝土构件生产前应制定预应力施工技术方案和质量控制措施，并应符合现行国家标准《混凝土结构工程施工规范》（GB 50666）和《混凝土结构工程施工质量验收规范》（GB 50204）的要求。

4. 构件检验

（1）预制构件的外观质量不应有严重缺陷，且不宜有一般缺陷。对已出现的一般缺陷，应按技术方案进行处理，并应重新检验。

（2）预制构件的允许尺寸偏差及检验方法应符合表 1.4 的规定。预制构件有粗糙面时，与粗糙面相关的尺寸允许偏差可适当放松。

表 1.4　预制构件尺寸允许偏差及检验方法

项　目			允许偏差/mm	检验方法
长度	板、梁、柱、桁架	< 12 m	± 5	尺量检查
		≥12 m 且 < 18 m	± 10	
		≥18 m	± 20	
	墙板		± 4	
宽度、高（厚）度	板、梁、柱、桁架截面尺寸		± 5	钢尺量一端及中部，取其中偏差绝对值较大处
	墙板的高度、厚度		± 3	
表面平整度	板、梁、柱、墙板内表面		5	2 m 靠尺和塞尺检查
	墙板外表面		3	
侧向弯曲	板、梁、柱		$l/750$ 且≤20	拉线、钢尺量最大侧向弯曲处
	墙板、桁架		$l/1\ 000$ 且≤20	
翘曲	板		$l/750$	调平尺在两端量测
	墙板		$l/1\ 000$	
对角线差	板		10	钢尺量两个对角线
	墙板、门窗口		5	
扰度变形	梁、板、桁架设计起拱		± 10	拉线、钢尺量最大弯曲处
	梁、板、桁架下垂		0	
预留孔	中心线位置		5	尺量检查
	孔尺寸		± 5	
预留洞	中心线位置		10	尺量检查
	洞口尺寸、深度		± 10	
门窗口	中心线位置		5	尺量检查
	宽度、高度		± 3	
预埋件	预埋件锚板中心线位置		5	尺量检查
	预埋件锚板与混凝土面平面高差		0，−5	
	预埋螺栓中心线位置		2	
	预埋螺栓外露长度		+10，−5	
	预埋套筒、螺母中心线位置		2	
	预埋套筒、螺母与混凝土面平面高差		0，−5	
	线管、电盒、木砖、吊环在构件平面的中心线位置偏差		20	
	线管、电盒、木砖、吊环与构件表面混凝土高差		0，−10	
预留插筋	中心线位置		3	尺量检查
	外露长度		+5，−5	
键槽	中心线位置		5	尺量检查
	长度、宽度、深度		± 5	

　注：① l 为构件最长边的长度（mm）；

　　　② 检查中心线、螺栓和孔道位置偏差时，应沿纵横两个方向量测，并取其中偏差较大值。

（3）预制构件应按设计要求和现行国家标准《混凝土结构工程施工质量验收规范》（GB 50204）的有关规定进行结构性能检验。

（4）陶瓷类装饰面砖与构件基面的黏结强度应符合现行行业标准《建筑工程饰面砖粘结强度检验标准》（JGJ/T 110）和《外墙面砖工程施工及验收规范》（JGJ 126）等的规定。

（5）夹心外墙板的内外叶墙板之间的拉结件类别、数量及使用位置应符合设计要求。

（6）预制构件检查合格后，应在构件上设置表面标识，标识内容宜包括构件编号、制作日期、合格状态、生产单位等信息。

1.4　装配式混凝土构件生产现状与发展趋势

【学习内容】

（1）装配式混凝土生产工厂现状；

（2）发展趋势；

（3）构件制作规定；

（4）构件检验规定。

【知识详解】

1.4.1　生产工厂现状

建筑工业化主要由建筑设计标准化、中间产品工厂化和施工作业机械化组成，其中中间产品工厂化是建筑工业化的一个核心，它是将建筑产品形成过程中需要的中间品生产由施工现场转入工厂制造，以提高建筑物的建设速度、减少污染、保证质量并降低成本。

随着装配式建筑市场的兴起，原本生产混凝土预制构件和商品混凝土企业因地制宜，采用生产工艺简单宜行的台座法，先后投入装配式建筑构件的生产。台座法具有投资省、生产场地适应性强、操作简便等优点，但也存在生产率较低，单位产量占地面积较大等阻碍形成规模生产的不利因素。

在政府容积率奖励政策的引导下，提高了房产开发企业对装配式建筑的积极性，扩大了市场的需求。上海城建物资、中建八局、渝隆远大、宝业集团等企业相继投资建设自动流水线生产工厂，促进了行业生产技术工艺的提升和发展，促进了建筑工业的发展。

1.4.2　发展前景

装配式建筑的应用主要由建筑综合成本来决定，成本和政策决定了建筑和房地产企业的行为。

目前建筑产业的人工费用约为30%，随着人口红利减弱，人力成本势必上升，当达到与发达国家相近的70%时，将迫使建筑和房地产业转型升级，届时装配式建筑的优势更会显现。

绿色化亦是装配式建筑最重要的标志。建筑业是三大高能耗行业之一，必须践行可持续发展的绿色发展之路。新型绿色化装配式建筑体系，是使装配式建筑从设计、生产、运输、建造、使用到报废处理的整个建筑生命周期中，对环境的影响最小、资源效率最高，使得建筑的构件体系朝着安全、环保、节能和可持续发展方向发展，这也是建筑业的必经之路。

1.5 装配式混凝土构件施工前沿知识

【学习内容】

（1）装配式混凝土框架结构技术；

（2）混凝土叠合楼板技术。

【知识详解】

1.5.1 装配式混凝土框架结构技术

装配式混凝土框架结构包括装配整体式混凝土框架结构及其他装配式混凝土框架结构。装配式整体式框架结构是指全部或部分框架梁、柱采用预制构件通过可靠的连接方式装配而成，连接节点处采用现场后浇混凝土、水泥基灌浆料等将构件连成整体的混凝土结构。其他装配式框架主要指各类干式连接的框架结构，主要与剪力墙、抗震支撑等配合使用。

1.5.2 混凝土叠合楼板技术

混凝土叠合楼板技术是指将楼板沿厚度方向分成两部分，底部是预制底板，上部后浇混凝土叠合层。配置底部钢筋的预制底板作为楼板的一部分，在施工阶段作为后浇混凝土叠合层的模板承受荷载，与后浇混凝土层形成整体的叠合混凝土构件。

实际工程案例

某项目结构体系为装配整体式剪力墙体系，外墙板使用了混凝土预制板，且大面积应用了面砖反打工艺，结构内部使用了预制混凝土楼梯等大量预制构件。建筑的雨篷、栏杆、排烟道、楼梯、卫浴、厨房等使用工业预制成品，减少现场加工。

该项目的预制装配式复合外墙板的预制化率达到了 85%，预制楼梯、阳台板、空调板的预制化率达到了 100%，预制叠合板达到了 45%。

课程思政案例

如今，建设施工除了应严格执行国家既定的施工标准之外，也应采用科学先进的新施工工艺。采用新的维护和隔墙体系，能提高保温性能；通过设备分离的方式，便于系统维护和更新；秉承节能环保的做法，住宅建筑的外围护结构节能目标达到了 65%。充分开发和利用太阳能资源，室外的草坪灯、庭院灯、路灯及太阳能显示牌均充分利用太阳能，一方面对于节能减排具有重大意义，一方面更加融入自然。太阳能的最大化利用，也为业主提供了一个自然环保的宜居环境。在建设的全过程，建设者们要有开拓创新的工匠精神，同时也要有爱护环境、保护地球的建设理念。

本模块介绍了装配式混凝土结构建筑的基本定义、分类，以及常见的预制构件类型和装配式混凝土构件生产现状和发展趋势。

模块 测 验

一、判断题（正确请打"√"，错误请打"×"）

1. 装配式混凝土结构是指由预制混凝土构件通过可靠的方式进行连接并与现场后浇混凝土、水泥基灌浆料形成整体的装配式混凝土结构,简称装配式结构。　　　　　（　　）

2. 装配式框架结构是指全部或部分框架梁、柱采用预制构件构建成的装配式混凝土结构。　　　　　（　　）

3. 预制混凝土叠合楼板最常见的有两种：一种是预制混凝土钢筋桁架叠合板；另一种是预制带肋底板混凝土叠合楼板。　　　　　（　　）

4. 装配式混凝土建筑的设计应包括前期技术策划、方案设计、初步设计、施工图设计、构件深化（加工）图设计、室内装修设计等相关内容。　　　　　（　　）

二、简答题

1. 什么是装配式建筑？

2. 什么是装配式混凝土结构？

3. 装配式混凝土结构常用预制构件有哪些？

模块 2

情景导入

制作预制构件所使用原材料的质量对预制构件质量有着直接和重大的影响。只有在做好充分的生产准备工作后，才能高效地进行装配式混凝土构件生产。本模块主要介绍制作预制构件的原材料准备、预制混凝土构件识图、预制混凝土构件制作设备与工具、预制混凝土构件制作工艺流程、产业工人管理与培训。

学习目标

通过本模块学习，掌握装配式建筑混凝土构件生产需要的原材料验收与保管要求；熟练掌握预制混凝土构件识图过程；了解预制构件制作设备与工具类型；掌握预制构件制作工艺流程；了解如何对产业工人进行管理与培训。

通过港珠澳大桥课程思政案例，培养学生刻苦钻研、精益求精的工匠精神，培养学生自主创新的精神。

2.1 原材料准备

【学习内容】

（1）混凝土材料验收与保管；
（2）表面装饰材料验收与保管；
（3）保温材料验收与保管；
（4）埋设材料验收与保管；
（5）其他材料验收与保管。

装配式建筑 PC 构件的
原材料准备与检验

【知识详解】

原材料进场应按照工程相应部位现场材料平面堆放布置图，提前为进场原材料合理安排库房。材料验收确认无误后，填写材料入库单，不允许出现自制或后补的入库单及直入直出单。

构件与原材料进场必须进场检验，检验内容包括但不限于数量、规格、型号、产品合格证、使用说明书、产品质量检测报告（包括出厂检测和型式检验）和外观等。进场检验合格的原材料在监理的见证下送检复试，复试合格后方能投入使用。

需要进行进场复试的原材料，应填报复试通知单，送有资质的检测单位进行复试，复试合格后方可投入预制混凝土构件的生产。复试不合格的原材料不得投入生产，应立刻封存并及时通报材料采购人员，留存检测记录，提出书面质量异议后，做相关处理工作。

原材料复试，需同步建立原材料复验台账。材料员接到验证合格报告后，及时办理材料入库手续及登记工作。进场原材料经检测不合格的，材料员应做好不合格材料记录，建立检测不合格材料台账，并将不合格情况向项目技术负责人报告。

2.1.1 混凝土材料验收与保管

混凝土是以胶凝材料（水泥）、骨料（石子、砂）、水、外加剂（减水剂、引气剂、缓凝剂等）、掺合料（水泥、粉煤灰、矿粉等）按适当比例配合拌制而成的混合物，再经过浇筑成型及养护硬化而得到的人工石材。

制作预制混凝土构件所使用的原材料应符合现行国家相关标准的规定，并按照现行国家相关标准的规定进行进厂复检，经检测合格后方可投入使用。

2.1.1.1 水泥质量检验

1. 检验批的划分

（1）同一厂家、同一品种、同一代号、同一强度等级且连续进厂的硅酸盐水泥，袋装水泥不超过 200 t 为一批，散装水泥不超过 500 t 为一批。

（2）同一厂家、同一强度等级、同白度且连续进厂的白色硅酸盐水泥，不超过 50 t 的为一批。

2. 检验要求

水泥进场前要求提供商出具水泥出厂合格证和质保单，对其品种、级别、包装或散装仓号、出厂日期等进行检查，并按批次对其强度（ISO 胶砂法）、安定性、凝结时间等性能指标进行复检。

（1）强度检验（ISO 胶砂法）。

按国家标准《水泥胶砂强度检验方法（ISO 法）》（GB/T 17671）要求制作胶砂强度试件，将成型好的试块放入标准养护箱中养护，24 h 后拆模，再将试块养护到 3 d、28 d 龄期。到达 3 d、28 d 龄期后进行抗折强度和抗压强度测试，并记录数据，形成水泥强度检验报告。对于达不到强度要求的水泥一律不得使用。

（2）安定性。

体积安定性是水泥的一项很重要的指标，体积安定性不合格的水泥将会导致混凝土构件发生不均匀开裂等现象。体积安定性检测依据国家标准《水泥标准稠度用水量、凝结时间、安定性检验方法》（GB/T 1346）进行检测，具体检验方法有雷氏夹法和试饼法，应经沸煮法检验合格。当两种方法发生争议时，以雷氏法测定的结果为准。

（3）凝结时间。

凝结时间依据国家标准《水泥标准稠度用水量、凝结时间、安定性检验方法》（GB/T 1346）进行检测，测定水泥的初凝时间和终凝时间。

① 硅酸盐水泥初凝不小于 45 min，终凝不大于 390 min。

② 普通硅酸盐水泥、矿渣硅酸盐水泥、火山灰质硅酸盐水泥、粉煤灰硅酸盐水泥和复合硅酸盐水泥初凝不小于 45 min，终凝不大于 600 min。

（4）细　度。

硅酸盐水泥和普通硅酸盐水泥的细度以比表面积表示，不小于 300 m²/kg，依据国家标准《水泥比表面积测定方法　勃氏法》（GB/T 8074）进行检测。

矿渣硅酸盐水泥、火山灰质硅酸盐水泥、粉煤灰硅酸盐水泥和复合硅酸盐水泥的细度以筛余百分数表示，80 μm 方孔筛筛余百分数不大于 10%或 45 μm 方孔筛筛余百分数不大于 30%，依据国家标准《水泥细度检验方法　筛析法》（GB/T 1345）进行检测。

（5）硅酸盐水泥按批抽取试样进行水泥强度检验、安定性检验和凝结时间检验，设计有其他要求时，还应对相应的性能进行试验，检验结果符合现行国家标准《通用硅酸盐水泥》（GB 175）的有关规定。

（6）白色硅酸盐水泥按批抽取试样进行水泥强度检验、安定性检验和凝结时间检验，设计有其他要求时，还应对相应的性能进行试验，检验结果应符合现行国家标准《白色硅酸盐水泥》（GB/T 2015）的有关规定。

（7）水泥试验记录及结果处理表见表 2.1 ~ 表 2.5。

水泥试验记录及结果处理（一）

试验日期：_____ 试验温度（℃）：_____

试验湿度（%）：_____ 品种等级：_____

试验标准：_____ 试验仪器：_____

样品描述：_____

表 2.1　水泥标准稠度用水量试验记录

序号	测定方法	试样质量 w/g	拌合用水 /mL	试杆距底板距离 S/mm	试样下沉深度 S_z/mm	标准稠度用水量 P/%
1						
2						

表 2.2　水泥凝结时间试验记录

水泥全部投入水时间/（h:min）	凝结过程	初凝时间测定/（h:min）						终凝时间测定/（h:min）						凝结时间/min	
	次数	1	2	3	4	5	6	1	2	3	4	5	6	初凝	终凝
	测时														
试针距底板（面）距离/mm															

表 2.3　水泥体积安定性（标准法）试验记录

测定方法	制作日期	测定日期	试件沸煮/压蒸前后情况					测定结果
试饼法								
雷氏法			试件号	A 值/mm	C 值/mm	（C–A）值/mm		
						单值	平均值	
			1					
			2					

表 2.4　水泥胶砂流动度试验记录

序号	水胶比	水泥质量 /g	标准砂质量 /g	水质量 /g	水泥胶砂流动度/mm		
					流动度值 1	流动度值 2	平均值
1							
2							
3							

表 2.5　水泥胶砂强度试验记录

制作日期	试验日期	龄期 /d	抗折破坏荷载 /N	抗折强度 /MPa	平均抗折强度 /MPa	抗压破坏荷载 /N	抗压强度 /MPa	平均抗压强度 /MPa

2.1.1.2　粗骨料质量检验

1. 检验批的划分

同一厂家（产地）且同一规格的粗骨料，不超过 400 m³ 或 600 t 时为一批。

2. 检验要求

粗骨料使用前，应按批抽取试样进行颗粒级配、含泥量、泥块含量和针片状颗粒含量试验，压碎指标可根据工程需要进行检验；再生粗骨料应增加微粉含量、吸水率、压碎指标和表观密度试验。粗骨料质量应符合现行标准《普通混凝土用砂、石质量及检验方法标准》（JGJ 52）的规定、《混凝土用再生粗骨料》（GB/T 25177）和《混凝土和砂浆用再生细骨料》（GB/T 25176）的有关规定。

（1）石子的颗粒级配采用筛分析实验方法测量。碎石或卵石的颗粒级配，应符合表2.6的要求。混凝土用石应采用连续粒级。单粒级宜用于组合成满足要求级配的连续粒级，也可与连续粒级混合使用，以改善其级配或配成较大粒度的连续粒级。石子的筛分析试验记录见表2.7。

（2）当卵石的颗粒级配不符合表2.6要求时，应采取措施并经试验证实能确保工程质量后方允许使用。

（3）对于有抗冻、抗渗或其他特殊要求的混凝土，其所用碎石或卵石的含泥量不应大于1.0%。当碎石或卵石的含泥是非黏土质的石粉时，其含泥量由0.5%、1.0%、2.0%分别提高到1.0%、1.5%、3.0%。对于有抗冻、抗渗和其他特殊要求的强度等级小于C30的混凝土，其所用碎石或卵石的泥块含量应不大于0.5%。

表 2.6　石子标准筛筛孔的公称直径与方孔筛尺寸

级配	公称粒级/mm	累计筛余按重量计/%											
		方孔筛筛孔尺寸/mm											
		2.36	4.75	9.5	16.0	19.0	26.5	31.5	37.5	53.0	63.0	75.9	90.0
连续粒级	5~10	95~100	80~100	0~15	0	—	—	—	—	—	—	—	—
	5~16	95~100	85~100	30~60	0~10	0	—	—	—	—	—	—	—
	5~20	95~100	90~100	40~80	—	0~10	0	—	—	—	—	—	—
	5~25	95~100	90~100	—	30~70	—	0~5	0	—	—	—	—	—
	5~31.5	95~100	90~100	70~90	—	15~45	—	0~5	0	—	—	—	—
	5~40	0	95~100	70~90	—	30~65	—	—	0~5	0	—	—	—
单粒级	10~20	—	95~100	85~100	—	0~15	—	—	—	—	—	—	—
	16~31.5	—	95~100	—	85~100	—	—	0~10	0	—	—	—	—
	20~40	—	—	95~100	—	80~100	—	—	0~10	0	—	—	—
	31.5~63	—	—	—	95~100	—	—	75~100	45~75	—	0~10	0	—
	40~80	—	—	—	—	95~100	—	—	70~100	—	30~60	0~10	0

表 2.7　石子筛分试验记录

筛孔尺寸/mm		90	75	63	53	37.5	31.5	26.5	19	16	9.5	4.75	2.36
分计筛余	g												
	%												
累计筛余百分率/%													
结果评定	最大粒径/mm												
	级配情况												

2.1.1.3 细骨料质量检验

1. 检验批的划分

同一厂家（产地）且同一规格的细骨料，不超过 400 m³ 或 600 t 时为一批。

2. 检验方法及要求

细骨料使用前，应按批抽取试样进行颗粒级配、细度模数、含泥量和泥块含量试验。机制砂和混合砂应进行石粉含量（含亚甲蓝）试验。再生细骨料还应进行微粉含量、再生胶砂需水量比和表观密度试验。细骨料质量应符合现行国家标准《普通混凝土用砂、石质量及检验方法标准》（JGJ 52）、《混凝土用再生粗骨料》（GB/T 25177）和《混凝土和砂浆用再生细骨料》（GB/T 25176）的有关规定。

（1）砂的颗粒级配。

用电子天平称取烘干后的砂 1 100 g 待用。将标准筛按照从上到下由大到小的顺序排好，底部加上筛底，将砂倒入到最上层的筛子中，盖上筛盖。将套筛放到振动筛上，开动振动筛完成砂的筛分试验，称出各号筛上的筛余质量，计算得出砂的颗粒级配。

（2）砂的细度模数。

由砂的累计筛余百分率可以计算得出砂的细度模数。

砂的粗细程度按细度模数分为粗、中、细、特细四级。除特细砂外，砂的颗粒级配可按筛孔公称直径的累计筛余量（以质量百分率计）分成三个级配区（见表 2.8），且砂的颗粒级配应处于某一区内。砂子筛分记录如表 2-9 所示。

表 2.8　砂的颗粒级配区范围

粒径	累计筛余/%		
	Ⅰ 区	Ⅱ 区	Ⅲ 区
9.5 mm	0	0	0
4.75 mm	0 ~ 10	0 ~ 10	0 ~ 10
2.36 mm	5 ~ 35	0 ~ 25	0 ~ 15
1.18 mm	35 ~ 65	10 ~ 50	0 ~ 25
600 μm	71 ~ 85	41 ~ 70	40 ~ 16
300 μm	80 ~ 95	70 ~ 92	55 ~ 85
150 μm	90 ~ 100	90 ~ 100	90 ~ 100

表 2.9 砂子筛分试验记录

Ⅰ试样质量/g		质量损失率/%		Ⅱ试样质量/g		质量损失率/%		
筛孔尺寸/mm	筛余质量/g		分计筛余百分率/%		累计筛余百分率/%			
	Ⅰ	Ⅱ	Ⅰ	Ⅱ	Ⅰ	Ⅱ	平均值
4.75							
2.36							
1.18							
0.60							
0.30							
0.15							
筛底			—	—	—	—	—

配制混凝土时宜优先选用Ⅱ区砂。当采用Ⅰ区砂时，应提高砂率，并保持足够的水泥用量，满足混凝土的和易性；当采用Ⅲ区砂时，宜适当降低砂率；当采用特细砂时，应符合相应的规定。

此外还要对砂的含泥量及泥块含量进行检测，达到相关材料规范要求后方可使用。

机制砂的检测应参照上述规定执行。

2.1.1.4 减水剂质量检验

1. 检验批的划分

同一厂家、同一品种的减水剂，掺量大于 1%（含 1%）的产品不超过 100 t 为一批，掺量小于 1%的产品不超过 50 t 为一批。

2. 检验方法及要求

减水剂品种应通过试验室进行试配后确定，进场前要求提供商出具合格证和质保单等。减水剂产品应均匀、稳定，为此，应根据减水剂品种，定期检测以下项目：减水率、1 d 抗压强度比、固体含量、含水率、pH 和密度试验。减水剂质量应符合国家现行标准《混凝土外加剂》（GB 8076）、《混凝土外加剂应用技术规范》（GB 50119）和《聚羧酸系高性能减水剂》（JG/T 223）的有关规定。

2.1.1.5 矿物掺合料质量检验

1. 检验批的划分

同一厂家、同一品种、同一技术指标的矿物掺合料、粉煤灰和粒化高炉矿渣粉不超过 200 t 的为一批，硅灰不超过 30 t 的为一批。

2. 检验要求

按批抽取试样进行细度（比表面积）、需水量比（流动度比）和烧失量（活性指数）试验；设计有其他要求时，还应对相应的性能进行试验；检验结果应分别符合现行国家标准《用于水泥和混凝土中的粉煤灰》（GB/T 1596）、《用于水泥、砂浆和混凝土中的粒化高炉矿渣粉》（GB/T 18046）和《砂浆和混凝土用硅灰》（GB/T 27690）的有关规定。

2.1.1.6　混凝土质量检验

1. 混凝土配合比要求

混凝土配合比设计应符合现行行业标准《普通混凝土配合比设计规程》（JGJ 55）的相关规定和设计要求。混凝土配合比已有必要的技术说明，包括生产时的调整要求。

混凝土中氯化物和碱总含量应符合现行国家标准《混凝土结构设计规范》（GB 50010）的相关规定和设计要求。

预制构件混凝土强度等级不宜低于C30；预应力混凝土构件的混凝土强度等级不宜低于C40，且不应低于C30。

混凝土中不得掺加对钢材有锈蚀作用的外加剂。

2. 混凝土和易性检测

混凝土拌和完成后，需对混凝土拌合物的和易性进行检查。在检测混凝土性能时，同一组混凝土拌合物应从同一盘混凝土或同一车混凝土中的1/4处、1/2处、3/4处分别取样，然后人工搅拌均匀，从第一次取样到最后一次取样不宜超过15 min，然后再进行各项性能试验。

坍落度检测：常用坍落度法检测，适用于粗骨料最大粒径不大于40 mm、坍落度不小于10 mm的混凝土拌合物。

混凝土的坍落度，应根据预制构件的结构截面尺寸大小、配筋疏密、运输距离、浇注施工方法、运输方式、振捣能力和气候等条件选定，在选定配合比时应综合考虑，并宜采用较小的坍落度为宜。

在测定坍落度时，还应检查混凝土拌合物的黏聚性和保水性，全面评定混凝土拌合物的和易性。

3. 混凝土强度检验

混凝土强度检验时，每100盘，但不超过100 m³的同配比混凝土，取样不少于一次；不足100盘和100 m³的混凝土取样不少于一次，当同配比混凝土超过100 m³时，每200 m³取样不少于一次；每次取样应至少留置一组标准养护试件，同条件养护试件的留置组数应根据实际需要确定。

4. 混凝土配合比重新设计并检验

构件生产过程中出现下列情况之一时，应对混凝土配合比重新设计并检验：原材料的产地或品质发生显著变化时；停产时间超过一个月，重新生产前；合同要求时；混凝土质量出现异常时。

混凝土配合比试验记录见表2.10和表2.11。

表 2.10　普通混凝土配合比设计

试验环境	温度/℃		相对湿度/%		是	满足试
					否	验要求
仪器及检查						
材料品种及描述						
设计强度、耐久性及和易性要求		设计强度		混凝土坍落度要求		
初步配合比计算						
和易性检测	坍落度	实测值/mm				
	黏聚性					
	保水性					
基准配合比						
实验室配合比						

表 2.11　普通混凝土立方体试件抗压强度记录

成型日期	检测日期	龄期/d	使用部位及编号	试件尺寸/mm	受压面积/mm²	破坏荷载/N	抗压强度/MPa	平均抗压强度/MPa

2.1.1.7　混凝土原材料保管

混凝土原材料应按品种、数量分别存放，并应符合下列规定：

（1）水泥和掺合料应存放在筒仓内，储存时应保持密封、干燥，防止受潮。

（2）砂、石应按不同品种、规格分别存放，并应有防尘和防雨等措施。

（3）外加剂应按不同生产企业、不同品种分别存放，并有防止沉淀等措施。

2.1.2　表面装饰材料验收与保管

在预制外墙板中，经常会用到一些装饰材料来实现装饰、保温、结构一体化。常用的材料有石材、瓷板、面砖、造型模板、清水混凝土防护剂等。

石材饰面板材按其加工方法可分为磨光板材、哑光板材、烧毛板材、剁斧板材、机刨板材和蘑菇石。

（1）磨光板材：经过细磨加工和抛光，表面光亮，结晶裸露，表面具有鲜明的色彩和美丽的花纹。多用于室内外墙面、地面、立柱、纪念碑、墓碑等处。但是在北方，由于冬季寒冷，若在室外地面采用磨光花岗石极易打滑，因此不太适用。

（2）哑光板材：表面经过机械加工，平整、细腻，能使光线产生漫射现象，有色泽和花纹。其常用于室内墙柱面。

（3）烧毛板材：经机械加工成型后，表面用火焰烧蚀，形成不规则粗糙表面，表面呈灰白色，岩体内暴露晶体仍旧闪烁发亮，具有独特装饰效果。其多用于外墙面。

（4）剁斧板材：经人工剁斧加工，使石材表面具有规律的条状斧纹。其用于室外台阶、纪念碑座。

（5）机刨板材：是近几年兴起的新工艺，用机械将石材表面加工成有相互平行的刨纹，替代剁斧板材。它常用于室外地面、石阶、基座、踏步、檐口等处。

（6）蘑菇石：将块材四边基本凿平齐，中部石材自然凸出一定高度，使材料更具有自然和厚实感。其常用于重要建筑外墙基座。

1. 饰面材料检验

（1）石材要符合现行有关标准的要求，常用石材厚度为 25～30 mm。

（2）各类瓷砖的外观尺寸、表面质量、物理性能、化学性能要符合相关规定，厂家需提供型式检验报告，必要时应进行复检。

2. 饰面材料保管存放

（1）反打石材和瓷砖宜在室内储存，如果在室外储存必须遮盖，周围设置车挡。

（2）反打石材一般规格不大，装箱运输存放。无包装箱的大规格板材直立码放时，应光面相对，倾斜度不应大于 15°，底面与层间用无污染的弹性材料支垫。

（3）装饰面砖的包装箱可以码垛存放，但不宜超过 3 层。

2.1.3 保温材料验收与保管

保温材料依据材料性质来分类，大体可分为有机材料、无机材料和复合材料。不同的保温材料性能各异，材料的导热系数的大小是衡量保温材料的重要指标。

夹心外墙板中的保温材料，其导热系数不宜大于 0.040 W/（m·K），体积比吸水率不宜大于 0.3%，燃烧性能不应低于国家标准《建筑材料及制品燃烧性能分级》（GB 8624）中 B2 级的要求。用的保温材料有聚苯板（EPS 板）、挤塑聚苯板（XPS 板）、石墨聚苯板、真金板、泡沫混凝土板、泡沫玻璃保温板、发泡聚酯板，真空绝热板等。

1. 聚苯板

聚苯板全称聚苯乙烯泡沫板简称 EPS 板，是由含有挥发性液体发泡剂的可发性聚苯乙烯珠粒，经加热预发后在模具中加热成型的具有微细闭孔结构的白色固体，导热系数为 0.035～0.052 W/（m·K）。其他性能指标应符合现行国家标准《绝热用模塑聚苯乙烯泡沫塑料》（GB/T 10801.1）的规定。

2. 挤塑聚苯板

挤塑聚苯板简称 XPS 板，是聚苯板的一种，只不过生产工艺采用挤塑成型，导热系数为 0.030 W/（m·K），以聚苯乙烯树脂或其共聚物为主要成分，添加少量添加剂，通过加热挤塑成型而制得的具有闭孔结构的硬质泡沫塑料制品。挤塑聚苯板集防水和保温作用于一体，刚度大，抗压性能好，导热系数低。其他性能指标应符合现行国家标准《绝热用挤塑聚苯乙烯泡沫塑料（XPS）》（GB/T 10801.2）的规定。

夹心外墙板接缝处填充保温材料的燃烧性能应满足国家标准《建筑材料及制品燃烧性能分级》（GB 8624）中 A 级的要求。

预制夹心保温构件选用保温材料时，除应考虑材料的导热系数外，还应考虑材料的吸水率、燃烧性能、强度等指标。进场前要求供应商出具合格证和质保单，并对产品外观、尺寸、防火性能等进行检验。保温材料除应符合设计要求外，并应委托具有相应资质的检测机构进行检测。

2.1.4　埋设材料验收与保管

2.1.4.1　埋设材料的基本要求

对于预埋件的材料、品种、规格、型号应符合现行国家相关标准的规定和设计要求。预埋件的材料、品种应按照预制构件制作图进行制作，并准确定位。预埋件的设置及检测应满足设计及施工要求。预埋件应按照不同材料、不同品种、不同规格分类存放并标识。

对于预制混凝土构件中预留孔洞内的预埋管线，其材料、品种、规格、型号应符合现行国家相关标准的规定和设计要求。

预埋件和预埋管线均应进行防腐防锈处理，并应满足现行国家标准《工业建筑防腐蚀设计标准》（GB/T 50046）和《涂覆涂料前钢材表面处理　表面清洁度的目视评定　第 1 部分：未涂覆过的钢材表面和全面清除原有涂层后的钢材表面的锈蚀等级和处理等级》（GB/T 8923.1）的规定。

预埋门窗框应有产品合格证和出厂检验报告，品种、规格、性能、型材、壁厚、连接方式等应满足设计要求和现行相关标准的要求。当门窗（副）框直接安装在预制构件中时，应在模具上设置弹性限位件进行固定；门窗框应采取包裹或覆盖等保护措施，生产和吊装运输过程中不得污染、划伤和损坏。

在预制混凝土构件中常用的预埋件有预埋螺栓、预埋内丝、预埋钢板、吊钉、预埋管线及预埋线盒等，分别如图 2.1 ～图 2.7 所示。

图 2.1　预埋螺母

图 2.2 预埋内丝

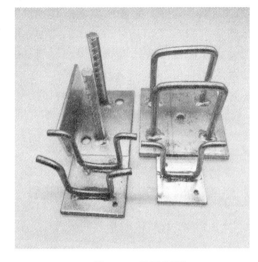

图 2.3 预埋钢板

图 2.4 止水钢板

图 2.5 吊钉

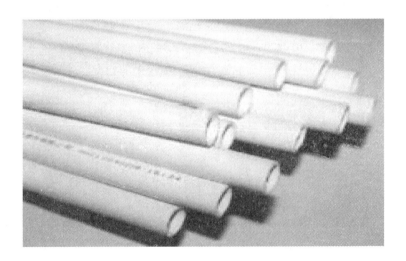

图 2.6 预埋管线

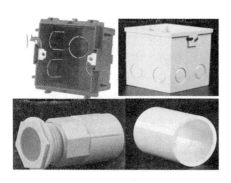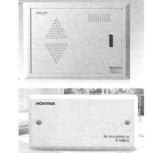

图 2.7　预埋线盒、电箱及附件

2.1.4.2　埋设材料检验

对于预埋件的制作应严格按照设计图纸要求的材料及品种进行制作，并准确定位。对进场的预埋件生产厂家需要提供详细的产品检测报告和产品合格证，并由预制混凝土构件工厂内的质检员对进场预埋件进行的产品外观、尺寸、强度、防火性能、耐高温性能等进行抽样检查，合格后方可使用。对于有腐蚀性要求的预埋件要进行镀锌检验，确保预埋件的质量能够符合生产要求。

对于预埋件的检验应满足以下要求：

（1）同一厂家、同一类别、同一规格预埋吊件，不超过 10 000 件的为同一检验批。

（2）按批抽取试样进行外观尺寸、材料性能、抗拉拔性能等试验，其检验结果应符合设计要求。

2.1.4.3　预埋材料保管

（1）预埋件要有专门的存放区，按照预埋件的种类、规格、型号分类存放，并且做好存放标识。

（2）对于预埋件存放场地的环境要防水、通风、干燥。

2.1.5　其他材料验收与保管

2.1.5.1　钢材类材料质量检验

1. 检验批的划分

同一厂家、同一类型且同一钢筋来源的成型钢筋，不超过 30 t 的为一检验批。

2. 检验方法

（1）成型钢筋。

① 每批中每种钢筋牌号、规格均应至少抽取 1 个钢筋试件，总数不应少于 3 个，进行屈服强度、抗拉强度、伸长率、外观质量、尺寸偏差和重量偏差检验，检验结果应符合国家现行有关标准的规定。

② 对由热轧钢筋组成的成型钢筋，当有企业或监理单位的代表驻厂监督加工过程并能提供原材料力学性能检验报告时，可仅进行重量偏差检验。

（2）预应力筋。

预应力筋进厂时，应全数检查外观质量，并应按现行国家相关标准的规定抽取试件做抗拉强度、伸长率检验，其检验结果应符合相关标准的规定，检查数量应按进厂的批次和产品的抽样检验方案确定。

（3）检验方法。

检验方法详见现行标准《钢筋混凝土用钢　第 1 部分：热轧光圆钢筋》（GB/T 1499.1）、《钢筋混凝土用钢　第 2 部分：热轧带肋钢筋》（GB/T 1499.2-2018）、《钢筋混凝土用钢　第 3 部分：钢筋焊接网》（GB/T 1499.3）《钢筋混凝土用余热处理钢筋》（GB 13014）、《冷轧带肋钢筋》（GB/T 13788）、《高延性冷轧带肋钢筋》（YB/T 4260）中的相关要求进行检验。

① 抗拉强度检验。

将钢材拉直除锈后按如下要求截取试样：当钢筋直径 $d<25$ mm，试样夹具之间的最小自由长度为 35 0mm；25 mm$<d<32$ mm，试样夹具之间的最小自由长度为 48 mm；32 mm$<d<50$ mm，试样夹具之间的最小自由长度为 500 mm。

将样品用钢筋标距仪标定标距。将试样放入万能材料试验机夹具内，关闭回油阀，并夹紧夹具，开启机器。实验过程中认真观察万能材料试验机度盘，指针首次逆时针转动时的荷载值即为屈服荷载，记录该荷载。继续拉伸，直至样品断裂，指针指向的最大值即为破坏荷载，记录该荷载。

用钢尺量取的标距拉伸后的长度作为断后标距并记录。

② 延伸率试验方法。

一般延伸率求的是断后伸长率，钢筋拉伸前要先做好原始标记，如果是机器打印标记的话比较省事，拉断后按照钢筋的 5 倍直径测量，手工划印可以按照 5 倍直径的一半连续划印；到时测量三点，因为钢筋不一定断裂在什么位置，所以一般整根钢筋都要划印；测量结果精确到 0.25 mm，计算结果精确到 0.5%。

钢筋现场检验如图 2.8 所示。

图 2.8　钢筋现场检验

3. 材料存放

钢筋的存放应满足以下要求：

（1）钢筋要存放在防雨、干燥的环境中。

（2）钢筋要按品种、牌号、规格、厂家分别堆放，不得混杂。

（3）每堆钢筋存放时要挂有标识牌，标明进厂日期、型号、规格、生产厂家、数量。

（4）采用专用的钢材存放架进行存放。

2.1.5.2 连接材料

预制混凝土构件钢筋机械连接常采用套筒灌浆连接、钢筋浆锚连接、螺栓连接以及螺纹套筒连接。其常用的连接材料有钢筋连接用灌浆套筒、钢筋浆锚连接用镀锌金属波纹管、夹心保温墙板拉结件、灌浆料和连接用金属件等。

所谓钢筋连接用灌浆套筒，是采用铸造工艺或机械加工工艺制造，用于钢筋套筒灌浆连接的金属套筒，可分为全灌浆套筒、半灌浆套筒。全灌浆套筒是两端均采用套筒灌浆连接的灌浆套筒；半灌浆套筒是一端采用套筒灌浆连接，另一端采用机械连接方式连接钢筋的灌浆套筒。灌浆套筒如图 2.9 和图 2.10 所示。

图 2.9　半灌浆套筒　　　　　　　　　图 2.10　全灌浆套筒

灌浆套筒是金属材质的，主要作用是连接钢筋，钢筋从套筒两端或一端插入，在套筒内注满钢筋连接用套筒灌浆料，通过灌浆料的传力作用实现钢筋的连接。

钢筋连接用套筒灌浆料是以水泥为基本材料，并配以细骨料、外加剂及其他材料混合而成的用于钢筋套筒灌浆连接的干混料，简称灌浆料。

所谓浆锚连接，是指预制混凝土构件连接部位一端为空腔，通过灌注专用水泥基灌浆料使之与螺纹钢筋连接。浆锚连接中常用镀锌金属波纹管作为主要的连接材料，如图 2.11 所示。

所谓拉结件，是指用于拉结预制混凝土夹芯保温外墙板中内、外叶墙板，使其形成整体的部件。其材料常采用玻璃纤维增强非金属或不锈钢材料，如图 2.12 所示。

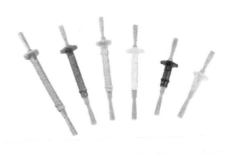

图 2.11　金属波纹管　　　　　　　　　图 2.12　拉结件

1. 钢筋连接用灌浆套筒和灌浆料检验、存放

由于工厂生产预制混凝土构件时不需要灌浆料，预制混凝土构件工厂自身没有采购灌浆料的计划，为保证灌浆套筒自身的质量能够满足设计、生产及施工要求，在进行预制混凝土构件生产前，需要根据设计图纸或施工企业确定的灌浆料品种，采购试验用的灌浆料，进行套筒灌浆试验，测定其抗拉强度是否满足要求。

对灌浆套筒和灌浆料进厂检验应符合现行行业标准《钢筋套筒灌浆连接应用技术规程》（JGJ 355）的有关规定。

如果有下列情况之一，一般应进行钢筋套筒灌浆连接接头试件型式检验：

（1）套筒产品定型时；

（2）套筒材料、工艺、规格进行改动时；

（3）型式检验报告超过 4 年时；

（4）国家检验机构提出检验时。

钢筋套筒灌浆连接接头试件型式检验是采用套筒和钢筋连接后的钢筋接头试件的形式进行。型式检验的检验项目、试件数量、检验方法和判定规则应符合现行《钢筋机械连接技术规程》（JGJ 107）的规定。

套筒表面应刻印清晰、持久性标志，包装箱上应有明显的产品标志，如产品名称、执行标准、规格型号、数量、质量、生产批号、生产日期、生产厂家等信息。

套筒出厂时应附有产品合格证，产品合格证的内容应包括产品名称、套筒型号、规格、适用钢筋强度级别、生产批号、材料牌号、数量、检验结论、检验合格签章等信息，钢筋连接用灌浆套筒产品合格证见表 2.12。

表 2.12　钢筋连接用灌浆套筒产品合格证

产品名称：钢筋连接用灌浆套筒			出厂日期	
明细				
套筒型号	生产批号	材料牌号	数量	备注
执行标准	行业标准： 企业标准：			
检验结论	各项检验项目均应符合上述执行标准的要求，判定合格。 　　　　　　　　　　　　　　　　　　　　　检验员：			
企业地址			企业邮编	
联系电话			传真	
单位名称（盖章）				

钢筋连接用灌浆套筒的存放应满足：① 生产厂家提供的进货数量由仓库保管员进行清点，核实数量，计量单位为个；② 套筒要存放在仓库中，由仓库保管员统一保管，避免丢失；③ 套筒存放在防潮、防水、防雨的环境中，并按照规格型号分别码放。

2. 钢筋浆锚连接用镀锌金属波纹管检验

（1）外观检查。

检查数量：全数检查。

检查方法：观察法。

（2）尺寸检查。

检查数量：按进厂的批次和产品的抽样检验。

检验工具：内外径尺寸用游标卡尺测量、钢带厚度用螺旋千分尺测量、长度用钢卷尺测量、波纹高度用游标卡尺测量。

检查方法：圆管内径尺寸为试件相互垂直的两个直径的平均值；扁管长、短轴方向内径尺寸为试件两端尺寸的平均值；钢带厚度及波纹管高度为试件两端实测值的平均值。测量时应避开端部切口位置。

（3）径向刚度检验。

检查数量：按进厂的批次和产品的抽样检验。

检查方法：集中荷载作用下刚度试验和均布荷载作用下刚度试验。

（4）抗渗漏性能检验。

检查数量：按进厂的批次和产品的抽样检验。

检查方法：承受集中荷载后的抗渗漏性能试验和弯曲后抗渗漏性能试验。

所有检验结果均应符合现行行业标准《预应力混凝土用金属波纹管》（JG 225）的规定。

如果有下列情况之一，应进行钢筋浆锚连接用镀锌金属波纹管型式检验：

① 新产品或老产品转厂生产的试制定型鉴定；

② 正式生产后，如材料、设备、工艺有较大改变，可能影响到产品性能时；

③ 正常生产时，每 2 年进行一次；

④ 产品停产半年或以上，恢复生产时；

⑤ 出厂检验结果与上次型式检验有较大差异时；

⑥ 国家质量监督机构提出进行型式检验要求时。

金属波纹管采用钢丝多档捆绑，每 3 根为一捆。出厂时应附有质量保证书，质量保证书应注明产品名称、根数、长度、生产日期、生产厂家和检验盖章等，并附有本检验批的检验报告。预应力混凝土用金属波纹管质量检验表见表 2.13。

表 2.13　预应力混凝土用金属波纹管质量检验

序号	项目名称			检验结果		
1	外　观			试件 1	试件 2	试件 3
2	尺　寸	圆管内径 d/mm				
		扁管 $b×h$/mm				
		钢带厚度 t/mm				
		波纹高度 h_c/mm				
3	径向刚度	集中荷载下	外径变形/mm			
			内径变形比			
		均布荷载下	外径变形/mm			
			内径变形比			
4	集中荷载作用后抗渗漏试验					
5	弯曲抗渗漏试验					
	检验结论					

金属波纹管的存放应满足以下要求：

① 金属波纹管在仓库内长期保管时，仓库应保持干燥，且应有防潮、通风措施。

② 金属波纹管在室外的保管时间不宜过长，不得直接堆放在地面上，应堆放在枕木上覆盖起来，防止雨露的影响。

③ 金属波纹管的堆放高度不宜超过 3 m。

3. 夹芯保温墙板拉结件检验

（1）同一厂家、同一类别、同一规格产品，不超过 10 000 件的为一批。

（2）按批抽取试样进行外观尺寸、材料性能、力学性能检验，检验结果应符合设计要求。对于金属拉结件还要检查镀锌是否完好。

夹芯保温墙板拉结件的存放应满足以下要求：

（1）按类别、规格型号分别存放。

（2）存放要有标识。

（3）存放在干燥通风的仓库。

2.2　预制混凝土构件识图

【学习内容】

熟练识读装配式建筑预制构件施工图是所有建筑工程技术人员需要掌握的核心技能。本部分主要对桁架钢筋混凝土叠合板、预制混凝土剪力墙外墙板（包括无洞口外墙、带窗洞外墙、带门洞外墙）和预制混凝土剪力墙内墙板的识读进行讲解。

【知识详解】

2.2.1 桁架钢筋混凝土叠合板识图

桁架钢筋叠合
板底板组成

本部分主要以国家建筑标准设计图集《桁架钢筋混凝土叠合板（60 mm 厚底板）》（15G366-1）为例来进行桁架钢筋混凝土叠合板的识图。对桁架钢筋混凝土叠合板用底板进行编号，用以区分不同预制底板，方便识图及构件现场安装。

《桁架钢筋混凝土叠合板（60 mm 厚底板）》（15G366-1）中单向叠合板用底板的编号规则如图 2.13，双向叠合板用底板的编号规则如图 2.14 所示。

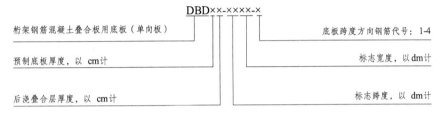

图 2.13　单向叠合板用底板编号规则

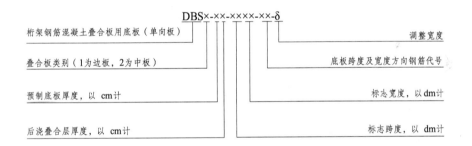

图 2.14　双向叠合板用底板编号规则

桁架钢筋混凝土叠合板底板的编号，包含底板类型，底板位置，厚度尺寸，跨度、宽度尺寸，底板钢筋代号等信息。

1. 底板类型

桁架钢筋混凝土叠合板用底板（单向板）标记为 DBD，桁架钢筋混凝土叠合板用底板（双向板）标记为 DBS。

2. 厚度尺寸

叠合楼板是由预制底板和后浇叠合层组成。预制底板的厚度不宜小于 60 mm，后浇叠合层的厚度不应小于 60 mm。预制底板的厚度常用 60 mm、70 mm，后浇叠合层的厚度常用 70 mm、80 mm、90 mm。

3. 跨度、宽度尺寸

板有跨度和宽度方向之分。一般来说，沿板的长边方向就是板的跨度方向，沿板的短边方向就是板的宽度方向。

《桁架钢筋混凝土叠合板（60 mm 厚底板）》（15G366-1）中桁架钢筋混凝土叠合板的标志跨度和标志宽度取值见表 2.14~表 2.17。标志跨度为 $3M$（建筑模数基本模数 M，$1M=100$ mm）的倍数，预制单向板的最小标志跨度为 2 700 mm，预制双向板的最小标志跨度为 3 000 mm。

表 2.14 单向板底板跨度

标志跨度/mm	2 700	3 000	3 300	3 600	3 900	4 200
实际跨度/mm	2 520	2 820	3 120	3 420	3 720	4 020

表 2.15 双向板底板跨度

标志跨度/mm	3 000	3 300	3 600	3 900	4 200	4 500
实际跨度/mm	2 820	3 120	3 420	3 720	4 020	4 320
标志跨度/mm	4 800	5 100	5 400	5 700	6 000	—
实际跨度/mm	4 620	4 920	5 220	5 520	5 820	—

表 2.16 单向板底板宽度

标志宽度/mm	1 200	1 500	1 800	2 000	2 400
实际宽度/mm	1 200	1 500	1 800	2 000	2 400

表 2.17 双向板底板宽度

标志宽度/mm	1 200	1 500	1 800	2 000	2 400
边板实际宽度/mm	960	1 260	1 560	1 760	2 160
中板实际宽度/mm	900	1 200	1 500	1 700	2 100

4. 底板钢筋代号

（1）预制单向板钢筋代号。

《桁架钢筋混凝土叠合板（60 mm 厚底板）》（15G366-1）中单向叠合板用底板钢筋代号详见表 2.18。

表 2.18 单向叠合板钢筋代号

代 号	1	2	3	4
受力钢筋规格及间距	Φ8@200	Φ8@150	Φ10@200	Φ10@150
分布钢筋规格及间距	Φ6@200	Φ6@200	Φ6@200	Φ6@200

【示例】某单向叠合板的钢筋代号为 3，代表跨度方向的钢筋采用的是直径 10 mm 的 HRB 400 级钢筋，钢筋间距为 200 mm；宽度方向钢筋采用的是直径为 6 mm 的 HRB 400 级钢筋，钢筋间距为 200 mm。

（2）预制双向板钢筋代号。

《桁架钢筋混凝土叠合板（60 mm 厚底板）》（15G366-1）中双向叠合板用底板钢筋代号详见表 2.19。

表 2.19　双向叠合板钢筋代号组合

宽度方向钢筋	跨度方向钢筋			
	$\Phi 8@200$	$\Phi 8@150$	$\Phi 10@200$	$\Phi 10@150$
$\Phi 8@200$	11	21	31	41
$\Phi 8@150$	—	22	32	42
$\Phi 8@100$	—	—	—	43

　　双向叠合板钢筋代号编写时，将跨度方向钢筋写在前面，宽度方向钢筋写在后面，共组合出八种代号。双向叠合板跨度方向钢筋有四种型号，用 1、2、3、4 表示（1 代表 $\Phi 8@200$，2 代表 $\Phi 8@150$，3 代表 $\Phi 10@200$，4 代表 $\Phi 10@150$）。宽度方向钢筋有三种型号，用 1、2、3 表示（1 代表 $\Phi 8@200$，2 代表 $\Phi 8@150$，3 代表 $\Phi 8@100$）。

　　【示例】某双向叠合板的钢筋代号为 32，代表跨度方向的钢筋为直径 10 mm 的 HRB 400 级钢筋,钢筋间距为 200 mm;宽度方向钢筋为直径 8 mm 的 HRB 400 级钢筋,钢筋间距为 150 mm。

　　5. 编号规则示例

　　DBD68-2720-3——桁架钢筋混凝土叠合板用底板（单向板），预制底板厚度 60 mm，后浇叠合层厚度为 80 mm，预制底板的标志跨度为 2 700 mm，预制底板的标志宽度为 2 000 mm，底板跨度方向的配筋为 $\Phi 10@200$。

　　DBS1-67-3320-22——桁架钢筋混凝土叠合板用底板（双向板），拼装位置为边板，预制底板厚度 60 mm，后浇叠合层厚度为 70 mm，预制底板的标志跨度为 3 300 mm，预制底板的标志宽度为 2 000 mm，底板跨度方向配筋为 $\Phi 8@150$，底板宽度方向配筋为 $\Phi 8@150$。

　　DBS2-67-3320-31——桁架钢筋混凝土叠合板用底板（双向板），拼装位置为中板，预制底板厚度 60 mm，后浇叠合层厚度为 70 mm，预制底板的标志跨度为 3 300 mm，预制底板的标志宽度为 2 000 mm，底板跨度方向配筋为 $\Phi 10@200$，底板宽度方向配筋为 $\Phi 8@200$。

　　6. 钢筋桁架规格及代号

　　钢筋桁架规格及代号见表 2.20。

表 2.20　钢筋桁架规格及代号

桁架规格代号	上弦钢筋公称直径/mm	下弦钢筋公称直径/mm	腹杆钢筋公称直径/mm	桁架设计高度/mm	桁架每延米理论质量/（kg/m）
A80	8	8	6	80	1.76
A90	8	8	6	90	1.79
A100	8	8	6	100	1.82
B80	10	8	6	80	1.98
B90	10	8	6	90	2.01
B100	10	8	6	100	2.04

从表 2.20 看出，桁架上弦钢筋的公称直径有 8 mm（A 型）和 10 mm（B 型）两种，桁架下弦钢筋的公称直径为 8 mm，腹杆钢筋的公称直径为 6 mm。桁架的设计高度有 80 mm、90 mm、100 mm 三种。

桁架钢筋混凝土叠合板底板模板及配筋图由板模板图、板钢筋图、断面图、材料统计表和文字说明组成。

（1）板模板图的主要内容：预制板轮廓形状、钢筋外伸及钢筋桁架布置情况、预埋件及预留洞口布置情况等，模板图是模具制作和模具组装的依据。

（2）板钢筋图的主要内容：跨度方向钢筋的编号、规格、定位、尺寸；宽度方向钢筋的编号、规格、定位、尺寸；桁架钢筋的编号、规格、定位、尺寸等。钢筋图是钢筋下料、绑扎、安装的依据。

（3）断面图一般包括沿跨度方向的断面图和沿宽度方向的断面图。主要内容：预制板的断面轮廓尺寸、钢筋外伸及桁架钢筋布置、钢筋竖向空间位置关系等。断面图一般与模板图和钢筋图一起识读。

单向叠合板底板模板图与配筋图与双向叠合板底板较为类似。但是单向板为双边支撑，仅在纵向受力变形，故可见单向板仅在两短边方向延伸出钢筋，两长边方向不再延伸钢筋。

除长边不再有延伸钢筋以外，单向叠合板底板截面与双向叠合板底板截面也略有不同。从单向叠合板和双向叠合板断面图可看出，双向叠合板底板底部为 90°设计，并无剖口，而单向叠合板底板两底角带有边长为 10 mm 的剖口。

图 2.15 ~ 图 2.16 所示为单向叠合板底板模板图及配筋图，图 2.17 ~ 图 2.18 所示为双向叠合板底板模板图及配筋图，均源于《桁架钢筋混凝土叠合板（60 mm 厚底板）》（15G366-1）。

现以图集中编号 DBS1-67-3015-31 的桁架钢筋混凝土叠合板为例进行的识图。

【识图示例 1】桁架钢筋混凝土叠合板 DBS1-67-3015-31 模板图及配筋图如图 2.18 所示。

（1）读模板图。

DBS1-67-3015-31 表示桁架钢筋混凝土叠合板用底板（双向板），拼装位置为边板，预制底板厚度 60 mm，后浇叠合层厚度 70 mm，预制底板的标志跨度为 3 000 mm，预制底板的标志宽度为 1 500 mm，底板跨度方向配筋为Φ10@200，底板宽度方向配筋为Φ8@100。根据底板出筋情况也可判断为双向板。底板总长度为 2 820 mm，总宽度为 1 260 mm。读 1—1 断面图可知，叠合板厚度为 60 mm。

读 1—1 断面图和 2—2 断面图可知，板端四面均有钢筋外伸，除开上部的外伸钢筋为带 135°的弯钩，其余三面外伸钢筋均为直线形。沿叠合板跨度方向布置了两道钢筋桁架，钢筋桁架距离叠合板上边缘和下边缘均为 330 mm，桁架钢筋的间距为 600 mm，桁架钢筋端部距离叠合板左边缘和右边缘均为 50 mm。

读板模板图、1—1 断面图和 2—2 断面图可知：底板上表面和四个侧面均为粗糙面，下表面为模板面。

（2）读配筋图。

桁架钢筋混凝土叠合板底板的钢筋由底板钢筋（包括跨度方向布置的钢筋和宽度方向布

置的钢筋，共同构成底板的钢筋网片）、钢筋桁架（包括上弦钢筋、下弦钢筋和腹杆钢筋）和吊点加强筋组成。

① 跨度方向布置的底板钢筋。

读 DBS1-67-3015-31 板配筋图可知，沿跨度方向钢筋编号为②。结合底板配筋表可知，该钢筋采用Φ10，共 6 根，最上边和最下边的两根钢筋间距均为 105 mm，其余中间钢筋间距均为 200 mmn，最上边和最下边跨度方向钢筋到构件外边缘的距离均为 25 mm。跨度方向布置的底板钢筋外伸形式为直线形，外伸长度均为 90 mm，单根钢筋总长度为 90+130+200×13+90+90=3 000（mm）。

② 宽度方向布置的底板钢筋。

读 DBS1-67-3015-31 板配筋图可知，沿宽度方向钢筋编号为①和③。结合底板配筋表可知，①号钢筋采用Φ8，共 14 根，③号钢筋采用Φ6，共 2 根。最左侧的③号钢筋和①号钢筋的间距为 130−25=105（mm），最右侧的①号钢筋和③号钢筋的间距为 90−25=65（mm），其余中间钢筋间距均为 200 mm，最左边和最右边钢筋到相应构件边缘的距离为 25 mm。①号钢筋上边外伸形式为带 135°弯钩，外伸长度为 290+δ（mm）（δ 由设计人员确定），下边外伸形式为直线形，外伸长度为 90 mm，单根钢筋水平段总长度为 90+1 260+290+δ=1 640+δ（mm）。③号钢筋不外伸，单根钢筋长度为 1 260−25−25=1 210（mm）。

③ 桁架钢筋。

桁架钢筋编号为 A80，沿跨度方向共设置了 2 道。读 2—2 断面图可知，桁架钢筋距叠合板上、下边缘各 330 mm，桁架钢筋间距为 600 mm。读 1—1 断面图可知，桁架钢筋端部距叠合板左、右边缘均为 50 mm。由断面图可知，钢筋竖向空间位置关系为：①号钢筋和③号钢筋位于最下层，其上面一层为②号钢筋，桁架下弦钢筋与②号钢筋同层。

④ 吊点加强钢筋。

结合宽 1 500 双向板吊点位置平面示意图（图 2.19）可知，吊点加强钢筋规格为直径 8 mm 的 HRB 400 级钢筋，长度为 140+140=280（mm），每个吊点附近布置两根，共有 8 根。

图 2.15 单向叠合板底板模板及配筋图（一）

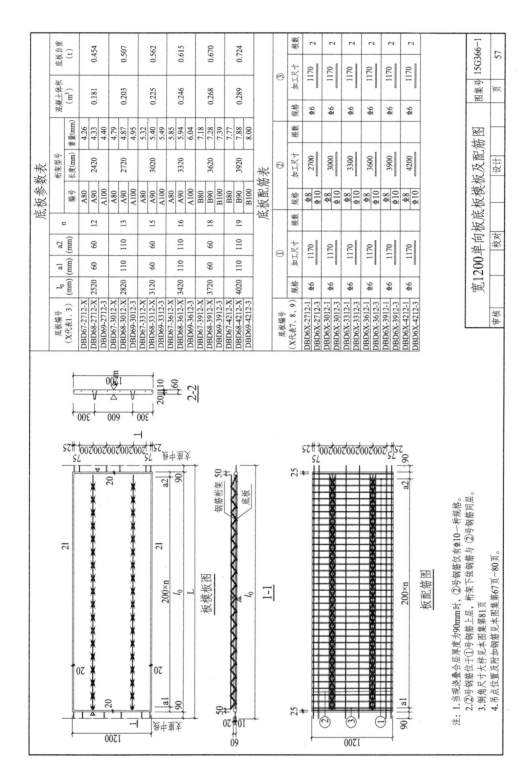

底板参数表

底板编号(X代表1、3)	l_0(mm)	a1(mm)	a2(mm)	n	桁架型号 编号	桁架型号 长度(mm)	桁架型号 重量(mm)	混凝土体积(m³)	底板自重(t)
DBD67-2712-X	2520	60	60	12	A80	2420	4.26	0.181	0.454
DBD68-2712-X					A90	2420	4.33		
DBD69-2712-3					A100	2420	4.40		
DBD67-3012-X	2820	110	110	13	A80	2720	4.79	0.203	0.507
DBD68-3012-X					A90	2720	4.87		
DBD69-3012-3					A100	2720	4.95		
DBD67-3312-X	3120	60	60	15	A80	3020	5.32	0.225	0.562
DBD68-3312-X					A90	3020	5.40		
DBD69-3312-3					A100	3020	5.49		
DBD67-3612-X	3420	110	110	16	A80	3320	5.85	0.246	0.615
DBD68-3612-X					A90	3320	5.94		
DBD69-3612-3					A100	3320	6.04		
DBD67-3912-X	3720	60	60	18	B80	3620	7.18	0.268	0.670
DBD68-3912-X					B90	3620	7.28		
DBD69-3912-3					B100	3620	7.39		
DBD67-4212-X	4020	110	110	19	B80	3920	7.77	0.289	0.724
DBD68-4212-X					B90	3920	7.88		
DBD69-4212-3					B100	3920	8.00		

底板配筋表

底板编号(X代表7、8、9)	① 规格	① 加工尺寸	② 规格	② 加工尺寸	③ 规格	③ 加工尺寸	③ 根数
DBD6X-2712-1	Φ6	1170	Φ8	2700	Φ6	1170	2
DBD6X-2712-3			Φ10				
DBD6X-3012-1	Φ6	1170	Φ8	3000	Φ6	1170	2
DBD6X-3012-3			Φ10				
DBD6X-3312-1	Φ6	1170	Φ8	3300	Φ6	1170	2
DBD6X-3312-3			Φ10				
DBD6X-3612-1	Φ6	1170	Φ8	3600	Φ6	1170	2
DBD6X-3612-3			Φ10				
DBD6X-3912-1	Φ6	1170	Φ8	3900	Φ6	1170	2
DBD6X-3912-3			Φ10				
DBD6X-4212-1	Φ6	1170	Φ8	4200	Φ6	1170	2
DBD6X-4212-3			Φ10				

板模板图
板配筋图
1-1
2-2
钢筋桁架
底板

注：
1. 当现浇叠合层厚度为90mm时，②号钢筋位于①号钢筋上层。
2. ②号钢筋仅有Φ10一种规格。
3. 倒角尺寸大样见本图集第81页，桁架下弦钢筋与②号钢筋同层。
4. 吊点位置及附加钢筋见本图集第67页~80页。

宽1200单向板底板模板及配筋图		图集号	15G366-1
设计 校对 审核		页	57

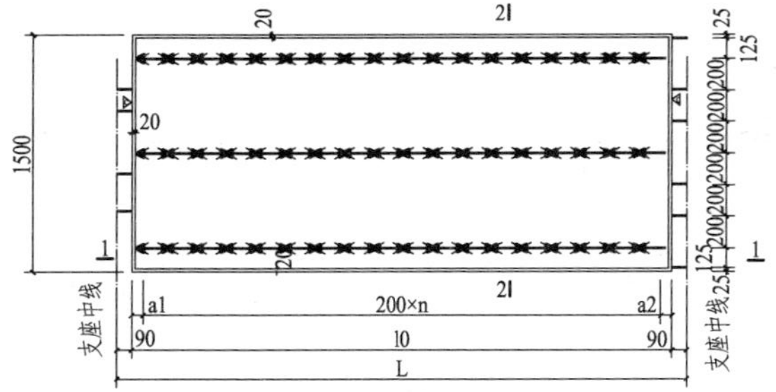

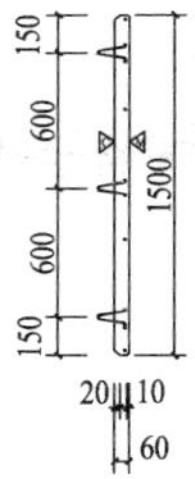

底板参数表

底板编号 (X代表1、3)	l_0 (mm)	a1 (mm)	a2 (mm)	n	桁架型号编号	长度(mm)	重量(kg)	a2 (mm)	a2 (mm)
DBD67-2715-X	2520	60	60	12	A80	2420	4.26	0.227	0.567
DBD68-2715-X					A90		4.33		
DBD69-2715-X					A100		4.40		
DBD67-3015-X	2820	110	110	13	A80	2720	4.79	0.254	0.635
DBD68-3015-X					A90		4.87		
DBD69-3015-X					A100		4.95		
DBD67-3315-X	3120	60	60	15	A80	3020	5.32	0.281	0.702
DBD68-3315-X					A90		5.40		
DBD69-3315-X					A100		5.49		
DBD67-3615-X	3420	110	110	16	A80	3320	5.85	0.308	0.769
DBD68-3615-X					A90		5.94		
DBD69-3615-X					A100		6.04		
DBD67-3915-X	3720	60	60	18	B80	3620	7.18	0.335	0.837
DBD68-3915-X					B90		7.28		
DBD69-3915-X					B100		7.39		
DBD67-4215-X	4020	110	110	19	B80	3920	7.77	0.362	0.905
DBD68-4215-X					B90		7.88		
DBD69-4215-X					B100		8.00		

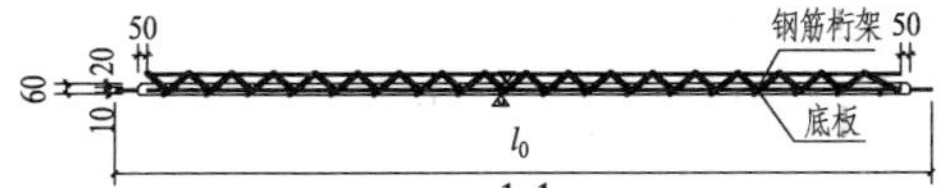

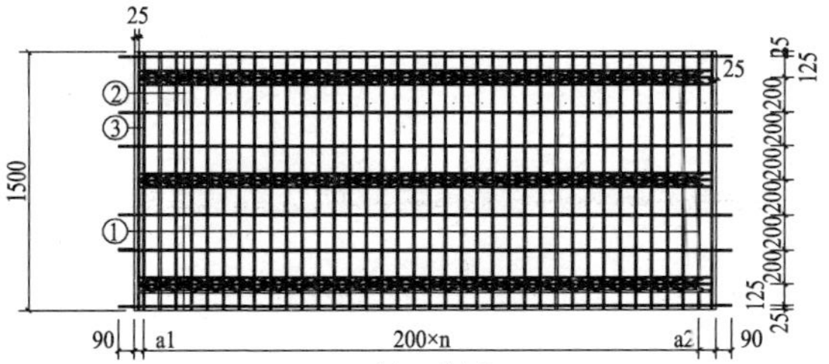

底板参数表

底板编号 (X代表7、8、9)	① 规格	① 加工尺寸	② 根数	② 规格	② 加工尺寸	③ 根数	③ 规格	③ 加工尺寸	根数
DBD6X-2715-1	Φ6	1470	13	Φ8	2700	6	Φ6	1470	2
DBD6X-2715-3				Φ10					
DBD6X-3015-1	Φ6	1470	14	Φ8	3000	6	Φ6	1470	2
DBD6X-3015-3				Φ10					
DBD6X-3315-1	Φ6	1470	16	Φ8	3300	6	Φ6	1470	2
DBD6X-3315-3				Φ10					
DBD6X-3615-1	Φ6	1470	17	Φ8	3600	6	Φ6	1470	2
DBD6X-3615-3				Φ10					
DBD6X-3915-1	Φ6	1470	19	Φ8	3900	6	Φ6	1470	2
DBD6X-3915-3				Φ10					
DBD6X-4215-1	Φ6	1470	20	Φ8	4200	6	Φ6	1470	2
DBD6X-4215-3				Φ10					

板模板图　2-2　1-1　板配筋图　钢筋桁架　底板

注：同第57页

宽1500单向板底板模板及配筋图

设计		校对		审核	

图集号 15G366-1　页 58

图2.16 单向叠合板底板模板及配筋图（二）

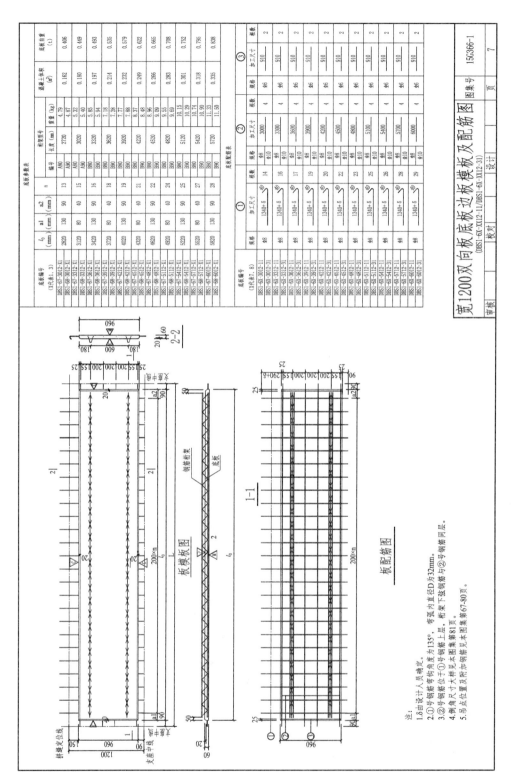

宽1200双向板底板边板模板及配筋图

（DBS1-6X-XX12-11/DBS1-6X-XX12-31）

图集号 15C366-1

页 7

图 2.17 双向叠合板底板模板及配筋图（一）

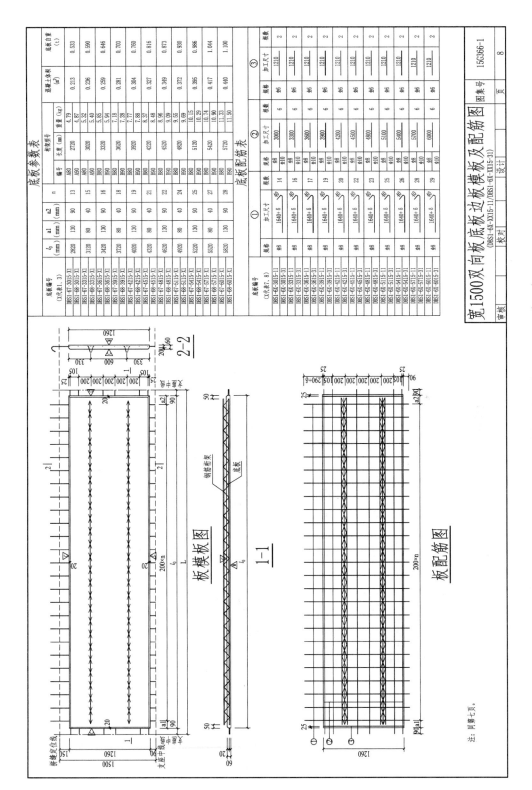

图 2.18 双向叠合板板底板模板及配筋图（二）

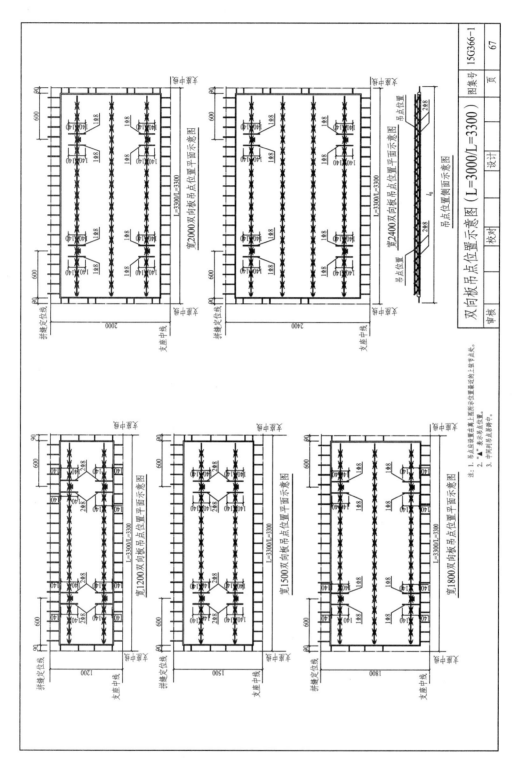

图 2.19 双向板吊点位置示意图

2.2.2 预制混凝土剪力墙外墙板识图

本部分主要以国家建筑标准设计图集《预制混凝土剪力墙外墙板》（15G365-1）为例来进行预制混凝土夹心保温墙体的识图学习。图集 15G365-1 中按墙体有无门窗洞口分为 5 类：无洞口外墙；一个窗洞外墙（高窗台）；一个窗洞外墙（矮窗台）；两个窗洞外墙；一个门洞外墙。

2.2.2.1 无洞口外墙

在图集《预制混凝土剪力墙外墙板》（15G365-1）中，介绍了无洞口外墙的编号规则，如图 2.20 所示。预制混凝土无洞口外墙的编号，包括墙板代号、墙板标志宽度、层高等信息。

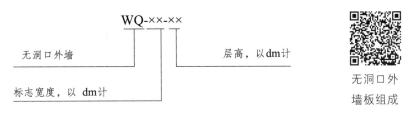

无洞口外墙板组成

图 2.20 无洞口外墙编号规则

预制混凝土无洞口外墙按常见尺寸进行了细分。预制混凝土无洞口外墙的标志宽度有 2 700 mm、3 000 mm、3 300 mm、3 600 mm、3 900 mm、4 200 mm、4 500 mm 七种，层高有 2 800 mm、2 900 mm、3 000 mm 三种，组合形成 21 种预制混凝土无洞口外墙尺寸。

预制混凝土无洞口外墙图由模板图、配筋图、材料统计表、文字说明、节点详图和外叶墙板详图组成。现以图集中编号 WQ-3629 为例进行预制混凝土无洞口外墙的识图。

【识图示例 2】预制混凝土无洞口外墙 WQ-3629 模板图如图 2.21 所示。

（1）模板图包括主视图、俯视图、仰视图、右视图、预埋配件明细表和文字说明。WQ-3629 表示该墙体为预制混凝土无洞口外墙，墙体标志宽度为 3 600 mm，墙体所在楼层层高为 2 900 mm。

（2）预制混凝土无洞口外墙由外叶板、保温层、内叶板组成。其中，外叶板位于外侧，保温层位于中间，内叶板位于内侧。WQ-3629 主视图上可清晰地看到组成该墙体的内叶板和外叶板，内外叶板尺寸并不相同。墙体编号体现的尺寸 3 600 mm×2 900 mm 为外叶板尺寸，左侧所示墙体内叶板尺寸为 3 000 mm×2 740 mm。

外叶板为矩形，厚度为 60 mm（预制夹心保温外墙板外叶墙板厚度不应小于 50 mm），标志宽度为 3 600 mm，实际宽度为 3580 mm（两块外叶板之间每侧各留 10 mm 缝隙），总高为 2 880+35=2 915（mm）。外叶板上、下端各做高度 35 mm 的企口缝。

保温层为矩形板，宽度为 3 000+270+270=3 540（mm），高度为 2 740+140=2 880（mm）。

内叶板为矩形板，厚度为 200 mm，宽度为 3 000 mm，高度为 2 740 mm，墙板底面相对本层结构板顶标高高出 20 mm（此 20 mm 为套筒灌浆的墙底接缝高度），墙板顶面相对上层结构板面标高低了 140 mm（此 140 mm 为叠合板厚度 130 mm+预留的 10 mm 误差调节），墙板的实际高度为 2 900-20-140=2 740（mm）。

宽度方向上：外叶板宽度为 3 580 mm，保温层宽度为 3 540 mm，内叶板宽度为 3 000 mm。保温层比外叶板窄 40 mm，左右两侧各少 20 mm；内叶板比保温层窄 540 mm，左右两侧各少 270 mm。

高度方向上：外叶板高度为 2915 mm，保温层高度为 2 880 mm，内叶板高度为 2 740 mm。保温层下端比外叶墙板少 35 mm，顶部与外叶板对齐。内叶板下端与保温层齐平，顶部比保温层低 140 mm。

（3）内叶板钢筋外伸情况。墙板左右两侧均外伸水平筋，外伸形状为 U 形；墙板顶面外伸竖向连接钢筋，外伸形状为直线形，呈梅花形布置。

（4）从 WQ-3629 模板图中主视图和预埋配件明细表可看出，模板图上标注了 MJ1 吊件，MJ2 临时支撑预埋件螺母，TT1/TT2 套筒灌浆孔与套筒出浆孔预埋组件，DH1 预埋线盒的布置情况。

标准图集中预制墙板，注写管线预埋位置信息时，高度方向只注写低区、中区和高区；水平方向根据标准图集的参数进行选择。

（5）墙体连接方式。内叶墙侧面将现浇混凝土形成后浇段，底面及顶面墙体受力钢筋采用钢筋套筒灌浆连接接头。墙可作为后浇段模板使用。四面混凝土表面连接处均应设置粗糙面，粗糙面的面积不宜小于结合面的 80%。预制板底面、顶面及侧面的粗糙面凹凸深度不应小于 6 mm。套筒灌浆接头是由专门加工的套筒、配套灌浆料和钢筋组装的组合体，在连接钢筋时通过注入快硬无收缩浆料，依靠材料之间的黏结咬合作用连接钢筋与套筒，具有性能可靠、适用性广、安装简便等优点。

【识图示例 3】预制混凝土无洞口外墙 WQ-3629 配筋图如图 2.22 所示。

预制混凝土无洞口外墙承受荷载的是内叶板，其钢筋图反映的是内叶板配筋。

（1）WQ-3629 配筋图包括配筋图、四个断面图和配筋表。1—1 水平断面图为套筒位置，2—2 水平断面图为中间墙身位置，3—3 竖直断面图为竖向封边钢筋所在位置，4—4 竖直断面图为中间墙身位置。

（2）预制混凝土无洞口外墙内叶板的钢筋包括竖向分布钢筋、水平分布钢筋及拉筋三类。图集中规定，各墙体配筋图右上角均有对应预制墙体配筋表，对于不同抗震等级的预制墙体均应注明各类型钢筋配置数量及直径。

（3）竖向分布钢筋。

在 WQ-3629 配筋图中，竖向钢筋包括上下层竖向连接钢筋 ③a，竖向分布筋 ③b，竖向封边钢筋 ③c。

①上下层竖向连接钢筋。

读配筋图可知，该钢筋下端与灌浆套筒连接，上端外伸。读 1—1 断面图可知，该钢筋呈梅花形排布，每隔 300 mm 交错布置一根，钢筋和套筒中心到墙表面的距离为 55 mm。从钢筋表看出，抗震等级为一、二、三级的建筑，该钢筋采用 ⊈16，共 9 根，每根上端外伸长度为 290 mm，与套筒连接的一端车丝长度为 23 mm，中间部分长度为 2 566 mm。

② 竖向分布筋。

读配筋图和 1—1 断面图可知，该钢筋呈"梅花形"排布，每隔 300 mm 交错布置一根。读 2—2 断面图可知，钢筋中心到墙表面的距离为 35 mm。从钢筋表看出，抗震等级为一、二、三级的建筑，该钢筋采用 Φ6，共 9 根，每根长度为 2 710 mm 即 2 740-15-15=2710（mm）（钢筋保护层厚度为 15 mm）。

③ 竖向封边钢筋。

读配筋图可知，该钢筋设在墙板左、右两侧，分别距墙板左、右两侧边 50 mm。读 1—1 断面图或 2—2 断面图可知，钢筋中心到墙表面的距离为 52 mm。从钢筋表看出，该钢筋采用 Φ12，共 4 根，每根长度为 2 710 mm。

（4）水平分布钢筋。

在 WQ-3629 配筋图中，水平分布钢筋包括墙身水平钢筋 ③d（两端外伸），套筒处水平钢筋 ③e（两端外伸），套筒加密区范围附加水平钢筋 ③f（两端不外伸）。

① 墙身水平钢筋。

读配筋图可知，墙身水平钢筋中最上面一根到构件顶面的距离为 40 mm，最下面的一根到构件底面的距离为 120+80=200（mm），最上面三根墙身水平钢筋的间距为 150 mm，其余墙身水平钢筋的间距为 200 mm。读 2—2 断面图可知，钢筋中心到墙表面的距离为 42 mm。从钢筋表看出，该墙身水平钢筋为封闭 U 形，采用 Φ8，共 14 根，钢筋在墙板内的长度为 3 000 mm，两端各向外伸出的水平长度为 200 mn，宽度方向钢筋中心线尺寸为 116 mm。

② 套筒处水平钢筋。

读配筋图可知，该钢筋距墙板底面 80 mm。读 1—1 断面图可知，钢筋中心到墙表面的距离为 27 mm。从钢筋表看出，该水平筋为封闭 U 形，采用 Φ8，共 1 根。钢筋在墙板内的长度为 3 000 mm，两端各向外伸出的水平长度为 200 mm，宽度方向钢筋中心线尺寸为 146 mm（由于套筒直径大于钢筋直径）。

③ 加密区附加水平钢筋。

《装配式混凝土结构技术规程》（JGJ 1—2014）中规定：采用套筒灌浆连接时，自套筒底部至套筒顶部并向上延伸 300 mm 范围内，预制剪力墙的水平分布钢筋应加密设置。套筒上端第一道水平分布钢筋距离套筒顶部不应大于 50 mm。

读配筋图可知，1 根套筒处水平钢筋、2 根加密区附加水平钢筋和 2 根墙身水平钢筋共同构成了底部加密区范围钢筋，加密区钢筋间距为 100 mm。从钢筋表看出，该水平钢筋为封闭型，采用 Φ8，共 2 根，两端不外伸。钢筋在墙板内的长度为 2 950 mm，宽度方向钢筋中心线尺寸为 116 mm。

（5）拉筋。

拉筋有梅花形和平行布置两种构造，如设计未明确注明，一般采用梅花形布置。在层高范围内拉筋布置，从楼面往上第一排墙身水平筋，至顶板往下第一排墙身水平筋。在宽度范围内拉筋布置，从端部的墙身边第一排墙身竖向钢筋开始布置。一般情况，墙身拉筋间距是墙身水平筋或竖向筋间距的 2 倍。

在 WQ-3629 配筋图中，拉筋包括墙身区域的拉筋 ③La，竖向封边钢筋之间的拉筋 ③Lb，套筒区域的拉筋(3Lc)。

① 墙身区域的拉筋。

读钢筋图、2—2 断面图和 4—4 断面图可知，间距为 600 mm × 600 mm。从钢筋表看出，采用 Φ6，直线段长度为 130 mm，弯钩平直段长度取 5 d（即 30 mm）。

② 竖向封边钢筋之间的拉筋

读钢筋图、2—2 断面图和 3—3 断面图可知，竖向间距同水平外伸钢筋间距布置。从钢筋表看出，采用 Φ6，共 28 根，直线段长度为 124 mm，弯钩平直段长度取 5 d（即 30 mm）。

③ 套筒区域的拉筋。

读钢筋图、1—1 断面图可知，水平方向隔一拉一布置。从钢筋表看出，采用 Φ6，共 6 根，直线段长度为 154 mm，弯钩平直段长度取 5 d（即 30 mm）。

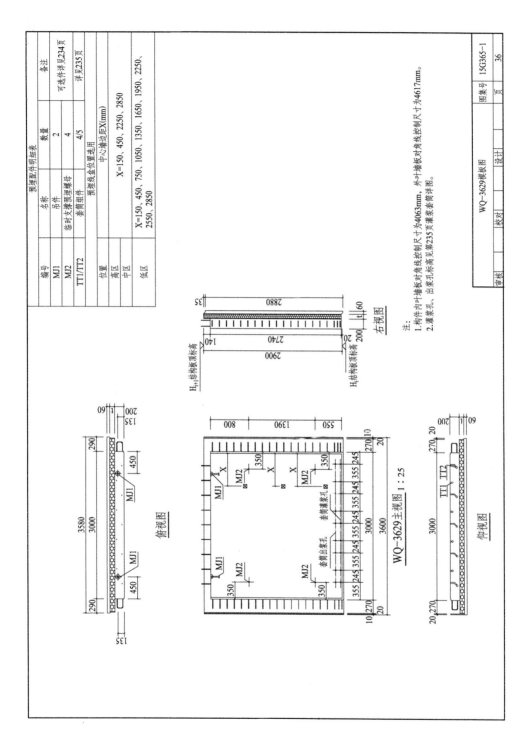

图 2.21 预制混凝土无洞口外墙模板图

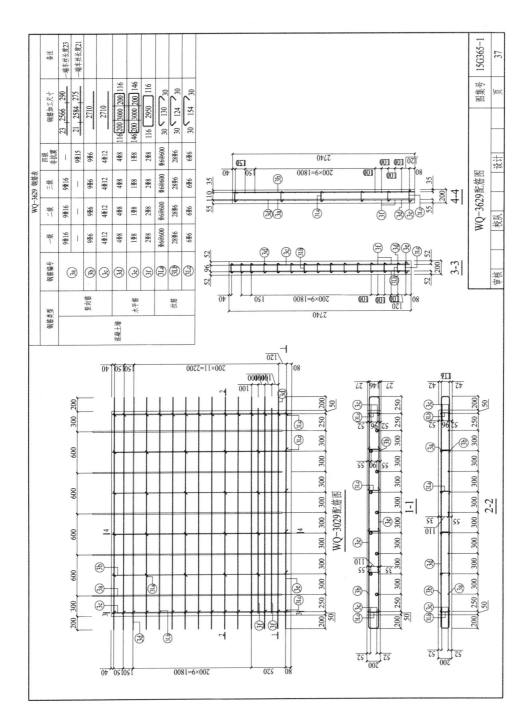

图 2.22 预制混凝土无洞口外墙配筋图

2.2.2.2　带窗洞预制外墙

在图集《预制混凝土剪力墙外墙板》(15G365-1)中，介绍了带窗洞预制外墙的编号规则。一个窗洞外墙（高窗台）、一个窗洞外墙（矮窗台）和两个窗洞外墙均属于带窗洞预制外墙。

带窗洞预制外墙的编号包括墙板代号、墙板的标志宽度、对应层高、洞口宽度、洞口高度等信息。具体编号规则如图 2.23 所示。

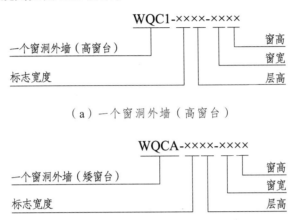

（a）一个窗洞外墙（高窗台）

（b）一个窗洞外墙（矮窗台）

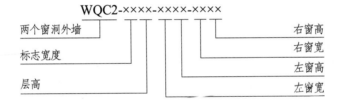

（c）两个窗洞外墙

图 2.23　带窗洞预制外墙

带窗洞预制外墙图由模板图、钢筋图、材料统计表、文字说明、节点详图和外叶墙板详图组成。

现以图集中编号 WQC1-3928-1814 为例进行带窗洞预制外墙的识图。

【识图示例 4】带窗洞预制外墙 WQC1-3928-1814 模板图如图 2.24 所示。

（1）模板图包括主视图、俯视图、仰视图、右视图、灌浆分区示意图、预埋配件明细表和文字说明。WQC1-3928-1814 表示该墙体为预制混凝土一个窗洞外墙（高窗台），墙体标志宽度为 3 900 mm，墙体所在楼层层高为 2 800 mm，窗宽为 1 800 mm，窗高为 1 400 mm。即该预制外墙尺寸为 3 900 mm×2 800 mm，窗洞口尺寸为 1 800 mm×1 400 mm。

（2）带窗洞预制外墙 WQC1-3928-1814 由外叶板、保温层、内叶板组成。外叶板位于外侧，保温层位于中间，内叶板位于内侧。

预制剪力墙洞口宜居中布置，洞口两侧的墙肢不应小于 200 mm，洞口上方连梁高度不宜小于 250 mm。从 WQC1-3928-1814 主视图中可看出，洞口距外叶墙 1 040 mm，符合技术规程规定。

外叶板为矩形板开窗洞，厚度为 60 mm，标志宽度为 3 900 mm，实际宽度为 3 880 mm（两块外叶板之间每侧各留 10 mm 缝隙），总高为 2 800+35-20=2815（mm）。窗洞宽度为 1 800mm，居中布置，洞口左右两边距离内叶板左右两侧各 750 mm。从 WQC1-3928-1814 右视图和文字说明可看出，洞口高度为 1 400 mm，窗洞口下边距离内叶板底边距离标注有 930 mm 和 980 mm，分别对应建筑面层为 50 mm 和 100 mm 的预制墙体。外叶板上下端各做成高度 35 mm 的企口缝。

保温层为矩形板开窗洞，宽度为 3 840 mm，高度为 2 780 mm。窗洞与外叶板所开洞口对齐。

内叶板为矩形板开窗洞，厚度为 200 mm，宽度为 3 300 mm，高度为 2 640 mm，墙板底面相对本层结构板顶面标高高出 20 mm（该 20 mm 为套筒灌浆的墙底接缝高度），墙板顶面相对上层结构板面标高低了 140mm（源于考虑叠合板厚度 130 mm+预留 10 mm 误差调节），墙板的实际高度 2 800-20-140=2 640（mm）。

宽度方向上：外叶板宽度为 3 880 mm，保温层宽度为 3 840 mm，内叶板宽度为 3 300 mm。保温层比外叶板窄 40 mm，左右两侧各少 20 mm。内叶板比保温层窄 540 mm，左右两侧各少 270 mm。

高度方向上：外叶板高度为 2 815 mm，保温板高度为 2 780 mm，内叶板高度为 2 640 mm。保温层下端比外叶墙板少 35 mm，顶部与外叶板对齐。内叶板下端与保温层齐平，顶部比保温层低 140 mm。

（3）内叶板钢筋外伸包括水平方向和竖直方向的钢筋外伸。

水平方向钢筋外伸：边缘构件区域墙体水平筋左右两侧均外伸，外伸形式为 U 形。窗洞上方的连梁纵筋外伸，外伸形式为直线形。

竖直方向钢筋外伸：边缘构件纵筋在墙板顶面外伸，双排布置，外伸形式为直线形。窗洞上方连梁箍筋外伸，箍筋为封闭箍筋。

（4）从 WQC1-3928-1814 中主视图和预埋配件明细表可看出，模板图上标注了 MJ1 吊件，MJ2 临时支撑预埋件，B-45/B-50 填充用聚苯板，TT1/TT 2 套筒灌浆孔与套筒出浆孔预埋组件，TG 套管组件，DH1 预埋线盒的布置情况。

（5）墙体内叶板四个侧面应做成凹凸不小于 6 mm 的粗糙面。

【识图示例 5】带窗洞预制外墙 WQC1-3928-1814 配筋图如图 2.25 所示。

带窗洞预制外墙的内叶板可划分为连梁区、边缘构件区和墙身区三个区域。内叶板的钢筋也可划分为连梁区钢筋、边缘构件区钢筋和窗下墙墙身区钢筋。连梁区钢筋位于窗洞口的上部区域。边缘构件区钢筋位于窗洞口左右两侧区域，设置在剪力墙的边缘，起到改善受力性能的作用。窗下墙墙身区钢筋则位于窗洞的正下方。

WQC1-3928-1814 配筋图包括配筋图、六个断面图、钢筋表和文字说明。水平方向有四个断面，1—

1 水平断面图为套筒位置，2—2 水平断面图为边缘构件区水平连接钢筋位置，3—3
缘构件区箍筋位置，4—4 水平断面图为连梁位置。竖直方向有两个断面，6—6 竖直断面图为
连梁位置，7—7 竖直断面图为窗下墙位置。

（1）连梁区钢筋。

连梁区钢筋有纵筋、箍筋(1G)和拉筋(1L)，纵筋又可分为下部受力纵筋(1Za)、顶部封边钢筋
(1Zb)（可由腰筋兼）。

读 6—6 断面图和文字说明可知连梁尺寸，连梁预制段截面宽度为 200 mm，高度标注有
310 mm 和 260 mm，分别对应建筑面层为 50 mm 和 100 mm 的预制墙体。

① 连梁下部受力纵筋。

读 WQC1-3928-1814 配筋图和 6—6 断面图可知，钢筋到墙表面的距离为 35 mm。从钢
筋表看出，抗震等级为一级的建筑，该钢筋采用Φ18，共 2 根，钢筋在墙板内的长度为 3 300
mm，两端均外伸，外伸形式为直线形，两端伸出长度均为 200 mm。

② 连梁顶部封边钢筋。

读 WQC1-3928-1814 配筋图和 6—6 断面图可知，钢筋到墙表面的距离为 30 mm，距叠
合连梁顶面 25 mm。从钢筋表看出，该钢筋采用Φ10，共 2 根，钢筋在墙板内的长度为 3 300 mm，
两端均外伸，外伸形式为直线形，两端伸出长度均为 200 mm。

③ 箍筋。

读 WQC1-3928-1814 配筋图、4—4 断面图和 6—6 断面图可知，该箍筋通过焊接处理形
成封闭型箍筋，左右两侧第一根箍筋从梁端 50 mm 处，按 100 mm 间距进行布置，不设置加
密区，箍筋竖向外伸长度为 110 mm。从钢筋表看出，该箍筋采用Φ10，共 18 根。

④ 拉筋。

读 WQC1-3928-1814 配筋图和 6—6 断面图可知，拉筋将叠合连梁顶部封边筋和箍筋拉
结起来，拉筋间距为 100 mm。从钢筋表看出，该拉筋采用Φ8，共 18 根。

（2）边缘构件区钢筋。

边缘构件区钢筋包括竖向连接纵筋、侧面封边钢筋、箍筋（一级抗震时有）、墙身水平连
接钢筋（兼作边缘构件区箍筋）和拉筋。

① 竖向连接纵筋(2Za)。

读 WQC1-3928-1814 配筋图可知，竖向连接纵筋分布于窗洞两侧的边缘构件区，下端与
套筒连接，上端外伸。读 1—1 断面图可知，竖向连接钢筋双排布置，每排钢筋间距为 150
mm，钢筋和套筒中心到墙表面的距离为 52 mm。从钢筋表看出，抗震等级为一级的建筑，该
钢筋采用Φ16，共 14 根，每根上端外伸为直线形，长度为 290 mm，中间部分长度为 2 466
mm，与套筒连接的一端车丝长度为 23 mm。

② 侧面封边钢筋(2Zb)。

读 WQC1-3928-1814 配筋图可知，封边钢筋设在墙板左右两侧，分别距离墙板左右两侧
边 30 mm。从钢筋表看出，该钢筋采用Φ10，共 6 根，每根长度为 2 610 mm，单根封边钢筋
总长 = 2 640-15-15=2 610（mm）（其钢筋保护层厚度为 15 mm）。

③ 箍筋。

读 WQC1-3928-1814 配筋图可知，箍筋包括以下四种：仅在抗震等级为一级时设置的加密箍筋 ②Ga，边缘构件区的水平外伸连接钢筋 ②Gb（兼起箍筋作用），套筒位置的水平外伸连接钢筋 ②Gc（兼起箍筋作用），套筒附近加密区和连梁区的加密箍筋 ②Gd。

箍筋 ②Ga：读 WQC1-3928-1814 配筋图和断面图 3—3 可知，此钢筋采用焊接封闭箍，仅在抗震等级为一级时设置，起到箍筋加密作用，箍筋间距为 200 mm。从钢筋表看出，此钢筋采用 Φ8，共 20 根，不外伸，在墙板内的单边长度为 330 mm，宽度为 120 nm。

箍筋 ②Gb：读 WQC1-3928-1814 配筋图和 2—2 断面图可知，该钢筋采用焊接封闭箍，是边缘构件区的水平外伸连接钢筋。最下部的一根箍筋距离内叶板下缘 200 mm（120+80=200 mm），距为 200 mm。从钢筋表看出，抗震等级为一级的建筑，该钢筋采用 Φ8，共 22 根。箍筋在墙板内的单边长度为 415 mm，宽度为 120 mm，箍筋外伸长度为 200 mm。

箍筋 ②Gc：读 WQC1-3928-1814 配筋图和 1—1 断面图可知，该钢筋采用焊接封闭箍，是套筒位置的水平外伸连接钢筋。从钢筋表看出，抗震等级为一级的建筑，该钢筋采用 Φ8，共 2 根。箍筋在墙板内的单边长度为 425 mm，宽度为 140 mm，箍筋外伸长度 200 mm。

箍筋 ②Gd：读 WQC1-3928-1814 配筋图和 4-4 断面图可知，该钢筋采用焊接封闭箍，是设在连梁及套筒附近加密区内的加强箍筋。从钢筋表看出，抗震等级为一级的建筑，该钢筋采用 Φ8，共 8 根。箍筋不外伸，在墙板内的单边长度为 700 mm，宽度为 140 mm。

④ 拉筋。

读 WQC1-3928-1814 配筋图可知，拉筋包括以下三种：连接纵筋 ②Za 之间的拉筋 ②La，封边纵筋 ②Zb 之间的拉筋 ②Lb，套筒位置的拉筋 ②Lc。

拉筋 ②La：读 WQC1-3928-1814 配筋图、2—2 断面图、3—3 断面图可知，该钢筋拉结竖向连接纵筋。从钢筋表看出，抗震等级为一级的建筑，该钢筋采用 Φ8，共 80 根，直线段长度为 130 mm，弯钩平直段长度取 $10d$ 为 80 mm。

拉筋 ②Lb：读 WQC1-3928-1814 配筋图和 2—2 断面图可知，该钢筋拉结封边纵筋，间距为 200 mm。从钢筋表看出，抗震等级为一级的建筑，该钢筋采用 Φ6，共 22 根。直线段长度为 130 mm，弯钩平直段长度为 30 mm。

拉筋 ②Lc：读 WQC1-3928-1814 配筋图和 1—1 断面图可知，该钢筋拉结套筒位置。从钢筋表看出，抗震等级为一级的建筑，该钢筋采用 Φ8，共 6 根。直线段长度为 150 mm，弯平直段长度取 $10d$ 为 80 mm。

（3）窗下墙墙身区钢筋

读 WQC1-3928-1814 配筋图可知，窗下墙墙身区钢筋有水平分布筋（有洞口封边钢筋 ③a 和水平分布筋 ③b 两种）、竖向分布筋 ③c 和拉筋 ③L。

① 洞口封边钢筋。

读 WQC1-3928-1814 配筋图和 7—7 断面图可知，钢筋距离窗洞下缘 40 mm，钢筋中心到墙表面的距离为 25 mm。从钢筋表看出，该钢筋采用 Φ10，共 2 根，该钢筋为直线形。该钢筋在窗下墙墙内的长度为 1 800 mm，两端伸入边缘构件区的长度均为 400 mm。

② 水平分布筋。

读 WQC1-3928-1814 配筋图和 7—7 断面图可知，该钢筋分为 5 排布置，最下面一排水平分布筋距离内叶板底部 60 mm，从下往上水平分布筋的竖向间距依次为 125 mm、275 mm、275 mm、125 mm，该钢筋中心到墙表面的距离为 35 mm。从钢筋表看出，该钢筋采用 Φ8，共 10 根，该钢筋为直线形。该钢筋在窗下墙墙内的长度为 1 800 mm，两端伸入边缘构件区的长度均为 150 mm。

③ 竖向分布筋。

读 WQC1-3928-1814 配筋图可知，该钢筋分为 9 组布置，最左一组窗下墙墙身区竖向分布筋距离相邻竖向连接纵筋 150 mm，最右一组窗下墙墙身区竖向分布筋距离相邻竖向连接纵筋 150 mm，余下每组竖向分布筋间距为 200 mm。读断面图 7—7 和钢筋表可知，钢筋两端带 90°弯钩，该钢筋采用 Φ8，共 18 根。钢筋直线段长度为 900 mm（950 mm），钢筋弯钩段平直长度为 80 mm。

④ 拉筋。

读 WQC1-3928-1814 配筋图和 7—7 断面图可知，钢筋按间距 400 mm × 550 mm 布置。从钢筋表看出，该拉筋该钢筋采用 Φ6，直线段长度为 160 mm，弯钩平段长度为 30 mm。

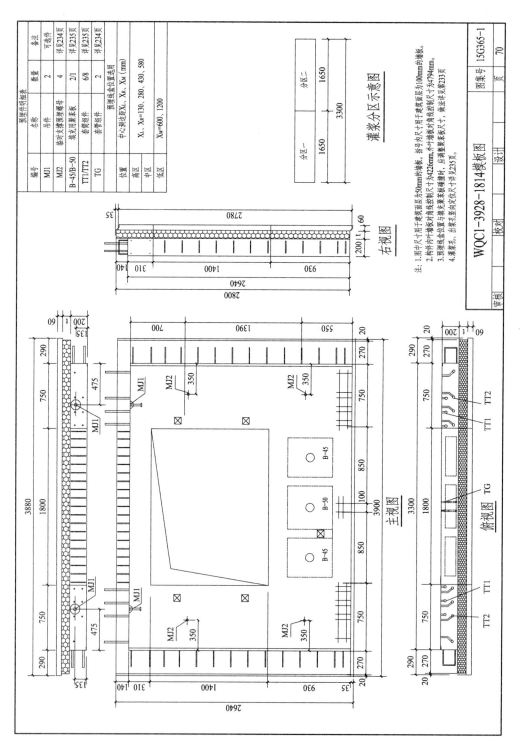

图 2.24　WQC1-3928-1814 模板图

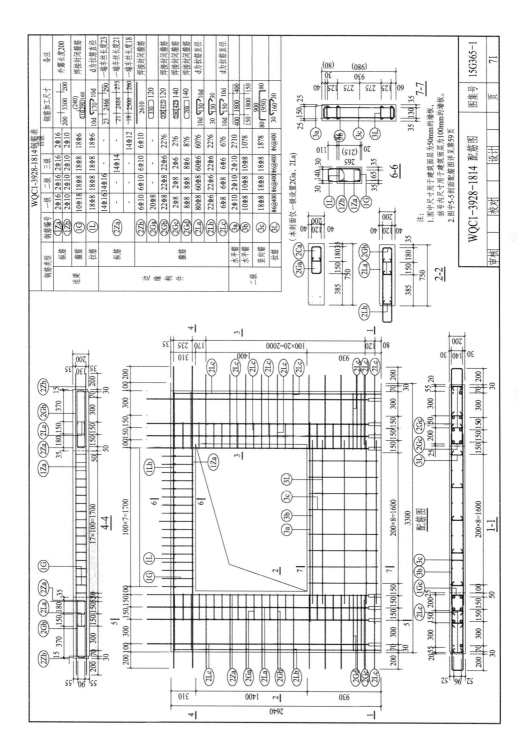

图 2.25　WQC1-3928-1814 配筋图

2.2.2.3 一个门洞外墙

在图集《预制混凝土剪力墙外墙板》(15G365-1)中,介绍了带门洞预制外墙的编号规则。带门洞预制外墙的编号包括墙板代号、墙板的标志宽度、对应层高、门洞宽度、门洞高度等有关信息。具体编号规则如图2.26所示。

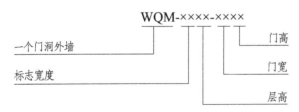

图 2.26　一个门洞外墙

【示例】WQM-4529-2723表示一个门洞预制外墙,其标志宽度为4 500 mm,墙板所在楼层高为2 900 mm,门洞宽度为2 700 mm,门洞高度为2 300 mm。

带门洞预制外墙图由模板图、钢筋图、材料统计表、文字说明、节点详图和外叶板配筋图组成。

现以图集中编号WQM-3628-1823为例进行带窗洞预制外墙的识图。

【识图示例6】带门洞预制外墙WQM-3628-1823模板图如图2.27所示。

带门洞预制外墙模板图,包含主视图、俯视图、仰视图、右视图、预埋配件表和文字说明。

(1)WQM-3628-1823表示该墙体为预制混凝土一个门洞外墙,墙体标志宽度为3 600 mm,墙体所在楼层层高为2 800 mm,门洞宽度为1 800 mm,门洞高度为2 300 mm。即该预制外墙尺寸为3 600 mm×2 800 mm,窗洞口尺寸为1 800 mm×2 300 mm。

(2)读WQM-3628-1823模板图可知,带门洞预制外墙板由外叶板、保温层和内叶板组成。外叶板位于外侧,保温层位于中间,内叶板位于内侧。

外叶板为矩形板开门洞,厚度为60 mm,标志宽度为3 600 mm,实际宽度为3 580 mm(外叶板左右两侧各留10 mm缝隙),总高度为2 630 mm。墙板底面相对本层结构板顶面标高高出20 mm(此20 mm为套筒灌浆的墙底接缝高度),墙板顶面相对上一层结构板面标高低了150 mm(由于需要考虑到叠合板厚度130 mm+预留10 mm误差调节+比内叶板矮10 mm),因此墙板的实际高度为2 800–20–150=2 630(mm)。门洞宽度为1 800 mm,居中布置,洞口左右两边距离内叶板左右两侧各600 mm,洞口高度为2 330 mm。对于建筑面层为50 mm的墙板,洞口上边距离内叶板顶310 mm;对于建筑面层为100 mm的墙板,洞口上边距离内叶板顶260 mm。门洞左右侧在内叶板、保温板、外叶板中,三层平齐。

保温层为矩形板开门洞,宽度为3 540 mm,高度为2 630 mm,门洞与外叶板所开洞口对齐。

内叶板为矩形板开门洞,厚度为200 mm,宽≥度为3 000 mm,高度为2 640 mm,墙板底面相对本层结构板面标高高出20 mm(此20 mm为套筒灌浆的墙底接缝高度),墙板顶面相对上一层结构板面标高低了140 mm(由于需要考虑到叠合板厚度130 mm+预留10 mm误差调节),墙板的实际高度为2 800–20–140=2 640(mm)。门洞宽度为1 800 mm,居中布置,洞口左右两边距离内叶板左右两侧各 600 mm,洞口高度为 2 330 mm。对于建筑面层为 50 mm 的墙板,洞口上边距离内叶板顶 310 mm;对于建筑面层为 100 mm 的墙板,洞口上边距离内叶板顶 260 mm。

宽度方向上:外叶板宽度为 3 580 mm,保温板宽度为 3 540 mm,内叶板宽度为 3 000 mm。保温层比外叶板窄 40 mm,左右两侧各少 20 mm。内叶板比保温层窄 540 mm,左右两侧各少 270 mm。

高度方向上:外叶板高度为 2 630 mm,保温板高度为 2 630 mm,内叶板高度为 2 640 mm。外叶板、保温层和内叶板三者下端齐平,且外叶板和保温层高度相同,而内叶板比保温层顶部标高高出 10 mm。

(3)内叶板钢筋外伸包括墙板水平方向和竖直方向的钢筋外伸。

水平方向:边缘构件区域墙体水平钢筋左右两侧均外伸,外伸形式为 U 形;门洞上方的连梁纵筋外伸,外伸形式为直线形。

竖直方向:边缘构件纵筋在墙板顶面外伸,双排布置,外伸形式为直线形;门洞上方连梁筋外伸,箍筋为封闭箍筋。

(4)读 WQM-3628-1823 模板图可知,模板图上标注了 MJ1 吊件,MJ2 临时支撑预埋螺母,MJ3 临时加固预埋件,TT1/TT2 套筒灌浆孔与套筒出浆孔预埋组件,预埋线盒的布置情况。

(5)墙板顶面、底面应做成凹凸不小于 6 mm 的粗糙面。

【识图示例 7】带门洞预制外墙 WQM-3628-1823 配筋图如图 2.28 所示。

一个门洞外墙的内叶板可划分为连梁区和边缘构件区两个区域。内叶板的钢筋也相应地划分为连梁区钢筋和边缘构件区钢筋。连梁区钢筋位于门洞的正上方,边缘构件区钢筋位于门洞左右两侧。

WQM-3628-1823 配筋图包括配筋图、六个断面图、钢筋表和文字说明。水平方向有四个断面,1—1 断面图为套筒位置,2—2 断面图为边缘构件区水平连接钢筋位置,3—3 断面图为边缘构件区箍筋位置,4—4 断面图为连梁位置。竖直方向有两个断面,5—5 断面图为边缘构件位置,6—6 断面图为连梁位置。

(1)连梁区钢筋。

读 6—6 断面图和文字说明可知连梁尺寸,连梁预制段截面宽度为 200 mm,高度标注有 310 mm 和 260 mm,分别对应建筑面层为 50 mm 和 100 mm 的预制墙体。

① 连梁下部受力纵筋 (1Za)。

读 WQM-3628-1823 配筋图和 6—6 断面图可知,钢筋到墙表面的距离为 35 mmn。从钢筋表看出,该钢筋采用 Φ18,共 2 根,钢筋在墙板内的长度为 3 000 mm,两端均外伸,外伸形式为直线形,伸出长度均为 200 mm。

② 连梁顶部封边钢筋 (1Zb)(可由腰筋兼)。

读 WQM-3628-1823 配筋图和 6—6 断面图可知,钢筋到墙表面的距离为 30 mm,距叠合连梁顶面 35 mm。从钢筋表看出,该钢筋采用 Φ10,共 2 根,钢筋在墙板内的长度为 3 000 mm,两端均外伸,外伸形式为直线形,伸出长度均为 200 mm。

③ 箍筋 (1G)。

读 WQM-3628-1823 配筋图、4—4 断面图、6—6 断面图可知,该箍筋通过焊接处理形成封闭型箍筋，左右两侧第一根箍筋从梁端 50 mm 处，按 100 mm 间距进行布置，不设置加密区，箍筋竖向外伸长度为 110 mm。从钢筋表看出，该箍筋采用 Φ10，共 18 根。

④ 拉筋 (1L)。

读 WQM-3628-1823 配筋图和 6—6 断面图可知，拉筋将叠合连梁顶部封边筋和箍筋拉结起来，拉筋间距为 100 mm。从钢筋表看出，抗震等级为一级的建筑，该拉筋采用 Φ8，共 18 根。

（2）边缘构件区钢筋。

① 竖向连接纵筋 (2Za)。

读 WQM-3628-1823 配筋图可知，该钢筋分布于门洞两侧的边缘构件区，下端与套筒连接，上端外伸。读 1—1 断面图可知，竖向连接纵筋双排布置，每排钢筋水平间距为 150 mm，钢筋和套筒中心到墙表面的距离为 52 mm。从钢筋表看出，抗震等级为一级的建筑，该钢筋采用 Φ16，共 12 根，每根上端外伸为直线形，外伸长度为 290 mm，中间部分长度为 2 466 mm，与套筒连接的一端车丝长度为 23 mm。

② 封边纵筋 (2Zb)。

读 WQM-3628-1823 配筋图可知，该钢筋设在墙板左右两侧，分别距离墙板左右两侧边 30 mm。从钢筋表看出，该钢筋采用 Φ10，共 4 根，每根长度为 2 610 mm，单根封边纵筋总长 = 2 640-15-15=2 610（mm）（其钢筋保护层厚度为 15 mm）。

③ 箍筋。

箍筋 (2Ga)：读 WQM-3628-1823 配筋图和 2—2 断面图可知，该箍筋仅在抗震等级为一级时设置，采用焊接封闭箍筋，起到箍筋加密作用，箍筋间距为 200 mm。从钢筋表看出，此钢筋采用 Φ8，共 20 根，不外伸，在墙板内的单边长度为 330 mm，宽度为 120 nm。

箍筋 (2Gb)：读 WQM-3628-1823 配筋图和 3—3 断面图可知，该钢筋为边缘构件区的水平外伸连接钢筋，采用焊接封闭箍。最下部的一根箍筋距离内叶板下缘 200 mm（120+80=200 mm），距为 200 mm。从钢筋表看出，抗震等级为一级的建筑，该钢筋采用 Φ8，共 22 根。箍筋在墙板内的单边长度为 565 mm，宽度为 120 mm，箍筋外伸长度为 200 mm。

箍筋 (2Gc)：读 WQM-3628-1823 配筋图和 1—1 断面图可知，该钢筋为套筒位置的水平外伸连接钢筋，采用焊接封闭箍。从钢筋表看出，抗震等级为一级的建筑，该钢筋采用 Φ8，共 2 根。箍筋在墙板内的单边长度为 575 mm，宽度为 140 mm，箍筋外伸长度 200 mm。

箍筋 (2Gd)：读 WQM-3628-1823 配筋图和 4—4 断面图可知，该钢筋为设置在连梁及套筒附近加密区内的加强箍筋，采用焊接封闭箍。从钢筋表看出，抗震等级为一级的建筑，该钢筋采用 Φ8，共 8 根。箍筋不外伸，在墙板内的单边长度为 550 mm，宽度为 120 mm。

④ 拉筋。

拉筋 (2La)：读 WQM-3628-1823 配筋图和 2—2 断面图可知，该钢筋拉结竖向连接纵筋 (2Za)。从钢筋表看出，该钢筋采用 Φ6，共 22 根，直线段长度为 130 mm，弯钩平直段长度为 30 mm。

拉筋 (2Lb)：读 WQM-3628-1823 配筋图和 3—3 断面图可知，该钢筋拉结封边纵筋 (2Zb)，间距为 200 mm。从钢筋表看出，抗震等级为一级的建筑，该钢筋采用 Φ6，共 22 根。直线段长度为 130 mm，弯钩平直段长度为 30 mm。

拉筋 (2Lc)：读 WQM-3628-1823 配筋图和 1—1 断面图可知，该钢筋拉结套筒位置。从钢筋表看出，抗震等级为一级的建筑，该钢筋采用 Φ8，共 6 根。直线段长度为 150 mm，弯平直段长度取 10d 为 80 mm。

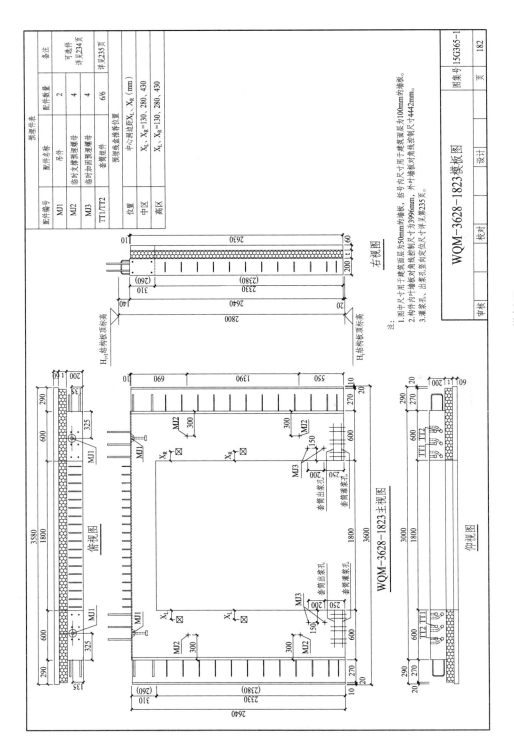

图 2.27 WQM-3628-1823 模板图

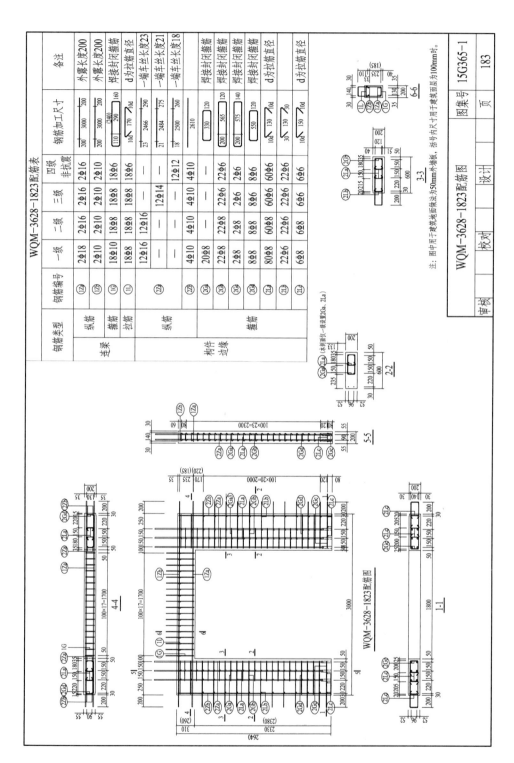

图 2.28 WQM-3628-1823 配筋图

2.2.3 预制混凝土剪力墙内墙板识图

本部分主要以国家建筑标准设计图集《预制混凝土剪力墙内墙板》（15G365-2）为例来进行识图学习。预制混凝土剪力墙内墙板，按墙体有无洞口及门洞的位置分为4类，无洞口内墙、固定门垛内墙、中间门洞内墙和刀把内墙。

无洞口内
墙板组成

预制混凝土剪力墙内墙板的编号包括墙板代号、墙板标志宽度、层高、门宽、门高等信息，具体编号规则如图 2.29 所示。

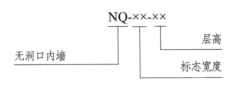

（a）无洞口内墙

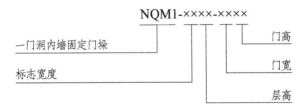

（b）固定门垛内墙

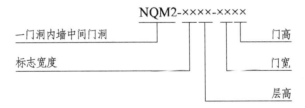

（c）中间门洞内墙

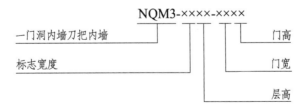

（d）刀把内墙

图 2.29　预制混凝土剪力墙内墙板编号规则

预制混凝土剪力墙内墙板图由模板图、配筋图、材料统计表、文字说明和节点详图组成。现以图集中编号 NQ-2428 为例进行预制剪力墙无洞口内墙的识图。

【识图示例 8】无洞口内墙 NQ-2428 模板图如图 2.30 所示。

（1）模板图包括主视图、俯视图、仰视图、右视图、预埋配件明细表和文字说明。NQ-2428 表示预制剪力墙无洞口内墙，标志宽度为 2 400 mm，墙板所在楼层层高为 2 800 mm。

（2）无洞口内墙 NQ-2428 为矩形，厚度为 200 mm，宽度为 2 400 mm，高度为 2 640 mm，墙板底面相对本层结构板顶面标高高出 20 mm，墙板顶面相对上层结构板顶面标高低了 140 mm（叠合板厚度 130 mm+预留 10 mm 误差调节），墙板实际高度为 2 800-20-140=2 640（mm）。

（3）钢筋外伸情况：墙板左右两侧均外伸水平筋，外伸形状为 U 形，外伸长度为 200 mm，墙板顶面外伸竖向连接钢筋，外伸形状为直线形，呈梅花形布置。

（4）读 NQ-2428 模板图可知，模板图上标注了 MJ1 吊件，MJ2 临时支撑预埋螺母，TT1/TT2 套筒灌浆孔与套筒出浆孔预埋组件，预埋线盒的布置情况。

【识图示例 9】无洞口内墙 NQ-2428 配筋图如图 2.31 所示。

无洞口预制内墙的钢筋包括水平分布钢筋、竖向钢筋（包括墙体竖向分布钢筋和上下层墙板的竖向连接钢筋）和拉筋三大类。水平钢筋和竖向钢筋共同构成剪力墙体的钢筋网片，拉筋则将墙板内外两层钢筋网片拉结起来形成整体钢筋笼。

无洞口内墙 NQ-2428 配筋图包括配筋图、四个断面图、钢筋表和文字说明。无洞口内墙板常有四个断面图。水平方向有两个断面，1—1 断面图为套筒位置，2—2 断面图为中间墙身位置。竖直方向有两个断面，3—3 断面图为竖向封边钢筋所在位置，4—4 断面图为中间墙身位置。识读钢筋图时，要结合断面图和钢筋表一起识读。

（1）水平分布钢筋。

在 NQ-2428 配筋图中，水平钢筋有三种，包括墙身水平钢筋 ③d（两端外伸），套筒处水平钢筋 ③e（两端外伸），套筒加密区范围水平附加钢筋 ③f（两端不外伸）。

① 墙身水平钢筋。

读 NQ-2428 配筋图可知，墙身水平钢筋中最下面的一根到构件底面的距离为 120+80=200 mm，最上面的一根到构件顶面的距离为 40 mm，其余中间钢筋的间距为 200 mm。读 2—2 断面图可知，钢筋中心到墙表面的距离为 42 mm。从钢筋表看出，该水平筋为封闭 U 形，采用 ⊉8，共 13 根，钢筋在墙板内的长度为 2 400 mm，两端各向外伸出水平长度为 200 mm，宽度方向钢筋中心线尺寸为 116 mm。

② 套筒处水平钢筋。

读 NQ-2428 配筋图可知，钢筋距墙板底面 80 mm。读 1—1 断面图可知，钢筋中心到墙表面的距离为 27 mm。从钢筋表可知，该水平筋为封闭 U 形，采用 ⊉8，共 1 根。钢筋在墙板内的长度为 2 400 mm，两端各向外伸出长度为 200 mm，宽度方向钢筋中心线尺寸为 146 mm（因为套筒直径大于钢筋直径）。

③ 套筒加密区范围水平附加钢筋。

读 NQ-2428 配筋图可知，1 根套筒处水平钢筋，2 根墙身水平钢筋和 2 根套筒加密区范围水平附加钢筋共同构成了墙体下部加密区范围钢筋。最下一根套筒加密区范围水平附加钢筋和最下一根墙身水平钢筋间距为 120 mm，余下加密区钢筋间距为 100 mm。从钢筋表看出，该水平筋为封闭型，采用 Φ8，共 2 根，两端不向外伸出。钢筋在墙板内的长度为 2 350 mm，宽度方向钢筋中心线尺寸为 116 mm。

（2）竖向钢筋。

在 NQ-2428 配筋图中，竖向钢筋有三种，包括上下层竖向连接钢筋③a，竖向分布钢筋③b，竖向封边钢筋③c。

① 上下层竖向连接钢筋。

读 NQ-2428 配筋图可知，该钢筋下端与套筒连接，上端外伸。读 1—1 断面图可知，该钢筋排布呈梅花形，每隔 300 mm 交错布置一根，钢筋和套筒中心到墙表面的距离为 55 mm。从钢筋表看出，抗震等级为一级的建筑，该钢筋采用 Φ16，共 7 根，每根上端外伸长度为 290 mm，与套筒连接的一端车丝长度为 23 mm，中间部分长度为 2 466 mm。

② 竖向分布钢筋。

读 NQ-2428 配筋图和 1—1 断面图可知，该钢筋分布呈梅花形，每隔 300 mm 交错布置一根。读 2—2 断面图可知，钢筋中心到墙表面的距离为 35 mm。从钢筋表看出，该钢筋采用 Φ6，共 7 根，每根长度为 2 610 mm。单根钢筋总长 = 2 640-15-15=2 610（mm）（钢筋保护层厚度为 15 mm）。

③ 竖向封边钢筋。

读 NQ-2428 配筋图可知，该钢筋设置在墙板左右两侧，距离墙板左右两侧面均为 50 mm。读 1—1 断面图可知，钢筋中心到墙表面的距离为 52 mm。从钢筋表看出，该钢筋采用 Φ12，共 4 根，每根长度为 2 610 mm。单根钢筋总长 = 2 640-15-15=2 610 mm。

（3）拉筋

在 NQ-2428 配筋图中，拉筋有三种，包括墙身区域的拉筋③La，竖向封边钢筋之间的拉筋③Lb，套筒区域的拉筋③Lc。

① 墙身区域的拉筋。

读 NQ-2428 配筋图、2—2 断面图和 4—4 断面图可知，该拉筋间距按 600 mm×600 mm 布置。从钢筋表看出，该拉筋采用 Φ6，弯钩平直段长度为 30 mm，直线段长度为 130 mm。

② 竖向封边钢筋之间的拉筋。

读 NQ-2428 配筋图、2—2 断面图和 3—3 断面图可知，该拉筋竖向间距为 200 mm。从钢筋表看出，该拉筋采用 Φ6，共 26 根，弯钩平直段长度为 30 mm，直线段长度为 124 mm。

③ 套筒区域的拉筋。

读 NQ-2428 配筋图和 1—1 断面图可知，该拉筋水平方向隔一拉一布置。从钢筋表看出，该拉筋采用 Φ6，共 5 根，弯钩平直段长度为 30 mm，直线段长度为 154 mm。

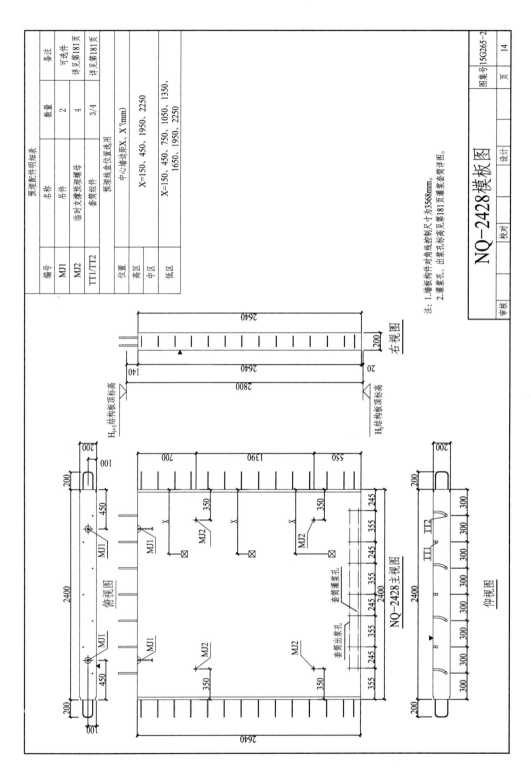

图 2.30　NQ-2428 模板图

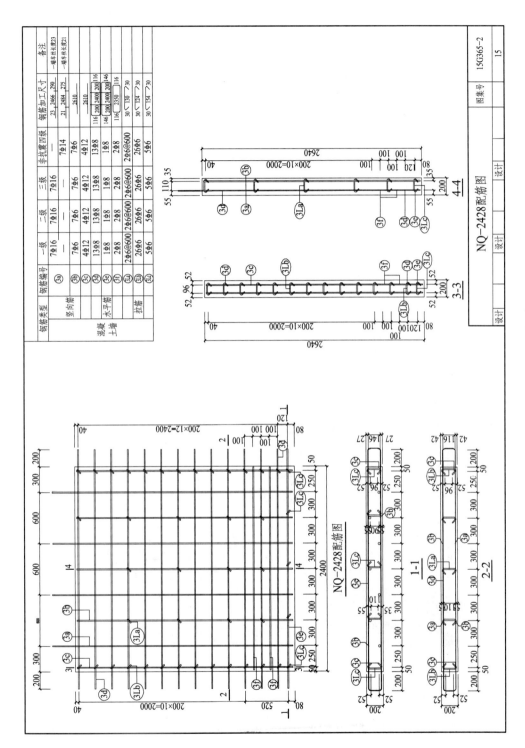

图 2.31 NQ-2428 配筋图

2.3 预制构件制作设备与工具

【学习内容】

（1）制作设备；
（2）模具；
（3）辅助工具。

装配式建筑 PC 构件
制作设备与工具

【知识详解】

2.3.1 制作设备

预制构件生产厂区内主要设备按照使用功能可分为生产线设备、辅助设备、起重设备、钢筋加工设备、混凝土搅拌设备、机修设备、其他设备等。

2.3.1.1 固定模台工艺主要设备

1. 模台

模台是固定模台工艺最主要的设备，是生产混凝土预制构件的载体，决定最终产品的质量。模台从制模到混凝土预制构件固化后的脱模，它经历了混凝土预制构件生产的各个步骤。模台大都采用钢平台（图2.32），钢平台一般由钢面板、钢主梁和钢次梁焊接而成。模台也可以是高平整度、高强度的水泥基材料平台。

图 2.32 钢平台

模台是安装预制构件模具的基础，常兼作预制构件模具的底模。由于模台钢板的表面平整度会影响到混凝土预制构件最终表面的质量，模台要经过复杂和特殊的加工，才可以生产出完美可见的混凝土外层表面。模台的底部采用特殊的灰色双层防腐密封涂料处理，保证了良好的防锈性能。其表面平整度要求 2 m 内不超过 2 mm，一般常见的规格有 3.5 m × 7 m、

3.5 m × 9 m、3.5 m × 12 m、4 m × 12 m 等。

2. 多路监测集中控制蒸汽养护控制系统

多路监测集中控制蒸汽养护控制系统（图2.33）采用软件控制，人机交互界面直观，可根据需要独立设置每个模台的温度监测并单独控制，测温准确，控制精度高，是固定模合工艺蒸汽养护控制优选的设备。

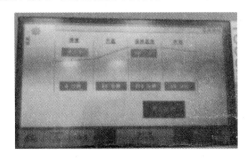

图 2.33　蒸汽养护控制系统

（1）固定模台蒸汽养护原理。

预制混凝土构件固定模台蒸养系统，它包括蒸汽养护系统，模台以及罩盖在台板上的养护罩，如图2.34所示。蒸汽养护系统在每个台位配有多个蒸汽管道及控制阀组，实现单元可单独供汽作业。使用时将养护罩吊装在养护模台上，使得罩体罩盖在模台面板，养护罩支腿与模台面板接触来起到支撑作用，利用蒸汽管道由蒸汽管道孔向罩体内部通入蒸汽，来对放置在罩体内的混凝土预制构件自动进行加湿加热迅速养护。

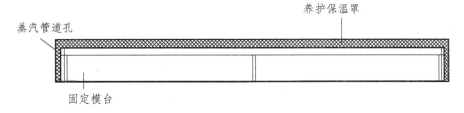

图 2.34　固定模台蒸汽养护原理

（2）固定模台蒸汽养护优势。

① 蒸汽养护可大大缩短构件养护时间,操作简便,无须人工加水,节约人工,自动养护,提高固定模台生产效率。

② 采用蒸汽养护避免因空气湿度不够造成混凝土预制构件外表开裂现象的发生。

③ 通过设置 PLC 显示器,达到养护状态可视化,实时掌握养护模台内部的蒸养温度及养护时间,避免因为温度过高或过低、养护时间过长或过短而造成的能源浪费及预制构件养护强度不够等问题。

④ 养护设备通过全自动蒸汽阀门、温度探测仪,跟设备控制系统进行联动,实现无人值守操作,采用科学的节能模式系统,即前方温度到达设定点后,设备自动停止运行,此时停燃气、停水、停电（只有控制系统用电）的状态,当需要温度或蒸汽时设备再次启动。

⑤ 大功率发生器可以进行较大量或较多模台的养护，小功率发生器则进行较小量或较少模台的养护，或在需要时进行同时养护，这样按需灵活调节，以节省能源。

⑥ 能够实现多个产品同时养护，养护曲线智能控制，提高养护的产品质量，缩短养护周期，降低养护成本，大大提高固定模台的混凝土预制构件生产效率。

⑦ 全自动蒸汽养护，可以克服场地和季节的限制。

⑧ 混凝土预制构件固定模台覆膜蒸汽养护能够充分保证产品结构力平衡、养护混凝土融合均匀、外形美观光洁。

⑨ 模台室内蒸汽养护可以有效减少施工噪声，减少环境污染利于环保。

3. 蒸汽养护罩

蒸汽养护罩（图 2.35）是固定模台工艺预制构件蒸养的配套设备，蒸养时覆盖整个模台，起到保温保湿的作用。蒸汽养护罩高度比预制构件最高浇筑面高 30～50 cm 为宜，当浇筑面上有向上的伸出钢筋时应高于伸出钢筋的高度。

图 2.35　蒸汽养护罩

蒸汽养护罩由架立杆件、钢丝绳、滑扣和 PVC 篷布组成，对提高蒸养效率、减少能源损耗具有重要的作用。

4. 混凝土料斗

混凝土料斗是固定模台工艺运输混凝土并将混凝土卸入模具内的设备，常用的有圆形混凝土料斗（图 2.36）和方形混凝土料斗（图 2.37）。

图 2.36　圆形混凝土料斗　　　　　图 2.37　方形混凝土料斗

5. 插入式振动器

插入式振动器（图 2.38）是固定模台工艺混凝土振实设备，用于将模具内的混凝土振捣密实。插入式振动器由电机和振动棒两部分组成，常用的型号有 ZN35、ZN50，应综合考虑振捣要求、可操作空间及配筋密度等因素选择适用型号的振动器。

图 2.38　插入式振动器

2.3.1.2　流动模台生产线主要设备

流动模台生产线（图 2.39）的主要设备有：固定脚轮或轨道、流动模台、模台转运小车、模台清扫机、布料机、振动台、拉毛机、养护窑、压光机、翻板机等。

图 2.39　流动模台生产线

1. 固定脚轮及模台辊道

固定脚轮是流动模台的支撑、流转设备。固定脚轮又可分为固定被动轮和固定主动轮，如图 2.40。固定被动轮一般为钢轮，有轮沿，主要作用是支撑和导行钢平台。固定被动轮安装时控制的重点是各轮的高度和直线度。

固定主动轮通常采用带电机的橡胶轮，为钢平台流动提供动力。固定主动轮一般可调高度，安装时应保证与固定被动轮在一条直线上并且调整至合适的高度，特别是要保证模台两侧的轮高一致，以免模台流转时发生偏斜。

图 2.40　固定脚轮及模台辊道

模台辊道是实现模台沿生产线机械化行走的必要设备。模台辊道是由两侧的辊轮组成。工作时，辊轮同向辊动，带动上面的模台向下一道工序的作业地点移动。模台辊道应能合理控制模台的运行速度，并保证模台运行时不偏离不颠簸。此外，模台辊道的规格应与模台对应。

2. 流动模台

模台面板宜选用整块的钢板制作，钢板厚度不宜小于 10 mm。其尺寸应满足预制构件的制作尺寸要求，一般不小于 3 500 mm × 9 000 mm。模台表面必须平整，表面高低差在任意 2000 mm 长度内不得超过 2 mm，在气温变化较大的地区应设置伸缩缝。

3. 模台转运小车

模台转运小车又称线间平移小车（图 2.41），是模台换道的摆渡设备，多用于环形流水线。

图 2.41　模台转运小车

4. 模台清扫机

模台清扫机（图 2.42）采用除尘器一体化设计，是模台清洁的专用设备，清扫速度快，清扫效果好，扬尘少，对模台的损伤小。清扫机的收尘袋应每天清理，还应定期对清扫机滚刷的完好情况进行检查。

图 2.42　模台清扫机

5. 送料机

混凝土送料机（图 2.43）是用于搅拌站出来的混凝土存放输送，通过在特定的轨道上行走，将混凝土运送到布料机中的设备。目前生产企业普遍应用的混凝土输送设备可通过手动、遥控和自动 3 种方式接收指令，按照指令以指定的速度移动或停止、与混凝土布料机联动或终止联动。

送料机有效容积不小于 2.5 m^3，运行速度 0 ~ 30 m/ min ，速度变频控制可调；外部振捣器辅助下料。

运行时输送料斗运行与布料机位置设置互锁保护；在自动运转的情况下与布料机实现联动；自动、手动、遥控操作方式；每个输送料斗均有防撞感应互锁装置，行走中有声光报警装置以及静止时锁紧装置。

图 2.43　送料机

6. 布料机

混凝土布料机，是预制构件生产线上向模台上的模具内浇筑混凝土的设备（图 2.44），是流动模台生产的关键设备之一。布料机应能在生产线上方纵、横向移动，以满足将混凝土均匀浇筑在模具内的要求。布料机的储料斗应有足够的储料容量以保证混凝土浇筑作业的连续进行。布料口的高度应可调或处于满足混凝土浇筑中自由下落高度的要求。布料机应有下料速度变频控制系统，实时调整下料速度。

布料机沿上横梁轨道行走，装载的拌合物以螺旋式下料方式工作；储料斗有效容积为 2.5 m³，下料速度为 0.5 ~ 1.5 m³ / min（根据不同的坍落度要求），在布料的过程中，下料口开闭数量可控；与输送料斗、振动台、模台运行等可实现联动互锁，具有安全互锁装置；纵横向行走速度及下料速度变频控制，可实现完全自动布料功能。

图 2.44　布料机、振动台

7. 振动台

混凝土振动台（图 2.44）是预制混凝土构件流水线的主要设备，是用于预制混凝土构件生产线上实现混凝土振捣密实的设备。

振动台具有振捣密实度好、作业时间短、噪声小等优点，非常适用于预制构件流水生产。待振捣的预制混凝土构件必须牢固固定在工作台面上，构件不宜在工作台面上偏置，以保证振动均匀。振动台开启后振捣首个构件前须先试车，待空载 3 ~ 5 min 确定无误后方可投入使用。生产过程中如发现异常，应立即停止使用，待找出故障并修复后才能重新投入生产。

模台流转到振动台上时，两侧的压板自动压住模台底边，然后带动模台一起振动，多为上下振动的方式。也有可进行 360° 全方位振动的振动台，但造价较高。

8. 拉毛机

拉毛机（图 2.45）用于对预制构件新浇注混凝土的上表面进行拉毛处理，以保证预制构件和后浇注的混凝土较好地结合起来。

拉毛机一般为龙门式，有定位调整功能，通过调整可准确地下降到预设高度。可实现升降，锁定位置。当预制构件随同流动模台从拉毛机下经过时，拉毛机内的滚轮自动将预制构件表面拉毛。

拉毛机设备组成：由钢支架、变频驱动的大车及走行机构、小车走行、升降机构、转位机构、可拆卸的毛刷、1套电气控制系统组成。

图 2.45　拉毛机

9. 养护窑

养护窑（图 2.46）用于预制构件的蒸汽养护，是流动模台生产线的关键设备（设施）之一。养护窑由内部的层架、养护设备、温控设备、层架升降系统和外部的保温房构成。

图 2.46　养护窑

养护窑几何尺寸：模台上表面与窑顶内表面有效高度不小于 600 mm；窑体宽度，平台边缘与窑体侧面有效距离不小于 500 mm。

开关门机构：垂直升降、密封可靠，升降时间小于 20 s；温度、湿度自动检测监控；加热加湿自动控制；开关门动作与模台行进的动作实现互锁保护。窑内温度均匀：温差 < 3℃。设计最高温度：不小于 60 ℃。

保温房内的温湿度能自动控制，且各层架可根据需要自动调整位置。性能更好一点的保温房内还会根据需要设置不同的分区，分区内的温度可根据预制构件蒸养需要来设置，蒸养效果更好，蒸汽耗量也大大降低。

10. 压光机

压光机（图 2.47）用于混凝土成型面的抹面和压光，抹面压光效果好，省时省力。抹头可升降调节、能准确地下降到预设高度并锁定；在作业中抹头在水平面内可实现二维方向的移动调节，在设定的范围内作业；抹平力和浮动叶片的角度可机械地调节。其缺点是适用范围较窄，一般只适用于表面没有伸出筋，预埋件少且表面为平面的预制构件。

设备组成：抹光机由门架式钢结构机架，走行机构，抹光装置、提升机构、电气控制系统等组成。

图 2.47　压光机

11. 翻板机

翻板机（图 2.48）用于预制构件脱模。板类预制构件常采用水平浇筑立式存放，为避免预制构件立起时损坏，采用在翻板机上倾侧后立式脱离模台。当采用翻板机脱模时，可取消墙板等预制构件的脱模吊点，用安装吊点脱模。可将水平板翻转 85°～90°，便于制品竖直起吊。

图 2.48　翻板机

设备组成：侧力脱模机由翻转装置，托板保护机构，电气系统、液压系统组成。

2.3.1.3　自动化流水线主要设备

自动化流水线的主要设备有：固定脚轮或轨道、流动模台、模台转运小车、模台清扫设备、放线机械手、组模机械手、边模库机械手、脱模剂喷涂机、钢筋网架自动焊接机、桁架筋抓取设备、钢筋网抓取设备、自动布料机、柔性振捣设备、码垛机、养护窑、翻板机等。

1. 放线机械手

放线机械手根据预先输入系统的预制构件参数，自动在模台上划出标线，为组模机械手自动组模提供定位参照。

2. 组模机械手

组模机械手的作用是在已划好线的模台上自动安装模具，全自动作业，无须人工干预，能完成自动抓取模具、自动定位调整、自动接模、自动固定模具等一系列操作。

3. 边模库机械手

边模库机械手的作用是将已清洁干净的边模按品种规格自动放入库位或从库位中自动取出合适的边模。

4. 脱模剂喷涂机

脱模剂喷涂机（图 2.49）根据预先输入系统的参数信息，自动将脱模剂快速均匀地喷涂在模板表面上，喷涂均匀、效率高。

图 2.49　喷涂脱模剂装置

脱模剂喷涂机主要由喷涂机，收集箱两部分构成。其中喷涂机主要由机架、喷涂控制系统、摆动喷涂装置等组成。

5. 钢筋网自动焊接机

钢筋网自动焊接机（图 2.50）集矫直、折弯成形、焊接、剪切和收集等功能于一体，采用数字程序控制，是实现平面钢筋桁架自动化生产的专用设备。该设备生产效率高，调整简便，除可焊接普通平面桁架外，也可焊接主筋折弯的平面桁架。

图 2.50　钢筋网自动焊接机

6. 桁架筋抓取设备

桁架筋抓取设备（图 2.51）用于抓取桁架筋并自动放入模具内相应的位置，多用于生产叠合板，效率高。

图 2.51　桁架筋抓取设备

7. 钢筋网抓取设备

钢筋网抓取设备用于抓取钢筋网片并自动放入相应的模具内，可以避免钢筋网片入模过程中产生变形，但对异形预制构件的适用性差。

8. 自动布料机

自动布料机与流动模台的布料机基本相同，可参照前文，此处不再赘述。

9. 柔性振捣设备

柔性振捣设备的作用是振实混凝土，与流动模台的振动台相比，柔性振捣设备有多种振捣方式可选，振实效果更好。常见的振捣方式有摇摆、振捣、摇摆加振捣、高频短振等。

10. 码垛机

码垛机（图2.52）的作用是将振捣密实的预制构件及模具送至立体养护窑指定位置，将养护好的预制构件及模具从养护窑中取出，送回生产线上，输送到指定的脱模位置。

码垛机由行走系统、大架、提升系统、吊板输送架、取/送模机构、纵向定位机构、横向定位机构、电气系统等组成。

横向行走由变频制动电机驱动，横向走行装有夹轨导向装置、横向定位装置，保证横向走位精度，码垛车与养护窑重复位置精度不变。

模台存取机移动到将要出模的位置，首先取模机构伸出，将模具钩住伸缩，将模具拉至吊板输送架能够驱动模具的位置后，吊板输送架驱动模台，到位后，输送架下落，模台存取机横移到正对脱模工位，送至脱模工位。

图2.52　码垛机

2.3.1.4　混凝土搅拌站系统设备

混凝土搅拌站应选用全自动搅拌设备。常用的混凝土搅拌主机有750型、1000型、1500型、2000型等，预制构件工厂应根据生产规模选择与生产能力匹配的搅拌主机，一般年产4万m³左右预制构件的工厂宜选择1500型的混凝土搅拌主机。

搅拌站的材料计量应采用自动计量设备，计量设备应定期检定或校准。搅拌系统应能自动保存不少于3个月的配料记录，并能随时调阅和打印。

2.3.1.5　起重设备

预制构件工厂常用的起重设备有桥式起重机、梁式起重机、门式起重机等，一般厂房内宜选用桥式或梁式起重机，存放场地则多采用门式起重机。

起重机常见的起重量为3 t、5 t、10 t、16 t、25 t、32 t等，工厂可根据生产预制构件的重量，选取适宜吨位的起重机。起重机发生故障或现有起重机满足不了生产和存放需要时，可以采用轮式起重机进行应急。根据最大起重量常用的有 8 t、12 t、16 t、20 t、25 t、32 t、35 t、40 t、50 t、70 t、80 t、100 t等轮式起重机。

2.3.1.6　试验室设备

一般预制构件工厂试验室需配备下列几类主要设备：

1. 骨料检测设备

常用的骨料检测设备有摇筛机、烘箱、氯离子检测仪、磅秤、电子天平、台秤等。

2. 粉料检测设备

常用的粉料检测设备有抗折抗压一体机、胶砂搅拌机、净浆搅拌机、负压筛析仪、振实台、标准养护箱等。

3. 钢筋检测设备

常用的钢筋检测设备有万能机等。

4. 混凝土试验设备

常用的混凝土试验设备有搅拌机、压力机、振动台等。

2.3.2 模具

模具是专门用来生产预制构件的各种模板系统，可采用固定在生产场地的固定模具，也可采用移动模具。预制构件生产模具主要以钢模为主，对于形状复杂、数量少的构件也可采用木模或其他材料制作。清水混凝土预制构件建议采用精度较高的模具制作。流水线平台上的各种边模可采用玻璃钢、铝合金、高品质复合板等轻质材料制作。模具和台座的管理应由专人负责，并应建立健全的模具设计、制作、改制、验收、使用和保管制度。

1. 模具设计要求

预制构件模具以钢模为主，面板主材选用 Q235 钢板，支撑结构可选用型钢或者钢板，规格可根据模具形式选择，应满足以下要求：

（1）模具应具有足够的承载力、刚度和稳定性，保证在构件生产时能可靠承受浇筑混凝土的质量、侧压力及工作荷载。

（2）模具应支、拆方便，且应便于钢筋安装和混凝土浇筑、养护。

（3）模具的部件与部件之间应连接牢固，预制构件上的预埋件均应有可靠的固定措施。

2. 模具设计原则

预制构件生产过程中，模具设计的优劣直接决定了构件的质量、生产效率以及企业的成本，应引起足够的重视。

模具设计应遵循以下原则：

（1）质量可靠。

模具应能保证构件生产的顺利进行，保证生产出的构件的质量符合标准。因此，模具本身的质量应可靠。这里说的质量可靠，不仅是指模具在构件生产时不变形、不漏浆等，还指模具的方案应能实现构件的设计意图。这就要求模具应有足够的强度、刚度和稳定性，并能满足预制构件预留孔洞、插筋、预埋吊件及其他预埋件的要求。跨度较大的预制构件和预应力构件的模具应根据设计要求预设反拱。

（2）通用性强。

模具设计方案还应实现模具的通用性，提高模具的重复利用率。对模具的重复利用，不仅能够降低构件生产企业的生产成本，也是节能环保、绿色生产的要求。

（3）方便操作。

模具的设计方案应能方便现场工人的实际操作。模具设计应保证在不损失模具精度的前提下合理控制模具组装时间，拆模时在不损坏构件的前提下方便工人拆卸模板。这就要求模具设计人员必须充分掌握构件的生产工艺。

（4）方便运输。

这里所说的运输，是指模具在生产车间内的位置移动。构件生产过程中，模具的运输是非常普遍的一项工作，其运输的难易程度对生产进度影响很大。因此，应通过受力计算尽可能地降低模板重量，力争达到不靠吊车，只需工人配合简单的水平运输工具就可以实现模具运输工作。

（5）使用寿命。

模具的使用寿命将直接影响构件的制造成本。因此，在模具设计时，应考虑赋予模具合理的刚度，增大模具周转次数，以避免模具损坏或变形，节省模具修补或更换的追加费用。

3. 模具设计要点

预制构件模具图一般包括模具总装图、模具部件图和材料清单三个部分。

现有的模具体系可分为：独立式模具和大模台式模具（即模台可公用，只加工侧模具）。

独立式模具用钢量较大，适用于构件类型较单一且重复次数多的项目。大模台式模具只需制作侧边模具，底模还可以在其他工程上重复使用。

主要模具类型：大模台（平台）、梁模、柱模、内墙板模具、外墙板模具、叠合楼板模具、阳台板模具和楼梯模具等。

（1）大模台设计要点。

面板根据楼层高度和构件长度，宜选用整块的钢板。每个大模台上布置不宜超过3块构件，据此选择模台长度，宽度由建筑层高决定。对于板面要求不严格的，可采用拼接钢板的形式，但需注意拼缝的处理方式。大模台支撑结构可选用工字钢或槽钢，为了防止焊接变形，大模台最好设计成单向板的形式，面板一般选用10 mm钢板。大模台使用时，需固定在平整的基础上，定位后的操作高度不宜超过500 mm。

（2）内墙板模具设计要点。

由于内墙板就是混凝土实心墙体，一般没有造型。通常，预制内墙板的厚度为200 mm，为便于加工，可选用20号槽钢作为边模。内墙板三面均有外露筋且数量较多，需要在槽钢上开许多豁口，导致边模刚度不足，周转中容易变形，所以，应在边模上增设肋板，如图2.53所示。

图 2.53　内墙板模具

（3）外墙板模具设计要点。

外墙板一般采用三明治结构,通常采用结构层(200 mm)+保温层(50 mm)+保护层(50 mm)的形式。此类墙板可采用正打工艺或反打工艺,可根据工程的需求,选择不同的工艺。

所谓"正打"通常指混凝土墙板浇筑后,在表面压轧出各种线条和花饰的工艺。

所谓"反打"就是在平台座或平钢模的底模上预铺各种花纹的衬模,使墙板的外皮在下面,内皮在上面,与"正打"正好相反。这种工艺可以在浇筑外墙混凝土墙体的同时一次将外饰面的各种线型及质感呈现出来。

建筑对外墙板的平整度要求很高,如果采用正打工艺,无论是人工抹面还是机械抹面,都不足以达到要求的平整度,对后期制作较为不利。采用反打工艺则有利于预埋件的定位,操作工序也相对简单。

反打工艺将所选用的瓷砖或天然石材预贴于模板表面,采用反打成型工艺,与三明治保温外墙板的外叶墙混凝土形成一体化装饰效果。为保证瓷砖和石材与混凝土黏结牢固,应使用背面带燕尾槽的瓷砖或带燕尾槽的仿石材效果陶瓷薄板。如果采用天然石材装饰材料,背面还要设专用爪丁,并涂刷防水剂。

根据浇筑顺序,可将模具分为两层:第一层为保护层+保温层;第二层为结构层。第一层模具作为第二层的基础,在第一层的连接处需要加固;第二层的结构层模具同内墙板模具形式。结构层模具的定位螺栓较少,故需要增加拉杆定位,防止胀模。

预制构件的边模多采用磁盒固定。在模台上用磁盒固定边模具有简单方便的优势,能够更好地满足流水线生产节拍需要。虽然磁盒在模台上的吸力很大,但是振动状态下抗剪切能力不足,容易造成偏移,影响几何尺寸,用磁盒生产高精度几何尺寸预制构件时,需要采取辅助定位措施。

（4）外墙板和内墙板模具防漏浆设计要点。

构件三面都有外漏钢筋,侧模处需开对应的豁口,数量较多,造成拆模困难。为了便于拆模,豁口开得大一些,用橡胶等材料将混凝土与边模分离开,从而大大降低了拆卸难度。

（5）叠合楼板模具设计要点。

根据叠合楼板高度,可选用相应的角铁作为边模,当楼板四边有倒角时,可在角铁上后焊一块折弯后的钢板。由于角铁组成的边模上开了许多豁口（供胡子筋伸出）,导致长向的刚度不足,故沿长向可分若干段,以每段 1.5 ~ 2.5 m 为宜。侧模上还需设加强肋板,间距为 400 ~ 500 mm, 如图 2.54 所示。

图 2.54　叠合楼板模具

（6）阳台板模具设计要点。

为了体现建筑立面效果，一般住宅建筑的阳台板设计为异形构件。构件的四周都设计了反边，导致不能利用大底模生产，可设计为独立式模具，根据构件数量选择模具材料。首先考虑构件脱模的问题，在不影响构件功能的前提下，可适当留出脱模斜度（1/10左右）。当构件高度较大时，应重点考虑侧模的定位和刚度问题。

（7）楼梯模具设计要点。

楼梯模具可分为立式和平式两种模式（图2.55）。平式模具占用场地大，需要压光的面积也大，构件需多次翻转，故推荐设计为立式楼梯模具。楼梯模具设计的重点为楼梯踏步的处理，由于踏步呈波浪形，钢板需折弯后拼接，拼缝的位置宜放在既不影响构件效果又便于操作的位置，拼缝的处理可采用焊接或冷拼接工艺。需要特别注意拼缝处的密封性，严禁出现漏浆现象。

（a）楼梯立式模具　　　　　　　　　　（b）楼梯平式模具

图2.55　楼梯模具

（8）边模定位方式设计要求。

边模与大模台通过螺栓连接，为了快速拆卸，宜选用M16的粗牙螺栓。

在每个边模上设置3~4个定位销，以更精确地定位。连接螺栓的间距控制在500~600 mm为宜，定位销间距不宜超过1 500 mm。

（9）预埋件定位设计要求。

预制混凝土构件预埋件较多，且精度要求很高，需在模具上精确定位，有些预埋件的定位在大模台上完成，有些预埋件不与底模接触需要通过靠边模支撑的吊模完成定位。吊模要求拆卸方便，定位唯一，以防止错用。

（10）模具加固设计要点。

对模具使用次数必须有一定的要求，故有些部位必须要加强，一般通过肋板解决，当肋板不足以解决时可把每个肋板连接起来，以增强整体刚度。

（11）模具的验收要点。

除了外形尺寸和平整度外，还应重点检查模具的连接和定位系统。

（12）模具的经济性分析要点。

根据项目中每种预制构件的数量和工期要求，配备出合理的模具数量，再摊销到每种构件中，得出一个经济指标，一般为每方混凝土中含多少钢材。据此可作为报价的一部分。

4. 模具的制作

模具的制作加工工序可概括为开料、零件制作、拼装成模。

（1）开料。

依照零件图开料，将零件所需的各部分材料按图纸尺寸裁制。部分精度要求较高的零件、裁制好的板材还需要进行精加工来保证其尺寸精度符合要求。

（2）零件制作。

将裁制好的材料依照零件图进行折弯、焊接、打磨等制成零件。部分零件因其外形尺寸对产品质量影响较大，为保证产品质量，焊接好的零件还需对其局部尺寸进行精加工。

（3）拼装成模。

将制成的各零件依照组装图拼模。拼模时，应保证各相关尺寸达到精度要求。待所有尺寸均符合要求后，安装定位销及连接螺栓，随后安装定位机构和调节机构。再次复核各相关尺寸，若无问题，模具即可交付使用。

5. 模具的使用要求

（1）编号要点。

由于每套模具被分解得较零碎，应对模具按顺序统一编号，防止错用。

（2）组装要点。

模具组装时，边模上的连接螺栓和定位销一个都不能少，必须紧固到位。为了构件脱模时边模顺利拆卸，防漏浆的部件必须安装到位。

（3）吊模等工装的拆除要点。

在预制构件蒸汽养护之前，应把吊模和防漏浆的部件拆除。吊模是指下部没有支撑而悬在空中的模板，多采用悬吊等方式固定。选择此时拆除的原因是吊模好拆卸，在流水线上不占用上部空间，可降低蒸养窑的层高。且此时混凝土几乎还没有强度，防漏浆的部件很容易拆除，若等到脱模时，混凝土的强度已达到 20 MPa 左右，防漏浆部件、混凝土和边模会紧紧地粘在一起，极难拆除。因此，防漏浆部件必须在蒸汽养护之前拆掉。

（4）模具的拆除要点。

当构件脱模时，首先将边模上的连接螺栓和定位销全部拆卸掉，为了保证模具的使用寿命，禁止使用大锤，拆卸的工具宜为皮锤、羊角锤、小撬棍等工具。

（5）模具的养护要点。

在模具暂时不使用时，应对模具进行养护，需在模具上涂刷一层机油，防止腐蚀。

2.3.3 辅助工具

1. 磁性固定装置

预制构件生产中的磁性固定装置，包括边模固定磁盒（图 2.56）及其连接附件、磁力边模、磁性倒角条以及各种预埋件固定磁座。使用磁性固定装置，对平台没有任何损伤，拆卸也便捷方便，磁盒可以重复使用，不但提高效率，也具有很高的经济实用性。磁性固定装置已经在国内得到越来越广泛的重视和应用。

边模固定磁盒可利用强磁芯与钢模台的吸附力，通过导杆传递至不锈钢外壳上，用卡口横向定位，同时用高硬度可调节紧固螺丝产生强大的下压力，直接或通过其他紧固件传递压力，从而将模具牢牢地固定于模台上。

图 2.56　边模固定磁盒

2. 新型接驳器

接驳器是使两种构件无缝连接的工具，在预制混凝土构件生产中，接驳器多指预制构件与吊运设备连接的工具。

随着预制构件的制作和安装技术的发展，国内外出现了多种新型的专门用于连接新型吊点的接驳器，包括各种用圆头吊钉的接驳器、套筒吊钉的接驳器、平板吊钉的接驳器。它们具有接驳快速、使用安全等特点，得到了广泛应用。

3. 防尘帽和防尘盖

防尘帽和防尘盖（图 2.57）是用于保护密封内螺纹埋件，防止螺纹堵塞或受到污染锈蚀的工具。使用时应保证防尘帽或防尘盖的规格与其所保护的螺纹埋件对应。防尘帽和防尘盖可以重复进行使用，但必须保证使用后及时拆卸、回收并清理保养。

图 2.57　防尘帽与防尘盖

4. 封浆插板

封浆插板是为了封堵边模"胡子筋"开槽，阻挡混凝土浆液溢出的工具（图 2.58），多用于边模为角钢、钢筋开口是 U 形槽的构件生产。使用时应注意，当混凝土接近无流动状态时应及时将封浆插板拆卸清理回收，以增加封浆插板的重复利用率。

图 2.58　封浆插板

5. 边模夹具

边模夹具是预制过程中用来迅速、方便、安全地固定边模，使之拼装成整体并准确定位的装置。

2.4　预制构件制作工艺流程

【学习内容】

（1）固定模台工艺流程；
（2）流动模台工艺流程；
（3）自动化流水线工艺流程；
（4）预应力工艺流程；
（5）立模工艺流程。

装配式建筑 PC 构件
制作的工艺流程

【知识详解】

本部分主要介绍预制构件制作工艺流程，主要包括固定模台工艺流程、流动模台工艺流程、自动化流水线工艺流程、预应力工艺流程和立模工艺流程。

2.4.1　固定模台工艺流程

固定模台生产线是平面预制构件生产线中常用的一种生产方式，需要较先进的生产线设备。固定台模工艺的主要特点是模台固定不动，制作构件的所有操作均在模台上进行，作业人员和钢筋、混凝土等材料相对于各个固定模台"流动"，在一个位置上完成构件成型的各道工序。固定模台工艺的组模、放置钢筋与预埋件、浇筑振捣混凝土、养护预制构件和拆模都在固定模台上进行。绑扎或焊接好的钢筋骨架用起重机送到各个固定模台处；混凝土用送料车或送料吊斗送到固定模台处，养护蒸汽管道也通到各个固定模台下，预制构件就地养护；预制构件脱模后再运送到存放区。

固定台模生产线自动化程度较低，需要更多工人，但是该工艺具有适用范围广、通用性强、设备少、启动资金较少、见效快、灵活方便等优点，适合制作侧面出筋的墙板、楼梯、阳台、飘窗等标准化预制构件、非标准化预制构件和异型复杂构件。

（1）梁、柱、除夹芯保温板外的墙板、叠合楼板类预制件的固定模台工艺流程基本相同，上述预制构件固定模台制作工艺流程见图 2.59。

（2）夹芯保温板工艺流程与上述预制构件工艺流程有所差别：一是内叶板、外叶板需要分两次进行混凝土浇筑；二是增加了安装拉结件和保温板的作业。

（3）有门窗的墙板类预制构件需要增加门窗入模安装作业。

（4）有装饰面层的预制构件需要增加装饰面层铺设作业。

（5）柱钢筋骨架通常可以在柱端模上绑扎好后连同端模一起吊运至组模工位。

（6）灌浆套筒安装作业适合于柱及部分剪力墙板等预制构件的制作工艺。

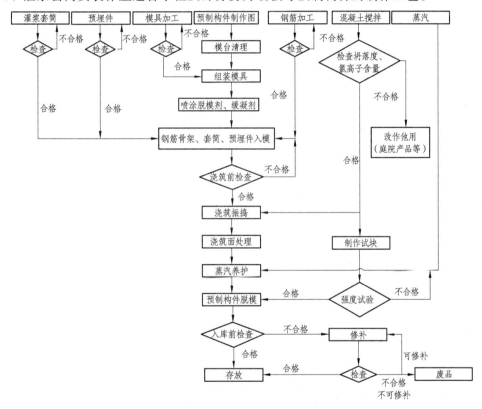

图 2.59　固定模台预制构件制作工艺流程

2.4.2　流动模台工艺流程

流动模台工艺是将按标准定制的钢平台放置在滚轴或轨道上，使其能在各个工位循环流转。首先在组模区组模；然后移动到放置钢筋和预埋件的作业区段，进行钢筋骨架入模和安装预埋件作业；再移动到浇筑振捣平台上进行混凝土浇筑，完成浇筑后通过设置在平台上的振动装置对混凝土进行振捣；之后，模台转入养护窑进行预制构件养护；养护结束出窑后，移到脱模区脱模，进行必要的修补作业后将预制构件运送到存放区存放。

流动模台制作工艺与固定模台制作工艺相比较适用范围窄、通用性低，一般适用于制作非预应力的叠合板、剪力墙板、内隔墙板、标准化的装饰保温一体化板等预制构件。

流动模台预制构件制作工艺流程见图 2.60。

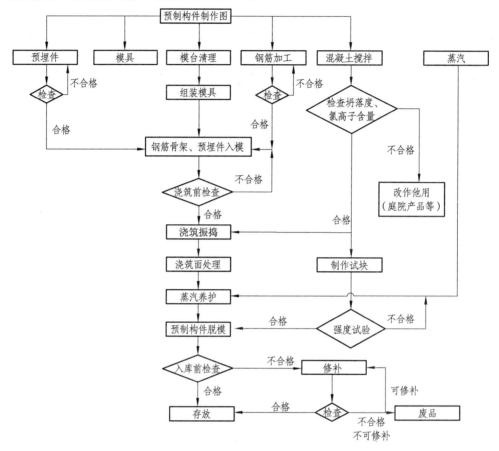

图 2.60　流动模台工艺预制构件制作工艺流程

2.4.3　自动化流水线工艺流程

自动流水线包括全自动流水线和半自动流水线。

全自动流水线由全自动混凝土成型流水线设备以及全自动钢筋加工流水线设备两部分组成。通过电脑编程软件控制，将这两部分设备自动衔接起来，能根据图纸信息及工艺要求，操作系统自动完成模板自动清理、机械手划线、机械手组模、脱模剂自动喷涂、钢筋自动加工、钢筋机械手入模、混凝土自动浇筑、机械自动振捣、计算机控制自动养护、翻转机、机械手抓取边摸入库等全部工序，是真正意义的自动化、智能化的流水线。

与全自动流水线相比，半自动流水线仅包括了全自动混凝土成型设备，不包括全自动钢筋加工设备。

在自动化流水生产线上，按工艺要求依次设置若干操作工位，模台沿生产线行走过程中完成各道工序，然后将已成型的构件连同模台送进养护窑。这种工艺，机械化程度高，生产效率也高，可持续循环作业，便于实现自动化生产、平模传送流水工艺的布局，应将养护窑建在和作业线平行的一侧，构成平面流水生产线。该生产方式具有工艺过程封闭、各工序时间基本相等或成简单的倍数关系、生产节奏性强、过程连续性好等特征。

尽管自动化流水线具有效率高、产品质量有保障和能节约劳动力的优势，但适合自动化流水线工艺的只有不出筋的叠合楼板、双面剪力墙叠合板或不出筋且表面装饰不复杂的其他板式预制构件，或者是需求量很大的单一类型的预制构件。只有在构件标准化、规格化、单一化、专业化和数量大的情况下，才能不破坏生产线的平衡，不会造成在某工位长时间停滞，才能实现流水线的自动化，提高生产效率。所以在全世界范围内，自动化流水线应用较少。

自动化流水线预制构件制作工艺流程见图 2.61。

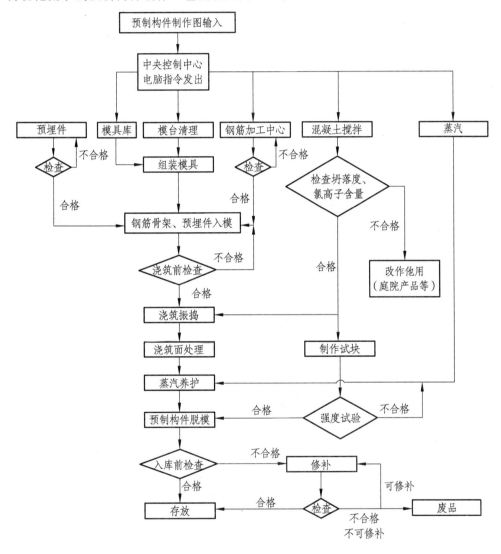

图 2.61　自动化流水线预制构件制作工艺流程

2.4.4　预应力工艺流程

预应力工艺有先张法和后张法两种工艺，预制构件制作大多采用先张法工艺。先张法预应力预制构件生产时，首先将预应力钢筋按规定在模台上铺设并张拉至初应力后进行钢筋施工，完成后整体张拉至规定的应力；然后浇筑混凝土成型或者挤压混凝土成型，混凝土经过养护、达到放张强度后拆卸边模和肋模，放张并切断预应力钢筋，切割预应力楼板。先张法预应力混凝土具有生产工艺简单、生产效率高、质量易控制、成本低等特点。除钢筋张拉和楼板切割外，其他工艺环节与固定模台工艺接近。先张法预应力生产工艺适合生产预应力叠合楼板、预应力空心楼板、预应力双 T 板及预应力梁等预制构件。

先张法预应力预制构件制作工艺流程见图 2.62。

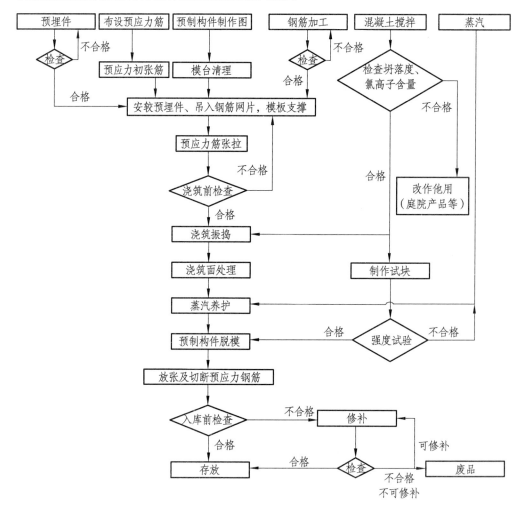

图 2.62　先张法预应力预制构件制作工艺流程

2.4.5　立模工艺流程

立模工艺是预制构件用竖立的模具垂直浇筑成型的方法，一次可生产一块或多块预制构件。

立模工艺与平模工艺（部分固定模台工艺和大多数的流动模台工艺、自动生产线工艺）的区别是：平模工艺预制构件是"躺着"浇筑的，而立模工艺预制构件是立着浇筑的。立模工艺具有占地面积小、预制构件表面光洁、垂直脱模、不用翻转等优点。

立模有独立立模和集合式立模两种。立着浇筑的柱子或侧立浇筑的楼梯属于独立立模。集合式立模是多个预制构件并列组合在一起制作的工艺，可用来生产规格标准、形状规则、配筋简单的板式预制构件，如轻质混凝土空心墙板。

立模预制构件制作工艺流程与固定模台预制构件制作工艺流程相似。

2.5 产业工人管理与培训

装配式建筑 PC
构件生产管理

建筑产品工厂化实现的是预制化、装配式的生产，对建筑从业人员的素质提出了很高的要求。从人员培训入手，提高其建筑专业知识水平，改善建筑业施工人员教育程度偏低的状况，实现建筑业从业人员工作的标准化，从而提高住宅的品质。

2.5.1 人才需求

要实现国家建筑产业现代化，管理型、技术型及复合型人才的培养与储备是其得以健康发展的重要保障和关键因素。新型现代建筑产业已成为建筑业发展的潮流趋势，但产业发展滞后的一个关键原因在于专业技术型人才的短缺。作为专业人才的输出地，高校到了需要结合行业前沿和生产实践，传授先进的专业技术知识的时候了。据推算，我国新型现代建筑产业发展需求的专业技术人才已至少紧缺近 100 万人，各岗位的需求情况见表 2.21。

表 2.21 我国新型现代化建筑产业人才需求

序号	岗位	非常需要	需要	一般需要	不需要	无所谓
1	预制装配式施工技术岗位	34%	55%	6%	2%	3%
2	预制装配式结构二次设计岗位	35%	50%	9%	2%	4%
3	预制装配式结构预算岗位	39%	43%	10%	6%	2%
4	构件生产质量控制岗位	29%	42%	15%	5%	9%
5	档案管理岗位	25%	43%	12%	9%	11%

对于现代建筑工业化企业来说，在企业快速发展时，人才保障非常关键。但因为现代建筑工业与住宅产业化是一个新行业，不同于传统的土建行业和构件生产行业，所以现代建筑工业化企业比起单纯的制造厂或建筑公司更特殊，更难管理，也更具风险。从传统工民建专业进入现代建筑工业化行业的毕业生，一开始都难以适应现代建筑工业化的技术工作，需要经过较长时间的磨合与再学习，才能较好地开展工作。工民建专业的人员缺少建筑部品生产工艺知识，作出的细化图不符合工艺要求，而预制构件专业的人员则缺少建筑构造和建筑力学的基本知识，虽然对部品的生产很清楚，但是对总装形成的整体建筑缺乏了解。由于未将现代建筑工业与住宅产业化纳入土建系统，而建筑工业化与土建又有着较大差异，造成培养出来的人员不能适应相应的工作，项目经理也不能胜任预制装配式工程的管理。总而言之，目前高校尚不能给企业提供对口的人才，企业只能择优录取后入行人才再培养。这对现代建筑工业与住宅产业化行业的人才储备和成长发展带来了极大障碍。如果能在高等院校中直接培养这两方面结合得很好的人才，就会逐步解决现代建筑工业行业人才短缺的问题。

建筑产业现代化发展的最终目标是形成完整的产业链。投资融资、设计开发、技术革新、运输装配、销售物业等环节共同构成了一条产业链。整个产业链与高校的协作配合也是人才培养的关键。通过协作培养优秀专职、兼职教师队伍、制订培养规划、设计培养路线、把握学习培养机制、调整和优化专业结构、开发精品教材等，来逐步开展产业链上不同类型人才的培养。特别是要结合重要工程、重大课题来培养和锻炼师资队伍，通过学术交流、合作研发、联合攻关、提供咨询等形式，加强优化教师梯队建设，缓解当前产业高歌猛进，人才缺口却成"拦路虎"的局面，也有利于解决短期人才培训和长期人才培养、储备的矛盾。

2.5.2 装配式建筑新型产业人员

1. 建筑施工产生的新岗位及相关要求

随着装配式建筑在设计、制作、施工等阶段对相关人员在技术、管理等方面要求的变化，装配式建筑从业岗位萌生出了新的技术、管理岗位，见表 2.22。

表 2.22　装配式建筑施工产生的新岗位和相关要求

从业范围	新岗位	岗位要求	工作内容
设计和深化设计	BIM 设计师	熟练掌握 BIM 相关设计与模拟软件应用	搭建建筑信息模型（即 BIM 建模）工作，独立完成各专业的 BIM 建模工作。根据项目需求进行管线综合、施工、模拟、性能分析、可视化设计等 BIM 技术基础应用；总结归纳完成的 BIM 工作情况，不断完善 BIM 标准、族库等数据资料
	产品研发设计师	熟练掌握预制装配式体系及建筑规范标准	从事预制装配式混凝土（PC）结构体系，工业化装配式建筑设计、新体系研发、新信息收集等工作
	PC 深化设计师	掌握装配式 PC 工艺拆分	对建筑施工图进行 PC 二次深化设计、分解；对建筑施工图提出合理化意见
预制构件制作	PC 放样员	掌握 PC 生产工艺	对照 PC 图出材料放样图、下料清单
	模具设计师	熟悉建筑规范掌握 PC 生产工艺	对 PC 构件的技术参数设计工厂生产模具
	质量管理员	掌握 PC 生产工艺、熟悉质量验收规范、标准	检查确认 PC 构件的原材料，产品质量是否符合规定要求；检查监督操作人员是否按照规定要求操作并及时填写相关记录
	计划员	熟悉生产工艺，掌握生产计划的编制方法	编制 PC 构件生产计划；跟踪实际施工进度，对 PC 构件的生产计划进行动态调整
现场安装施工	施工方案设计师	掌握传统施工方案编制要求，熟悉装配式施工工艺、工法和施工验收标准、规范	编制装配式施工方案，研究新的工艺、装配式施工工法
	吊装施工员	熟练传统施工设计工艺、标准和规程；掌握装配式施工工艺、工法	负责项目吊装现场管理，进行相关施工技术指导；与相关人员进行协调沟通，保障吊装进度，负责相关的技术及质量把关
	灌浆施工员	掌握预制构件钢筋连接方法	负责项目现场构件钢筋套筒灌浆管理，负责相关的技术及质量把关

根据最新的《住房城乡建设行业职业工种目录》，装配式混凝土建筑施工过程中主要的工种有钢筋工、架子工、混凝土工、模板工（混凝土模板工）、安装起重工（起重工、起重装卸机械操作工）、起重信号工（起重信号司索工）、防水工、测量放线工（测量工、工程测量员）、套筒灌浆工等。

2. 产业工人组织方式

装配式建筑的变革可以总结为五大变革，即制作方式由"手工"变为"机械"；场地由"工地"变为"工厂"；做法由"施工"变为"总装"；工厂生产人员由"技术工人"变为"操作工人"；现场作业人员由"专业性不强的工人"变为"产业工人"。装配式建筑施工最大程度消除了人为因素的制约。

建筑产业工人的工作更具有专业性，装备、工具也更先进，稳定性更强。预制工厂正需要大量的产业工人来进行预制构件的生产，这就需要把现在的专业性不强的工人转变成产业工人，提高他们的技术水平，进而提高建筑业的生产效率。根据国内的实际情况和企业自身的特点，在产业工人的使用管理上，可采取以下方式：

（1）劳务公司根据预制工厂的要求，培训一批合格的产业工人；预制工厂与劳务公司签订用工协议，工人进厂上岗。

（2）工厂以劳务委派、企业招工的方式，招聘工人进入预制工厂。通过企业自身的培养手段，例如师带徒、委托培养等，将其培养成合格的产业工人。

2.5.3 产业工人培训

1. 产业工人分类

预制工厂中产业工人分为以下三类：技术工人、特种作业人员、普通工人。预制混凝土构件生产线及钢筋生产线等岗位产业工人统计见表2.23。

表2.23 预制混凝土构件生产线及钢筋生产线产业工人统计表

类别	内容	等级
预制混凝土构件生产线	清理喷涂工位操作手、画线机工位操作手、布料振捣工位操作手、抹光工位操作手、养护翻板工位操作手、拌和站操作手、生产线操控中心操作手、混凝土工、组装拆卸模板工、木工、精细木工、叉车司机、装载机司机等	中级、高级
钢筋生产线	钢筋工、钢筋桁架生产线操作手、钢筋网片生产线操作手、钢筋调直切断机操作手、钢筋弯筋机操作手、叉车司机等	中级、高级
模板加工整修	钳工、车工、铣工、磨工、电焊工等	中级、高级
蒸汽锅炉	司炉工、锅炉检修工（主机、辅机）、管道检漏工等	中级、高级
其他类	电工、电机检修工、电气检修工、试验工、测量放线工、桥式起重机司机、堆放搬运装卸工、架子工等	中级、高级

2. 预制工厂中的特种设备及特种作业人员

预制工厂中的主要特种设备包括锅炉、压力容器、压力管道、压力管道元件、起重机械、特种车辆和安全附件等，主要有：蒸汽锅炉、预制混凝土构件生产线及钢筋生产线和钢筋生产线设备用储气罐、氧气瓶、乙炔气瓶、燃气管道、热力管道；预制混凝土构件生产线和钢筋生产线用气管道、锅炉房与预制混凝土构件生产车间蒸汽管道、管子；预制混凝土构件生产线和钢筋生产线用气管道的管子、车间内预制混凝土构件生产线和钢筋生产线桥式吊、预制构件堆场内门吊、堆场内轮胎汽车吊、车间内及堆场使用的叉车、预制工厂内电瓶车、车间内气割、焊接用安全阀门、预制混凝土构件生产线和钢筋生产线上的安全阀门等。预制工厂的特种作业人员有起重工（车间、堆场）、电工、电焊工、锅炉工、管道工、叉车司机等。

3. 产业工人培训

（1）从事这些职业（工种）的人员必须达到相应的职业技能要求，其中的特殊工种必须取得当地安监局和技术监督局考核颁发相应的职业资格证书。预制工厂在与劳动者签订劳动合同时，应把从事特殊工种的人员是否持有职业资格证书作为建立劳动关系的一项前提内容。

（2）签订正式用工合同前，组织相关专业管理人员对入厂工人进行实际技能的考核。考核合格者签订劳务用工合同，不合格者退回原单位。

（3）对进场工人进行工作之前的培训。

根据相应的职业要求，对工人进行系统培训，使工人掌握相应技工的技术理论知识和操作技能。全面了解预制混凝土构件生产线的生产知识，掌握安全操作要点和车间内的危险源。根据工人特长及兴趣，合理安排岗位，明确岗位职责。

（4）预制混凝土构件生产线培训人员及培训要点。

预制混凝土构件生产线上各岗位人员有混凝土工、模板工、木工、测量工、电工、电机检修工、电气检修工、生产线各工位操作手等。

预制混凝土构件生产线上各岗位培训要点：

① 了解整个车间内各条生产线的布局、车间管理办法。

② 掌握预制混凝土构件生产线的工艺流程、生产要素，各个生产工位的操作要点。

③ 掌握自己所在生产工位、生产岗位的全部职责和全部工作要求。

④ 掌握自己所在生产工位、生产岗位的危险源管控、安全工作要点。

（5）钢筋生产线培训人员及培训要点。

钢筋生产线上的各岗位人员有电工、电机检修工，电气检修工、钢筋自动加工流水线操作手等。

钢筋生产线上各岗位培训要点：

① 了解整个车间内各条生产线的布局、车间管理办法。

② 掌握钢筋生产线的工艺流程、生产要素，各钢筋生产线和钢筋加工设备的操作要点。

③ 掌握自己生产岗位的全部职责和全部工作要求。

④ 掌握自己生产岗位的危险源管控、安全工作要点。

（6）混凝土拌和站培训人员及培训要点。

混凝土拌和站和岗位人员有装载机司机、电工、试验工、搅拌站操作室操作手等。

混凝土拌和站和岗位培训要点：

① 了解预制混凝土构件生产线与搅拌站之间的布局关系和生产运输线路的走向、搅拌站管理办法。

② 了解预制混凝土构件生产线的工艺流程、生产要素，与混凝土施工有关系的各生产工位（一次浇筑混凝土、凝捣混凝土、二次浇筑混凝土等）的操作要点。

③ 掌握搅拌站拌和混凝土的工艺流程、生产要素，配料机、水泥仓、输送带、混凝土输送料斗等各个生产单元的操作要点。

④ 掌握自己所在混凝土拌和站生产单元、生产岗位的全部职责和全部工作要求。

⑤ 掌握自己所在混凝土拌和站生产单元、生产岗位的危险源管控、安全工作要点。

（7）锅炉房培训人员及要点。

锅炉房各岗位人员有司炉工、锅炉检修工、管道检修工等。

锅炉房各岗位培训要点：

① 了解预制混凝土构件生产线与锅炉房之间的布局关系和蒸汽管道的走向、锅炉房管理办法。

② 了解预制混凝土构件生产线的工艺流程、生产要素，与混凝土蒸养有关的各生产工位（预养窑、蒸养窑、养护池等）的操作要点。

③ 掌握锅炉房生产高压蒸汽的工艺流程、生产要素，掌握主机、辅机、管道、法兰和阀门等各个组成单元的操作检查要点。

④ 掌握自己所在锅炉房组成单元、生产岗位的全部职责和全部工作要求。

⑤ 掌握自己所在锅炉房组成单元、生产岗位的危险源管控、安全工作要点。

（8）构件起吊运输培训人员及培训要点。

构件起吊运输各岗位人员有堆放搬运装卸工、起重工、叉车司机、平板车司机等。

构件起吊运输各岗位培训要点：

① 了解整个车间内各条生产线的布局，车间管理办法。

② 掌握预制混凝土构件生产线的工艺流程、生产要素，与构件起吊运输相关的设备和生产工位（翻板机、构件检查、堆场门吊起吊等）的操作要点。

③ 掌握翻板机、桥吊、门吊的操作工作流程，掌握扁担梁、接驳器、钢丝绳和吊装带。

④ 桥吊和门吊各部位等各个辅助工器具和设备组成单元的检查要点。

⑤ 掌握自己所在生产工位、生产岗位的全部职责和全部工作要求。

⑥ 掌握自己所在生产工位、生产岗位的危险源管控、安全工作要点。

2.5.4　构件生产厂工人配置

工人配置应根据生产需要灵活调整，要与产量和生产工艺对应。根据项目设定的目标，生产高峰期可能会在430人左右。钢筋加工的人数根据钢筋复杂程度、机械化程度不同差别较大。其他辅助人员（试验室、安保、后勤等）根据公司运营状况适当配置，预计人数在30人以内。生产车间工人的配置见表2.24。

表2.24　构件生产车间工人配置

生产单位	产量/万 m³	工人数量/人	备注
构件预制厂车间	7.5 以下	200 ~ 220	含钢筋加工等
	7.5 ~ 12	220 ~ 350	
	12 ~ 15	350 ~ 430	

（1）工厂组织形式和劳动制度。

工厂采取连续生产方式，每天根据市场订单量灵活配置劳动力。生产是可间断的，没有风险。正常情况下实行 24 小时 3 班生产制度，任务量不足或特殊情况则减少作业时间和班组。

（2）全厂总定员及各类人员需要量。

在企业达到满产及正常生产的情况下。根据项目设定的目标，在生产高峰期全厂人数可达到 500 余人，其中管理人员 35 人左右，生产工人 430 人左右，辅助人员 30 人左右。

（3）劳动力来源。

项目的管理人员通过内部选派和社会招聘解决，普通工人通过社会招聘解决。

实际工程案例

某小学建设项目

1. 基本情况

某小学建设项目规模为 48 个班，建筑包括教学楼、综合行政楼、多功能厅、体育馆、运动场、环形跑道、停车场、人防工程以及相关的室外配套设施等附属工程。其中教学楼结构类型为装配式框架结构，建筑高度 18.15～19.65 m，建筑面积 13 744 m²。项目建筑单体装配率为 91%。

2. 工程应用的装配式建造技术及特点

本项目教学楼创新设计实施全装配式混凝土结构体系，预制构件种类包括预制柱、预制外挂墙板、预制三 T 板、预制楼梯、预制叠合梁、预制叠合板等。创新采用三 T 板+免撑免模体系，形成了"模块化设计+智能生产管理+快速装配建造"的预制混凝土结构全装配施工体系。

（1）预制构件生产方面。

智慧工厂运营管理平台集成预制混凝土结构自动流水线控制、信息化生产管理、三维太阳能逐日蒸汽养护、绿色搅拌站管理、起重设备智能管理 5 大系统，可涵盖工厂生产从设计导入、项目创建、排产管理、质量管理、堆场管理、发运管理全流程，实现质量和进度双维度智能管控，促进智能制造与智能建造的有机结合，提升品质，降低成本，平台实况如图 2.63 所示。

图 2.63　智慧工厂运营管理平台

（2）预制构件设计方面。

在方案设计阶段就开始装配式建筑策划，全专业进行协同设计，方案采用标准统一模块化设计，以可持续发展为核心，实现全生命周期设计，形成基于面积标准和空间适应性的标准化教室模块，每个标准模块由 3 块外墙板、3 块三 T 板、4 个柱子、4 根梁标准构件组成，如图 2.64 所示。

竖向构件采用预制柱，上下柱连接采用钢筋套筒灌浆连接，进一步提高装配率，确保装配体系的完整性，解决传统装配和现浇混用的问题。

外墙采用预制外挂墙板，集成了窗户副框、悬挑板、滴水线等部件，一体化生产，大幅压缩施工措施费用及人工成本。

地面采用干布式无机磨石地面设计，一体化地面，一次施工成型，污染物排放减少约12%，节能环保，单栋缩短整体工期约 1 个月。

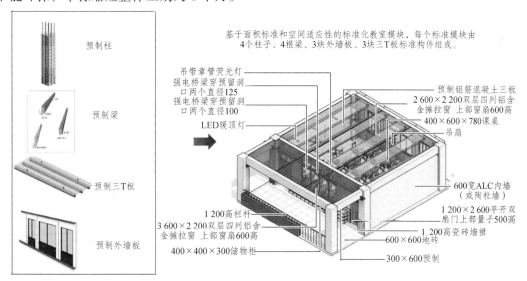

图 2.64　装配式建筑设计方案（单位：mm）

3. 项目实施情况

（1）预制三 T 板+免撑免模体系。

该项目应用创新研发的预制三 T 板构件，提高整体预制装配率进而提高施工质量，如图2.65 所示。结合教室开间对三 T 板进行深化设计，每间教室采用相同规格的数块预制三 T 板，减小了梁高，室内净空大，吊顶安装空间足，标准化程度高，天花效果整洁。

在施工过程中，预制三 T 板采用预埋在叠合梁上的 U 型钢牛腿支撑，免除满堂架支模体系搭拆等工序，实现免撑免模施工，标准化组合，绿色施工，快速建造。

工艺流程：施工准备→放线定位→叠合梁及预埋件定位复核→起吊及就位→微调校正及复核→拆除加固槽钢→板缝封堵→现浇层施工→防腐处理。

构件运输过程中，每块三 T 板增加四道横向槽钢，有效避免三 T 板因过长产生底部开裂。起步 1.1 m 设置第一道，后续每间隔 1.7 m 设置一道。构件厂安装完成后装车，吊装过程中不得拆卸，混凝土现浇层施工完成后拆除槽钢，吊装现场如图 2.66 所示。

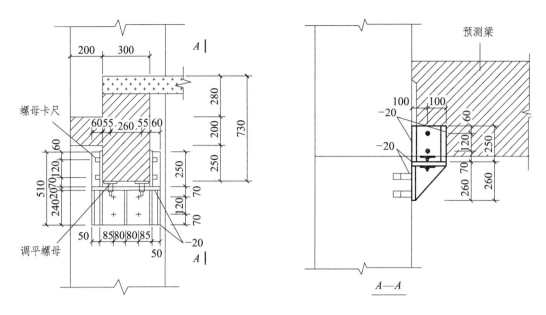

图 2.65　预制梁与框架柱支撑示意（单位：mm）

图 2.66　三 T 板施工吊装现场

　　构件安装过程中，创新研发免模免撑钢牛腿，如图 2.67 所示。三 T 板采用设置于预制叠合梁上的 U 型钢牛腿支撑，免除板底竖向支撑，叠合梁在预制柱上采用设置于柱顶部的钢牛腿进行支撑，免除大面积模板支撑架搭设和拆除施工，减少材料投入量，建筑垃圾少。

　　相邻构件连接处，三 T 板板缝采用密缝拼接，预制混凝土构件截面尺寸质量控制精确，连接槎处平整度、顺直度控制好，构件吊运装配完成达到连接密缝，浇筑上部混凝土结合成整体且不漏浆。吊装完成后，下部粘贴 200 mm 宽镀锌钢丝网，抗裂砂浆施工密实、平整，便于后期装饰施工，如图 2.68 所示。

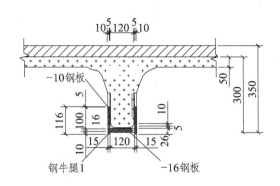
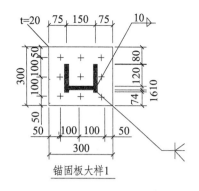

钢牛腿1   　　　　－16钢板　　　　　　　锚固板大样1

图 2.67　免模免撑钢牛腿示意（单位：mm）

图 2.68　三 T 板应用情况

（2）预制柱安装及套筒灌浆施工技术。

本项目采用预制柱施工，竖向结构施工材料投入量少；后续工序衔接快，可实现结构阶段预制梁免撑施工，水平结构支撑和模板材料投入量少，降本增效。

工艺流程：施工准备→放线定位→钢筋定位→底部凿毛→预制柱吊装→底部封浆→拌制灌浆料→压力灌浆→监测压力→成品保护。

预制柱安装前，采用双层定位钢板对预留钢筋进行限位校准，有效解决板面混凝土浇捣对预留钢筋扰动造成歪斜偏位的问题。混凝土成型后，预留钢筋仍按照定位钢板限位保持整齐顺直，对定位效果起到显著的提升，如图 2.69 所示。

预制柱座浆阶段，采取板面凿毛措施，增大座浆料与柱底、楼面接触面，并设置钢丝网等措施，有效地消除了底部座浆部位的薄弱点，增强了座浆料整体抗拉性能。

预制柱灌浆方面，采用专用监测器安装于预制柱出浆口，检测灌浆饱满度，且利用回灌功能保障灌浆套筒顶部灌浆密实，确保预制柱节点连接质量，如图 2.70 所示。

图 2.69 双层定位钢板限位校准现场   图 2.70 专用监测器布设

（3）单元式预制混凝土外挂墙板施工技术。

结合项目教室开间尺寸拆分出两种标准尺寸的预制外挂墙板，墙板组合集成了窗户副框部件，实现工厂一体化生产，现场模块化安装，免外架免内撑，一次安装成型。

预制外挂墙板施工工艺流程：施工准备→放线定位→进场检验→构件吊装→构件安装→构件校正→节点连接→拼缝防水处理。预制外挂墙板吊装前，根据预制外挂墙板吊装索引图，在预制外挂墙板上标明各个预制外挂墙板所属的吊装区域和吊装顺序编号，便于吊装工人确认。并按设计要求，根据楼层已弹好的平面控制线和标高线，确定预制外挂墙板安装位置线及标高线并复核。

预制外挂墙板施工时，应边安装边校正，根据已弹的预制外挂墙板安装控制线和标高线，调节预制外挂墙板的标高、轴线位置和垂直度。预制外挂墙板现场情况如图 2.71 所示。

图 2.71 预制外墙板现场

4. 应用成效

（1）项目实施对推动住房和城乡建设领域科技进步的作用。

通过装配体系设计和应用，项目装配率高达 91%，有效解决国内传统预制装配结构体系存在的现浇与预制混用的问题，实现全预制施工，免撑免模。其中采用的预制三 T 板构件为国内首创，技术水平和难度达到国内先进水平。项目在建造全过程、全专业应用 BIM 技术，发挥工业化生产优势。项目全专业 BIM 应用，打造出涵盖建造各环节的数字化管理平台，推进设计、施工、生产信息共享，并利用智慧工地平台对构件实施设计、生产、运输、安装等进行全过程跟踪，实现智慧建造。

通过实施工程总承包管理，综合运用装配式建造技术、BIM 应用及绿色建造技术，为项目建设带来全方位提升，并对住建行业科技进步起到推动作用。

（2）社会、经济和环境效益分析。

项目通过工程总承包管理模式的运行，将新型装配构件和免支撑体系的研究应用、BIM 技术的协同、智慧建造平台、绿色建造等多项技术集成，相对于传统预制装配结构体系，减少了竖向支撑和模板安装工作量，降低成本，减少工程投资，且工序相对简单，减少工序搭接时相互影响缩短施工周期，有显著的工期效益。经过测算，通过高装配体系施工单层结构工期可缩短 2 天，整体工期缩短约 20%，总体造价节约 5%，废水等污染物排放减少约 12%，既提高经济性又节能降耗，经济和社会效益显著。对推动经济社会可持续发展起到积极作用。

课程思政案例

港珠澳大桥

建设港珠澳大桥是中央政府支持香港、澳门和珠三角地区城市快速发展的一项重大举措，是"一国两制"下粤港澳密切合作的重大成果。港珠澳大桥工程规模大、工期短、技术新、经验少、工序多、专业广、要求高、难点多，为全球已建最长跨海大桥，在道路设计、使用年限、防撞防震、抗洪抗风等方面均有超高标准。

港珠澳大桥全长 55 km，其中珠澳口岸至香港口岸 41.6 km，跨海路段全长 35.578 km；三地共建主体工程 29.6 km，包括 6.7 km 海底隧道和 22.9 km 桥梁：桥墩 224 座，桥塔 7 座；桥梁宽度 33.1 m，隧道宽度 28.5 m，净高 5.1 m；桥面最大纵坡 3%，桥面横坡 2.5% 内，隧道路面横坡 1.5% 内；桥面按双向六车道高速公路标准建设，设计速度 100 km/h。全线桥涵设计汽车荷载等级为公路-Ⅰ级，桥面总铺装面积 70 万 m²；通航桥隧满足近期 10 万 t、远期 30 万 t 油轮通行。大桥设计使用寿命 120 年，可抵御 8 级地震、16 级台风、30 万 t 撞击以及珠江口 300 年一遇的洪潮。建设中的港珠澳大桥见图 2.72。

图 2.72　建设中的港珠澳大桥

我国技术人员靠自力更生，自行研究沉管隧道技术；不畏艰辛、不畏技术封锁，日夜奋战，经过刻苦钻研，攻破了沉管隧道的技术难关，大桥得以完工。所以，港珠澳大桥是凭借我们自己的技术设计修建完成的一座跨海大桥，让国人无比振奋。只有国家强大了，才有建设大工程的能力，只有掌握了顶尖技术，才有说话的底气。建成后的港珠澳大桥见图 2.73。

习近平总书记在出席港珠澳大桥开通仪式时，对大桥建设给予了高度评价："港珠澳大桥建设创下多项世界之最，非常了不起，体现了一个国家逢山开路、遇水架桥的奋斗精神，体现了我国综合国力、自主创新能力，体现了勇创世界一流的民族志气。这是一座圆梦桥、同心桥、自信桥、复兴桥。大桥建成通车，进一步坚定了我们对中国特色社会主义的道路自信、理论自信、制度自信、文化自信，充分说明社会主义是干出来的，新时代也是干出来的！"

图 2.73　建成后的港珠澳大桥

模块 小结

本模块主要围绕制作预制混凝土构件的原材料准备、预制混凝土构件识图、预制构件制作设备与工具、预制构件制作工艺流程、产业工人管理与培训等方面来阐述生产准备工作。通过该模块学习，应达到以下要求：

（1）掌握进行装配式建筑混凝土构件生产需要的原材料验收与保管要求；

（2）掌握桁架钢筋混凝土叠合板、预制混凝土剪力墙外墙板（包括无洞口外墙、带窗洞外墙、带门洞外墙）和预制混凝土剪力墙内墙板的构件图识读；

（3）了解预制构件制作设备与工具类型；

（4）掌握各种预制构件制作工艺流程。

一、判断题（请在括号里填写正确请"√"，错误请打"×"）

1. 进场检验合格的原材料在监理的见证下送检复试，复试合格后方能投入使用。（　　）

2. 复试不合格的原材料可以边投入构件生产边进行质量检测工作。（　　）

3. 制作预制混凝土构件所使用的原材料应符合现行国家相关标准的规定，并按照规定进行进厂复检，经检测合格后方可投入使用。（　　）

4. 体积安定性不合格的水泥也可以用于预制构件制作。（　　）

5. 硅酸盐水泥初凝不小于 45 min，终凝不大于 390 min。（　　）

6. 混凝土用石不能采用连续粒级。（　　）

7. 由砂的累计筛余百分率可以计算得出砂的细度模数。（　　）

8. 预制构件中混凝土强度等级不宜低于 C20。（　　）

9. 材料的导热系数数值的大小是衡量材料保温性能的重要指标，导热系数越大，保温性能越好。（　　）

10. 夹心外墙板中的保温材料，其导热系数不宜大于 0.040 W/（m·K）。（　　）

11. 预埋件要有专门的存放区，按照预埋件的种类、规格、型号分类存放，并且做好存放标识。（　　）

12. 金属波纹管在室外的保管时间不宜过长，不得直接堆放在地面上，应堆放在枕木上覆盖起来，防止雨露的影响。（　　）

13. 按照《桁架钢筋混凝土叠合板（60 mm 厚底板）》(15G366-1)的叠合板编号规则，DBS1-68-3920-11 中 6 表示的是预制底板厚6cm。（　　）

14. 按照《桁架钢筋混凝土叠合板（60 mm 厚底板）》(15G366-1)的叠合板编号规则，DBS1-67-4820-31 中 7 表示的是预制底板厚 7 cm。（　　）

15. 叠合楼板是由预制底板和后浇叠合层组成。预制底板的厚度不宜小于 60 mm，后浇叠合层的厚度不应小于 50 mm。（　　）

16. 双向叠合板钢筋代号编写时，将宽度方向钢筋写在前面，跨度方向钢筋写在后面，共组合出八种代号。（　　）

17. 预制板底面、顶面及侧面的粗糙面凹凸深度不应小于 6 mm。（　　）

18. 图集《预制混凝土剪力墙外墙板》（15G365-1）中，带窗洞预制外墙的内叶板连梁区钢筋位于窗洞口的上部区域。（　　）

19. 图集《预制混凝土剪力墙外墙板》（15G365-1）中，带窗洞预制外墙的内叶板边缘构件区钢筋位于窗洞口的正下方，设置在剪力墙的边缘，起到改善受力性能的作用。（　　）

20. 在图集《预制混凝土剪力墙外墙板》（15G365-1）中，WQM-4529-2723 中的 WQM 表示一个门洞预制外墙。（　　）

21. 无洞口预制内墙的竖向钢筋包括墙体竖向分布钢筋和上下层墙板的竖向连接钢筋。（　　）

22. 无洞口预制内墙的水平钢筋和竖向钢筋共同构成剪力墙体的钢筋网片，拉筋则将墙板内外两层钢筋网片拉结起来形成整体钢筋笼。（　　）

23. 模台是固定模台工艺最主要的设备，是生产混凝土预制构件的载体，决定预制构件的质量。（　　）

24. 混凝土振动台是预制混凝土构件流水线的主要设备，用于预制构件生产线上混凝土振捣密实。（　　）

25. 独立式模具用钢量较大，适用于多种构件类型且重复次数多的项目。（　　）

26. 大模台式模具需要制作侧边模具和底模。（　　）

27. 预制构件的边模多采用磁盒固定。（　　）

28. 固定模台工艺的组模、放置钢筋与预埋件、浇筑振捣混凝土、养护预制构件和拆模都在流动模台上进行。（　　）

29. 流动模台制作工艺与固定模台制作工艺相比较适用范围宽、通用性强，一般适用于制作非预应力的叠合板、剪力墙板、内隔墙板、标准化的装饰保温一体化板等预制构件。（　　）

30. 立着浇筑的柱子或侧立浇筑的楼梯属于独立立模。（　　）

二、单选题

1. 水泥强度检验需要测定试件（　　）的抗折强度和抗压强度。

A. 1 d、7 d 龄期

B. 7 d、28 d 龄期

C. 3 d、28 d 龄期

D. 3 d、7 d 龄期

2. 普通硅酸盐水泥、矿渣硅酸盐水泥、火山灰质硅酸盐水泥、粉煤灰硅酸盐水泥和复合硅酸盐水泥的初凝时间和终凝时间分别为（　　）。

A. 不小于 45 min，不大于 600 min

B. 不小于 45 min，不大于 390 min

C. 不大于 45 min，不大于 600 min

D. 不小于 45 min，不小于 390 min

3. 配制混凝土时宜优先选用（　　）区砂。

A. Ⅰ　　　B. Ⅲ　　　C. Ⅱ　　　D. Ⅳ

4. 在检测混凝土性能时，同一组混凝土拌合物应从同一盘混凝土或同一车混凝土中的（　　）分别取样，然后人工拌和均匀，再进行各项性能试验。

A. 1/3 处、1/2 处、2/3 处

B. 1/5 处、1/2 处、3/5 处

C. 1/4 处、1/2 处、3/4 处

D. 1/4 处、2/3 处、3/4 处

5. 钢筋存放时要挂有（　　），标明进厂日期、型号、规格、生产厂家、数量。

A. 品种

B. 标识牌

C. 牌号

D. 信息标志

6. 按照《桁架钢筋混凝土叠合板（60 mm 厚底板）》(15G366-1)的叠合板编号规则，关

于 DBS1-68-3920-11 中 DBS1 表达的含义正确的是（　　　）。

    A. 桁架钢筋叠合板底板边板

    B. 桁架钢筋叠合板底板中板

    C. 桁架钢筋叠合板底板双向板

    D. 桁架钢筋叠合板底板单向板

    7. 按照《桁架钢筋混凝土叠合板（60 mm 厚底板）》(15G366-1）的叠合板编号规则，关于 DBS1-68-3920-11 中 DBS 表达的含义正确的是（　　　）。

    A. 桁架钢筋叠合板底板边板

    B. 桁架钢筋叠合板底板单向板

    C. 桁架钢筋叠合板底板双向板

    D. 桁架钢筋叠合板底板中板

    8. 按照《桁架钢筋混凝土叠合板（60 mm 厚底板）》(15G366-1）的叠合板编号规则，关于 DBS1-68-6020-31 中 20 表示的含义正确的是（　　　）。

    A. 预制底板的标志宽度 15 dm

    B. 预制底板的标志跨度 15 dm

    C. 预制底板的实际宽度 15 dm

    D. 预制底板的实际跨度 15 dm

    9. 按照《桁架钢筋混凝土叠合板（60 mm 厚底板）》(15G366-1）的叠合板编号规则，关于 DBS1-68-6020-31 中 60 表示的含义正确的是（　　　）。

    A. 预制底板的标志宽度 60 dm

    B. 预制底板的实际宽度 60 dm

    C. 预制底板的实际跨度 60 dm

    D. 预制底板的标志跨度 60 dm

    10. 按照《桁架钢筋混凝土叠合板（60 mm 厚底板）》(15G366-1）的叠合板编号规则，关于 DBS2-67-3315-11 中 2 表示的含义正确的是（　　　）。

    A. 桁架钢筋叠合板底板双向板

    B. 桁架钢筋叠合板底板中板

    C. 桁架钢筋叠合板底板边板

    D. 桁架钢筋叠合板底板单向板

    11. 按照《桁架钢筋混凝土叠合板（60 mm 厚底板）》(15G366-1）的叠合板编号规则，关于 DBD67-2720-3 中 DBD 表首页示的含义正确的是（　　　）。

    A. 桁架钢筋叠合板底板双向板

    B. 桁架钢筋叠合板底板边板

    C. 桁架钢筋叠合板底板单向板

    D. 桁架钢筋叠合板底板中板

    12. 单向叠合板在两短边方向（　　　），两长边方向（　　　）。

    A. 伸出钢筋，伸出钢筋

    B. 伸出钢筋，不伸出钢筋

    C. 不伸出钢筋，不伸出钢筋

D. 不伸出钢筋，伸出钢筋

13. 图集《预制混凝土剪力墙外墙板》(15G365-1)规定，关于 WQ-2728 编号说法正确的是(   )。

A. WQ 表示带洞口外墙

B. 2728 中的 28 表示构件标志宽度 2 800 mm

C. 2728 中的 27 表示构件标志宽度 2 700 mm

D. 2728 中的 28 表示墙板高度 2 800 mm

14. 预制混凝土无洞口外墙的编号，不包括(   )信息。

A. 层高

B. 窗宽

C. 墙板标志宽度

D. 墙板代号

15. 在图集《预制混凝土剪力墙外墙板》(15G365-1)中，读 WQ-3629 配筋图，从左往右数第三根竖向钢筋表述正确的是(   )。

A. 竖向封边钢筋

B. 水平分布钢筋

C. 竖向分布筋

D. 竖向连接钢筋

16. 在图集《预制混凝土剪力墙外墙板》(15G365-1)中，WQC1-3928-1814 在(   )区域没有布置墙板钢筋。

A. 连梁区

B. 窗下墙墙身区

C. 边缘构件区

D. 洞口区

17. 在图集《预制混凝土剪力墙外墙板》(15G365-1)中，读 WQC1-3928-1814 模板图，下列说法错误的是(   )。

A. 内叶板钢筋外伸包括水平方向和竖直方向的钢筋外伸

B. 内叶板边缘构件区域墙体水平钢筋左右两侧均外伸，外伸形式为 U 形

C. 内叶板边缘构件纵筋在墙板顶面外伸，双排布置，外伸形式为 U 形

D. 内叶板窗洞上方连梁箍筋外伸，箍筋为封闭箍筋

18. 在图集《预制混凝土剪力墙外墙板》(15G365-1)中，编号 WQM-3630-1824 中的 30 表示的含义是(   )。

A. 门洞高度为 3 000 mm

B. 标志宽度为 3 000 mm

C. 墙板所在楼层高为 3 000 mm

D. 门洞宽度为 3 000 mm

19. 在图集《预制混凝土剪力墙外墙板》(15G365-1)中，编号 WQM-4529-2723 中的 23 表示的含义是(   )。

A. 门洞高度为 2 300 mm

B. 标志宽度为 2 300 mm

C. 墙板所在楼层高为 2 300 mm

D. 门洞宽度为 2 300 mm

20. 在图集《预制混凝土剪力墙外墙板》（15G365-1）中，对于编号为 WQM-3628-1823 的外墙板钢筋外伸说法正确的有（   ）。

A. 竖直方向，只有边缘构件纵筋在墙板顶面外伸

B. 水平方向钢筋外伸形式包括直线形和 U 形

C. 竖直方向，只有门洞上方连梁筋外伸

D. 水平方向，只有边缘构件区域墙体水平筋外伸

21. 在图集《预制混凝土剪力墙外墙板》（15G365-1）中，编号为 WQM-3628-1823 的外墙板，以下没有布置内叶板钢筋的区域是（   ）。

A. 左侧边缘构件区

B. 洞口区

C. 连梁区

D. 右侧边缘构件区

22. 当墙板采用套筒灌浆连接时，以下说法错误的是（   ）。

A. 自套筒底部至套筒顶部并向上延伸 300 mm 范围内，预制剪力墙的水平分布钢筋应加密设置。

B. 套筒上端第一道水平分布钢筋距离套筒顶部不应大于 60 mm。

C. 抗震等级为一、二级时，加密区水平分布筋最小直径 8 mm，最大间距 100 mm。

D. 抗震等级为三、四级时，加密区水平分布筋最小直径 8 mm，最大间距 150 mm。

23. 无洞口预制内墙的钢筋不包含（   ）。

A. 竖向钢筋

B. 箍筋

C. 水平钢筋

D. 拉筋

24. 蒸汽养护罩高度比预制构件最高浇筑面高（   ）为宜，当浇筑面上有向上的伸出钢筋时应高于伸出钢筋的高度。

A. 20 ~ 30 cm

B. 50 ~ 60 cm

C. 30 ~ 50 cm

D. 30 ~ 40 cm

25. 拉毛机用于对预制构件新浇注混凝土的上表面进行（   ）处理，以保证预制构件和后浇注的混凝土较好地结合起来。

A. 刮平　　　　B. 振实　　　　C. 抹光　　　　D. 拉毛

三、多选题

1. 混凝土是以（   ）按适当比例配合拌制而成的拌合物，再经过浇筑成型及养护硬化而得到的人工石材。

A. 胶凝材料　　B. 水　　C. 骨料　　D. 外加剂　　E. 掺合料

2. 砂的粗细程度按细度模数分为（　　　　　）。

A. 粗　　　　B. 细　　　　C. 中　　　　D. 特细　　　　E. 超细

3. 石材饰面板材按其加工方法可分为（　　　　　）。

A. 剁斧板材　　B. 磨光板材　　C. 机刨板材　　D. 亚光板材　　E. 烧毛板材

4. 保温材料依据材料性质来分类，大体可分为（　　　　　）。

A. 复合材料　　B. 非金属材料　　C. 有机材料　　D. 无机材料

5. 在预制混凝土构件中常用的预埋件有（　　　　　）。

A. 吊钉　　B. 预埋钢板　　C. 预埋管线线盒　　D. 预埋内丝　　E. 预埋螺栓

6. 用于钢筋套筒灌浆连接的金属套筒，可分为（　　　　　）。

A. 螺纹套筒　　　　B. 螺栓　　　　C. 半灌浆套筒　　　　D. 全灌浆套筒

7. 下列属于桁架钢筋混凝土叠合板底板模板及配筋图的组成内容是（　　　　　）。

A. 材料统计表　　B. 板配筋图　　C. 断面图　　D. 板模板图　　E. 文字说明

8. 以下关于桁架钢筋叠合板底板钢筋空间位置关系说法错误的有（　　　　　）。

A. 底板钢筋从下往上的排布顺序是：沿跨度方向布置的钢筋、沿宽度方向布置的钢筋、钢筋桁架

B. 底板钢筋从下往上的排布顺序是：沿宽度方向布置的钢筋、沿跨度方向布置的钢筋与钢筋桁架

C. 底板钢筋从下往上的排布顺序是：沿跨度方向布置的钢筋、沿宽度方向布置的钢筋与钢筋桁架

D. 底板钢筋从下往上的排布顺序是：钢筋桁架、沿跨度方向布置的钢筋、沿宽度方向布置的钢筋

9. 属于桁架钢筋叠合板底板的钢筋有（　　　　　）。

A. 吊点加强筋　　　　　　B. 拉筋　　　　　　C. 宽度方向布置的钢筋

D. 由上弦钢筋、下弦钢筋和腹杆钢筋焊接形成的钢筋桁架

E. 跨度方向布置的钢筋

10. 在图集《预制混凝土剪力墙外墙板》（15G365-1）中，预制混凝土剪力墙外墙板按墙体有无门窗洞口分为（　　　　　）。

A. 两个窗洞外墙　　　　　　　　B. 一个窗洞外墙（高窗台）

C. 一个窗洞外墙（矮窗台）　　　　D. 无洞口外墙

E. 一个门洞外墙

11. 预制混凝土无洞口外墙图由（　　　　）组成。

A. 文字说明　　　　　　B. 材料统计表　　　　　　C. 配筋图

D. 模板图　　　　　　E. 节点详图和外叶墙板详图

12. 预制混凝土无洞口外墙由（　　　　）组成。

A. 墙板　　　　B. 外叶板　　　　C. 保温层　　　　D. 内叶板

13. 预制混凝土无洞口外墙内叶板的钢筋包括（　　　　　）。

A. 箍筋　　　　B. 竖向分布钢筋　　　　C. 水平分布钢筋　　　　D. 拉筋

14. 关于 WQ-3629 墙板钢筋外伸说法正确的有（　　　　　）。

A. 水平钢筋外伸形式为 U 形

B. 四个方向钢筋均外伸

C. 墙板顶面外伸竖向连接钢筋，呈梅花形布置

D. 竖向钢筋外伸形式为直线形

E. 墙板左右两侧均外伸水平筋

15. 关于 WQ-3629 外叶板、保温板、内叶板说法正确的有（　　　　）。

A. 墙板左右两侧均外伸水平筋，外伸形状为 U 形

B. 在宽度方向上，保温层比外叶板窄 40 mm，左右两侧各少 20 mm

C. 外叶板位于外侧，保温层位于中间，内叶板位于内侧

D. 在高度方向上，内叶板下端与保温层齐平，顶部比保温层低 140 mm

E. 保温层下端与外叶墙板对齐

16. 带窗洞预制外墙的内叶板钢筋包括（　　　　）。

A. 窗下墙墙身区钢筋   B. 连梁区钢筋

C. 水平分布钢筋   D. 边缘构件区钢筋

17. 图集《预制混凝土剪力墙外墙板》（15G365-1）中，带窗洞预制外墙的内叶板连梁区钢筋里的纵筋包括（　　　　）。

A. 箍筋   B. 下部受力纵筋

C. 拉筋   D. 顶部封边钢筋

18. 图集《预制混凝土剪力墙外墙板》（15G365-1）中，带窗洞预制外墙的内叶板边缘构件区钢筋包括（　　　　）。

A. 竖向连接纵筋   B. 侧面封边钢筋

C. 墙身水平连接钢筋   D. 拉筋

E. 箍筋（一级抗震时有）

19. 一个门洞外墙的内叶板钢筋包括（　　　　）。

A. 连梁区钢筋   B. 墙身区钢筋

C. 水平分布钢筋   D. 边缘构件区钢筋

20. 预制混凝土剪力墙内墙板，按墙体有无洞口及门洞的位置分为（　　　　）。

A. 中间门洞内墙   B. 刀把内墙

C. 固定门垛内墙   D. 无洞口内墙

21. 无洞口预制内墙的钢筋包括（　　　　）。

A. 竖向钢筋   B. 水平分布钢筋

C. 箍筋   D. 拉筋

22. 预制构件生产厂区内主要设备按照使用功能可分为（　　　　）。

A. 生产线设备   B. 起重设备   C. 钢筋加工设备

D. 混凝土搅拌设备   E. 辅助设备

23. 混凝土料斗是固定模台工艺运输混凝土并将混凝土卸入模具内的设备，常用的有（　　　　）混凝土料斗。

A. 锥形   B. 圆形   C. 椭圆形   D. 方形

24. 流动模台生产线的主要设备包括（　　　　）等。

A. 流动模台   B. 固定脚轮或轨道   C. 模台转运小车

D. 模台清扫机　　　E. 振动台

25. 自动化流水线的主要设备包括（　　　　）等。

A. 放线机械手　　　B. 钢筋网架自动焊接机　　　C. 流动模台

D. 自动布料机　　　E. 固定脚轮或轨道

26. 模具的制作加工工序可概括为（　　　　）。

A. 拼装成模　　　B. 开料　　　C. 切割　　　D. 零件制作

27. 根据最新的《住房城乡建设行业职业工种目录》，装配式混凝土建筑施工过程中主要的工种有（　　　　）等。

A. 混凝土工　　　B. 安装起重工　　　C. 起重信号工

D. 套筒灌浆工　　　E. 测量放线工

28. 预制工厂中产业工人包括（　　　　）。

A. 特种作业人员　　　B. 技术工人　　　C. 钢筋工　　　D. 普通工人

四、简答题

1. 如何进行混凝土配合比设计？

2. 简述钢筋的种类。

3. 预埋件的种类有哪些？如何进行材料检验？

4. 简述混凝土材料存放的基本要求。

5. 简述外墙保温拉结件的种类和布置要求。

6. 连接材料的种类有哪些？如何进行材料检验？

7. 试着识读《桁架钢筋混凝土叠合板（60 mm 厚底板）》（15G366-1）中 11 页底板编号为 DBS1-67-3324-11 的模板图和配筋图的相关信息。

8. 试着识读《预制混凝土剪力墙外墙板》（15G365-1）中 33 页 WQ-3029 配筋图的相关信息。

9. 《装配式混凝土结构技术规程》(JGJ1-2014)对于预制混凝土剪力墙的套筒区域钢筋加密区是如何规定的？

10. 带窗洞预制外墙的内叶板钢筋由哪些组成？它们分别位于什么位置？

11. 试着识读《预制混凝土剪力墙外墙板》（15G365-1）中 113 页 WQC1-3630-2115 配筋图的相关信息。

12. 带门洞预制外墙钢筋由哪些组成？

13. 试着识读《预制混凝土剪力墙外墙板》（15G365-1）中 205 页 WQM-4229-2423 配筋图的相关信息。

14. 桁架钢筋混凝土叠合板底板钢筋笼由哪些类型的钢筋组成？

15. 简述固定模台蒸汽养护的优势。

16. 进行预制构件模具设计需要满足哪些要求？

17. 进行预制构件模具设计应遵循哪些原则？

18. 何为外墙板正打工艺？反打工艺？

19. 固定台模工艺的主要特点是什么？

20. 立模工艺与平模工艺的主要区别是什么？

21. 请简述装配式建筑的五大变革。

装配式混凝土构件生产

情景导入

装配式混凝土构件生产的质量对后期施工和正常使用都有着直接和重大的影响。本模块主要介绍的是装配式混凝土构件生产工艺,只有严格控制预制构件生产过程产品质量,才能保障后续的运输、安装等工序有序进行。

学习目标

通过学习本模块内容,掌握装配式混凝土构件生产的主要工艺流程;掌握预制构件生产的质量要求;了解几种典型构件的制作流程。

通过对"广州塔"思政元素的挖掘与学习,使学生理性看待当前我国建筑技术的国际地位,树立为中国特色社会主义伟大事业奋斗的理想与豪情。

3.1 构件制作流程介绍

【学习内容】

(1)预制混凝土构件生产的通用工艺流程;
(2)预制混凝土构件生产的主要方法。

【知识详解】

预制混凝土构件生产工艺是在工厂或工地预先加工制作建筑物或构筑物混凝土部件的工艺。采用预制混凝土构件进行装配化施工,具有节约劳动力,克服季节影响,便于常年施工等优点。推广使用预制混凝土构件,是实现建筑工业化的重要途径之一。

预制混凝土构件的品种是多样的:有用于工业建筑的柱子、基础梁、吊车梁、屋面梁、框架、屋面板、天沟、天窗架、墙板、多层厂房的花篮梁和楼板等;有用于民用建筑的基桩、楼板、过梁、阳台、楼梯、内外墙板、框架梁柱、屋面檐口板、装修件等。目前有些工厂还可以生产集装箱结构,其室内装修和卫生设备的安装均可在工厂内完成,然后作为产品运到工地吊装。

预制构件加工制作前应绘制并审核预制构件深化设计加工图,具体内容包括:预制构件模具图、配筋图、预埋吊件及预埋件的细部构造图等。预制构件生产前,应先对各种生产机械设施设备进行安装调试、工况检验和安全检查,确认其符合生产要求。

根据场地的不同，构件尺寸的不同以及实际需要等情况，可采用不同方法生产混凝土预制构件，目前流水生产线法应用极为广泛。流水生产线法是指在工厂内通过滚轴传送机或者传送装置将托盘模具内的构件从一个操作台转移到另一个操作台上，这是典型的适用于平面构件的生产制作工艺，如墙板和楼板构件的生产制作。流水生产线法具有高度的灵活性，不仅适用于平面构件生产，还适用于在楼梯及线性构件的生产。

　　预制构件生产线如图 3.1 所示。

　　目前，装配式建筑混凝土结构预制构件生产线工艺流程主要包括模台清理、支模、钢筋安装、混凝土浇筑等工序。其中，一次浇筑成型构件包括叠合板、阳台板、空调板、内墙板、楼梯、梁、柱等构件，其生产工艺以叠合板最具代表性，具体流程如图 3.2 所示；二次浇筑成型构件包括夹心保温外墙板（保温装饰一体化外墙板）、女儿墙、PCF 板、夹心保温阳台板等构件，其生产工艺以三明治保温墙板最具代表性，具体流程如图 3.3 所示。

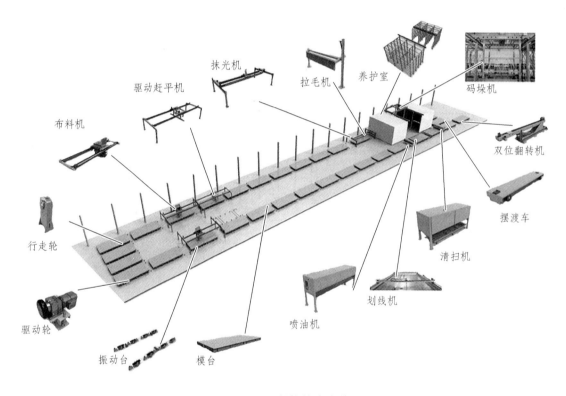

图 3.1　预制构件生产线

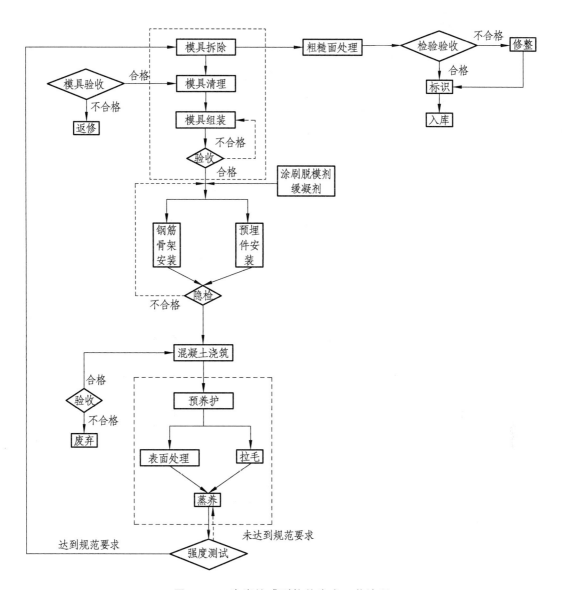

图 3.2　一次浇筑成型构件生产工艺流程

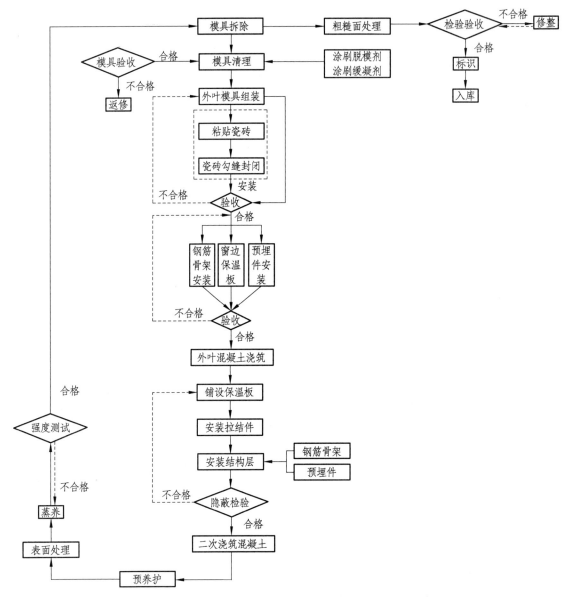

图 3.3　二次浇筑成型构件生产工艺流程

3.2　模具清扫与组装

【学习内容】

（1）混凝土预制构件生产线上模具、模台的清理；

（2）模具的组装固定；

（3）模具的检查。

PC 构件模具制作
安装、刷脱模剂

【知识详解】

混凝土预制构件生产工艺流程第一步先要进行模具的清扫与组装，在此之前，模具除应满足强度、刚度和整体稳固性要求外，还应满足预制构件预留孔插筋、预埋吊件及其他预埋件的安装定位要求。

3.2.1　模具、模台清理

新制模具应使用抛光机进行打磨抛光处理，将模具内腔表面的杂物、浮锈等清理干净，如图3.4。打磨抛光时，应将模具拆分开来，将模具内腔向上，平铺在地上，从一个模具边角开始向外逐步打磨，保证打磨均匀全面，不得跳跃打磨、漏打磨。经过打磨抛光的模具，使用脱模剂进行清洗，根据模具的干净程度，脱模剂清洗遍数一般在2~3次。在无法保证模具内腔干净时，可适当增加清洗遍数。

若是使用过的模具、模台，则应在拆除模具后，将模具与混凝土接触面用棉丝擦拭干净。清理模具内外框，用铁铲铲除表面的混凝土渣，漏出模具底色，注意模具端头清理干净。清理固定夹具、橡胶块、剪力键等夹具表面干净无混凝土渣，注意定位端孔等难清理地方。用铁铲铲除黏结在模台表面上的混凝土渣，重点注意模具布置区和固定螺栓干净无遗漏。

图 3.4　模具、模台清理

模具、模台清理的操作要点如下：

（1）清理模具各基准面边沿，利于抹面时保证厚度要求。清理模具时注意保护模具，防止模具变形脱落。如果发现模具变形量超过3 mm需进行校正，无法校正的变形模具需要及时更换。

（2）清理下来的混凝土残灰要及时收集到指定的垃圾桶内。

（3）用钢丝球或刮板将内腔以及模台上残留的混凝土及其他杂物清理干净，使用压缩空气将模具内腔吹干净，以用手擦拭手上无浮灰为准。

（4）所有模具拼接处均用刮板清理干净，保证无杂物残留。将清理干净的模具分组分类，整齐码放，保证现场的清洁安全。

3.2.2 模具组装固定

3.2.2.1 准备工作

1. 技术准备

（1）模具安装前，应对进厂的模具进行扭曲、尺寸、角度以及平整度的检查，确保各使用的模具符合国家相关规范要求。

（2）模具安装前应对试验、检测仪器设备进行校验，计量设备应经计量检定，确保各仪器、设备满足要求。

（3）模具安装前应对工作人员进行技术交底。

（4）根据工程进度计划制订构件生产计划。根据构件吊装索引图确定构件编号、模具编号。

2. 材料要求

主要材料包括：脱模剂、水平缓凝剂、垂直缓凝剂、胶水、PVC管、灯箱、线耳、塑料垫块、玻璃胶等。

3. 生产机具

主要机具包括：大刀铲、小刀铲、小锤、两用扳手、撬棍、灰桶、高压水枪、磨机（钢丝球、砂轮片）、砂纸、干扫把、干拖把、毛刷、卷尺、弹簧剪刀、螺丝刀、弹簧、玻璃胶枪等。

4. 作业条件

（1）预制场地的设计和建设应根据不同的工艺、质量、安全和环保等要求进行，并符合国家的相关标准和要求。

（2）模具拼装前需清洗，对钢模应去除模具表面铁锈、水泥残渣、污渍等。

（3）模具安装前，确保模具表面光滑干爽，且衬板没有分层的情况。

3.2.2.2 模具组装

预制构件模具组装应满足下列要求：

（1）模具组装前必须进行清理，清理后的模具内表面的任何部位不得有残留杂物。

（2）模具组装应按模具组装方案要求的顺序进行。

（3）固定在模具上的预埋件、预留孔应位置准确、安装牢固，不得遗漏。

（4）模具组装就位后，接缝及连接部位应有接缝密封措施，不得漏浆。

（5）模具组装后相关人员应进行质量验收。

模具组装具体操作如图 3.5 所示。

图 3.5　模具组装

3.2.2.3　涂脱模剂、缓凝剂

1. 脱模剂涂刷

模具清理后需进行脱模剂涂刷，如图 3.6，将模具各个部位内腔面层朝上，统一摆好，使用干净白色棉丝蘸调理好的脱模剂，从模具一端向四周逐步涂刷脱模剂，脱模剂可以采用油性蜡质脱模剂，保证构件表面光滑、有光泽、无粘模等问题。涂刷好脱模剂，待脱模剂渗透后，使用干净棉丝，将构件表面涂刷的多余脱模剂清理干净。涂刷脱模剂不得有漏刷、堆积的问题，并应注意不要将脱模剂滴落在钢筋上。

图 3.6　涂刷脱模剂

涂脱模剂的具体操作要点如下：

（1）需要涂刷脱模剂的模具应在绑扎钢筋之前涂刷，严禁将脱模剂涂刷到钢筋上。模具放置区涂抹，脱模剂的长度大于等于模具长度，宽度比模具宽度至少大 50 mm。

（2）涂刷厚度不少于 2 mm，且需涂刷至少 2 次，2 次涂刷时间的间隔不少于 2 min。

（3）涂刷完的模具要求涂刷面水平向上放置，20 min 后方可使用。

（4）脱模剂涂刷之前，保证模具必须干净。

（5）脱模剂必须涂刷均匀，严禁有流淌、堆积的现象。

2. 缓凝剂的涂刷

因为有的预制构件部分外露钢筋面设计为粗糙面，工艺设计采用化学粗糙处理方法，在模具相应位置涂刷缓凝剂。缓凝剂可以使用干粉或者液体，涂刷时应均匀，涂刷厚度一致，无漏刷、流淌等问题。缓凝剂应提前涂刷，保证混凝土浇筑时，缓凝剂已经凝固。

3.2.2.4　划线

根据任务需要，如是自动化划线，则用 CAD（计算机辅助设计）软件绘制需要的实际尺寸图形（包括模板的尺寸及模板在模台上的相对位置），再通过专用图形转换软件，把 CAD 文件转为划线机可识读的文件。用 U 盘或网络直接传送到划线机的主机上，划线机械手就可以根据预先编好的程序，完成模板安装及预埋件安装的位置线。

作业人员根据此线能准确可靠地安装好模板和预埋件。划线机能自动按要求划出设计所要求的安装位置线，防止人为错误导致不合格品。整个划线过程不需要人工干预，全部由机器自动完成，所划线条粗细可调，划线速度可调，在一个模台上同时生产多个混凝土构件，可以在编程时，对布局进行优化，提高模台的使用效率。自动划线操作如图 3.7 所示。

图 3.7　自动划线

3.2.2.5　模具固定

驱动装置将完成划线工序的底模驱动至模具组装工位，模板内表面要手工刷涂界面剂；同时，绑扎完中的钢筋笼也吊运到此工位，作业人员在模台上进行钢筋笼及模板组模作业，模板在模台上的位置以预先画好的线条为基准进行调整，并进行尺寸校核，确保组模后的位置准确，如图 3.8（a）。行车将模具连同钢筋骨架吊运至组模工位，以划线位置为基准控制线安装模具（含门、窗洞口模具）。模具（含门、窗洞口模具）、钢筋骨架对照划线位置微调整，控制模具组装尺寸。模具与底模紧固，下边模和底模用紧固螺栓连接固定，上边模靠花篮螺栓连接固定。模具与底模紧固，左右侧模和窗口模具采用磁盒［图 3.8（b）］固定。

（a）调整位置　　　　　　　　　　　　　　　（b）磁盘

图 3.8　模具固定

3.2.3　模具检查

1. 工程质量控制标准

（1）预制构件模具尺寸的允许偏差应符合现行行业标准《装配式混凝土结构技术规程》（JGJ 1）的规定。当设计有要求时，模具尺寸的允许偏差应按设计要求确定。

（2）固定在模具上的预埋件、预留孔洞中心位置的允许偏差应符合现行行业标准《装配式混凝土结构技术规程》（JGJ 1）的规定。

2. 质量保证措施

（1）模具安装质量应满足国家及地方相关标准的要求。

（2）模具内表面应干净光滑，无混凝土残渣等任何杂物，钢筋出孔位及所有活动块拼缝处应无累积混凝土，无粘模白灰。模具外表面（窗盖、中墙板等）、洗水面板应无累积混凝土。

（3）模具内表面打油均匀，无积油；窗盖、底座及中墙板等外表面无积油，缓凝剂涂刷均匀无遗漏。

（4）模具拼缝处无漏光，产品无漏浆及拼缝接口处无明显纱线状。

（5）模具的平整度需每周循环检查一次。

3.3　钢筋加工及（成型）安装

【学习内容】

PC 构件钢筋
制作与绑扎

（1）钢筋入模操作规程；
（2）钢筋间隔作业要求。

【知识详解】

钢筋加工及安装工序具体流程为：材料验收→钢筋下料→钢筋笼制作→钢筋安装→检查验收。

3.3.1 钢筋入模操作规程

3.3.1.1 准备工作

1. 技术准备

（1）钢筋施工应依据已确认的施工方案组织实施，焊工及机械连接操作人员应经过技术培训考试合格，并具有岗位资格证书。

（2）钢筋笼绑扎前应对施工人员进行技术交底。

（3）外委加工的钢筋半成品、成品进场时，钢筋加工单位应提供被加工钢筋力学性能试验报告和半成品钢筋出厂合格证，订货单位应对进场的钢筋半成品进行抽样检验。

2. 材料要求

（1）钢筋的型号、数量、间距、尺寸、搭接长度及外露长度符合施工图纸及规范要求。所用钢筋须达到国家及地方相关规范标准的要求。

（2）钢筋应按进场批次的级别、品种、直径和外形分类码放，妥善保管，且挂标识牌注明产地、规格、品种和质量检验状态等。

（3）对有抗震设防要求的构件，其纵向受力钢筋的强度应满足设计要求；当设计无具体要求时，对一、二级抗震等级，检验所得的强度实测值应符合以下规定：

① 钢筋的抗拉强度实测值与屈服强度实测值的比值不应小于1.25；

② 钢筋的屈服强度实测值与强度标准值的比值不应大于1.3。

③ 钢筋的最大力下总伸长率不应小于9%。

3. 施工机具

施工机具主要包括：切割机、弯曲机、卷尺、扎钩等。

4. 作业条件

（1）钢筋加工场地和钢筋笼预扎场地应根据要求提前规划好，场地均应平整坚实。

（2）钢筋笼存放区域应在龙门吊等吊运机械工作范围内。

3.3.1.2 钢筋笼绑扎

1. 钢筋笼绑扎工艺

制作钢筋开料表→钢筋开料、弯钢筋→按照项目图纸分料→绑扎组件→组装钢筋笼→固定附加钢筋、预埋钢筋→安装支架筋→钢筋笼检查→标记钢筋牌（标明钢筋预扎的型号、楼层位置、生产日期等基本信息）。

2. 钢筋骨架制作

（1）钢筋的品种、级别、规格、长度和数量必须符合设计要求；

（2）钢筋骨架制作宜在符合要求的胎模上进行；

（3）钢筋骨架制作应进行试生产，检验合格后方可批量制作；

（4）钢筋连接应符合现行国家标准《混凝土结构工程施工质量验收规范》GB 50204 的规定；

（5）当骨架采用绑扎连接时应选用不锈钢丝并绑扎牢固，并采取可靠措施避免扎丝在混凝土浇筑成型后外露。

3. 钢筋骨架安装要求

（1）钢筋骨架应选用正确，表面无浮锈和污染物；

（2）钢筋锚固长度得到保证；

（3）悬挑部分的钢筋位置正确；

（4）使用适当材质和合适数量的垫块，确保钢筋保护层厚度符合要求。

3.3.2 钢筋作业要求

将成型的钢筋按图纸进行绑扎，绑扎应牢固，绑丝头应压入钢筋骨架内侧。具体钢筋作业要求：

（1）钢筋安装时，受力钢筋的牌号、规格和数量必须符合设计要求。

（2）受力钢筋的安装位置、锚固方式应符合设计要求。

（3）钢筋安装偏差及检验方法应符合表 3.1 的规定。

表 3.1　钢筋安装偏差及检验方法

项　目		允许偏差/mm	检验方法
绑扎钢筋网	长、宽	±10	尺量
	网眼尺寸	±20	尺量连续三档，取最大偏差值
绑扎钢筋骨架	长	±10	尺量
	宽、高	±5	尺量
纵向受力钢筋	锚固长度	−20	尺量
	间距	±10	尺量两端。中间各一点，取最大偏差值
	排距	±5	尺量
纵向受力钢筋、箍筋的混凝土保护层厚度	基础	±10	尺量
	柱、梁	±5	尺量
	板、墙、壳	±3	尺量
绑扎钢筋、横向钢筋间距		±20	尺量，连续三档，取最大偏差值
钢筋弯起点位置		20	尺量，沿纵、横两个方向量测，并取其中偏差的较大值
预埋件	中心线位置	5	尺量

注：梁板类构件上部受力钢筋保护层厚度的合格点率应达到 90%及以上，且不得有超过表中数值 1.5 倍的尺寸偏差。

检查数量：在同一检验批内，对梁、柱和独立基础，应抽查构件数量的 10%，且不应少于 3 件；对墙和板，应按有代表性的自然间抽查 10%，且不应少于 3 间；对大空间结构，墙可按相邻轴线间高度 5 左右划分检查面，板可按纵、横轴线划分检查面，抽查 10%，且均不应少于 3 面。

应按照图纸要求进行领料备料，保证钢筋规格正确，无严重锈蚀。裁剪网片，应按置筋图裁剪、拼接网片，门窗钢筋保护层厚度满足要求。墙板四周及门窗四周的加强筋与网片绑扎，窗角布置抗裂钢筋。拼接的网片需绑扎在一起，抗裂钢筋绑扎在加强筋结合处。应按照 4 个/m² 来布置保护层垫块，保证保护层厚度。网片与网片搭接需重合 300 mm 以上或一格网格以上。所有钢筋必须保证 20 ~ 25 mm 混凝土保护层，任何端头不能接触台车面。扎丝绑扎方向一致朝上，加强筋需进行满扎。绑扎完清理台车，按图检查是否漏扎错扎。

钢筋骨架、钢筋网片和预埋件必须严格按照构件加工图及下料单要求制作。首件钢筋制作，必须通知技术、质检及相关部门检查验收，制作过程中应当定期、定量检查，对于不符合设计要求及超过允许偏差的一律不得使用，按废料处理。纵向钢筋（带灌浆套筒）及需要套丝的钢筋，不得使用切断机下料，必须保证钢筋两端平整，套丝长度、丝距及角度必须严格按照设计图纸要求。纵向钢筋（采用半灌浆套筒）按产品要求套丝，梁底部纵筋（直螺纹套筒连接）按照国标要求套丝。套丝机应当指定有经验的专人操作，质检人员须按相关规定进行抽检。钢筋安装如图 3-9 所示。

图 3.9 钢筋安装

3.4 预埋件安装

【学习内容】

（1）预埋件入模操作规程；
（2）预制构件隐蔽工程验收。

PC 构件
预埋件设置

【知识详解】

模板和钢筋安装完成后，开始进行连接套筒、电盒、穿线管、斜撑点、吊点、模板加固点等预埋件的安装。

按照设计和施工规范要求，将连接套筒（已插入固定套筒胶座）依次用螺丝连接紧固在边模上。将灌浆管道伸出浇筑混凝土表面并封闭，防止泥浆砂石堵塞管道。利用工装将各种预埋件（斜支撑固定点、现浇混凝土模板固定点、外挂点）安装在模具内。将吊点安装在模板开口处，各个预埋件尾端均安装锚筋。然后再安装电盒、穿线管、门窗口木砖等预埋件。其中电盒采用磁性固定底座定位，穿线管可采用绑扎进行固定。

3.4.1 预埋件入模操作规程

首先通过图纸配件表确定预埋件、线盒的型号、规格、数量，预留孔洞的大小等信息，如图 3.10。

图 3.10 预埋件安装

其次，要严格按照图纸设计位置安装预埋件、线盒、预留孔洞配件，如图 3.11。

图 3.11 预埋线盒及接驳点

再次，预埋件应使用专用工装进行安装固定，确保定位准确，如图 3.12。

图 3.12　预埋件工装固定

最后，还应注意预埋件、线盒在混凝土施工中的保护。

PC 构件
专项检查

3.4.2　预制构件隐蔽工程验收

（1）装配式混凝土结构预制构件隐蔽工程验收时应提交下列资料：

① 工程设计单位确认的预制构件深化设计图、设计变更文件。

② 装配式混凝土结构工程生产所用各种材料、连接件及预制混凝土构件的产品合格证书、性能测试报告、进场验收记录和复试报告。

③ 预制构件验收记录。

④ 其他质量保证资料。

（2）装配式结构工程应在混凝土浇筑前完成下列隐蔽项目的现场验收：

① 安装后的模板外形和几何尺寸。

② 钢筋、钢筋骨架、钢筋网片、吊环的级别、规格、型号、数量及其位置。

③ 主筋保护层。

④ 预埋件、预留孔的位置及数量，预埋件和预留孔洞的位置应满足设计和施工方案的要求。当设计无具体要求时，其位置偏差应符合表 3.2 的规定。

⑤ 其他有关有技术要求。

表 3.2　预埋件和预留孔洞的位置偏差

项目		允许偏差/mm
预埋板中心线位置		3
预埋管、预留孔中心线位置		3
插筋	中心线位置	5
	外露长度	+10，0
预埋螺栓	中心线位置	2

项目		允许偏差/mm
预埋螺栓	外露长度	+10, 0
预留洞	中心线位置	10
	尺寸	+10, 0

（3）当隐蔽工程验收质量不符合要求时，应按下列规定进行处理：

① 经返工、返修或更换构件、部件的检验批，应重新进行检验；

② 经有资质的检测单位检测鉴定达到设计要求的检验批，应予以验收；

③ 经有资质的检测单位检测鉴定达不到设计要求，但经原设计单位核算并确认仍可满足结构安全和使用功能的检验批，可予以验收；

④ 经返修或加固处理能够满足结构安全使用要求的隐蔽工程，可根据技术处理方案和协商文件进行验收。

3.5　混凝土的浇筑、振捣和表面处理

PC 构件混凝土
布料与振捣

【学习内容】

（1）混凝土浇筑、振捣操作规程；

（2）混凝土浇筑表面处理操作规程；

（3）混凝土信息芯片埋设技术。

【知识详解】

准备工作做好后，开始浇筑混凝土的工艺流程。具体操作步骤如下：混凝土坍落度、温度、强度测试→混凝土浇筑、振捣→混凝土表面处理→清洁料斗、模具、外露钢筋及地面。

3.5.1　混凝土浇筑、振捣操作规程

3.5.1.1　准备工作

1. 技术准备

（1）原材料进场前应对各原材料进行检查，确保各原材料质量符合国家现行标准或规范的相关要求。

（2）浇筑前对混凝土质量检查，包括混凝土强度、坍落度、温度等，均应符合国家现行标准或规范的相关要求。

（3）混凝土浇筑前，应根据规范要求对工作人员进行技术交底。

2. 混凝土材料要求

（1）水泥宜采用 P·O42.5 普通硅酸盐水泥，质量应符合现行国家标准《通用硅酸盐水泥》（GB 175）的规定；

（2）砂宜选用细度模量为 2.3~3.0 的中粗砂，质量应符合现行行业标准《普通混凝土用砂、石质量及检验方法标准》JGJ 52 的规定；

（3）石子宜用 5~25 mm 碎石，质量应符合现行行业标准《普通混凝土用碎石或卵石质量标准及检验方法》JGJ 53 的规定；

（4）外加剂品种应通过试验室进行试配后确定，外加剂进厂应有质保书，质量应符合现行国家标准《混凝土外加剂》（GB 8076）的规定；

（5）低钙粉煤灰应符合现行国家标准《用于水泥和混凝土中粉煤灰》（GB 1596）标准中规定的各项技术性能及质量指标，同时应符合 45 µm 筛余 ≤18%，需水量比 ≤100% 的规定；

（6）拌和用水应符合现行行业标准《混凝土拌合用水标准》JGJ 63 的规定；

（7）混凝土中氯化物和碱的总含量应符合现行国家标准《混凝土设计规范》（GB 50010）和设计要求。

3. 施工机具

主要机具包括：大小抹灰刀、振动棒、大铁铲、料斗、高压水枪、小铁铲、刻度尺、毛刷、灰桶、探针式温度测试仪、坍落度筒、坍落度捣棒等。

4. 作业条件

（1）浇筑混凝土前，检查模具内表面干净光滑，无混凝土残渣等任何杂物，钢筋出孔位及所有活动块拼缝处无累积混凝土，无粘模白灰。

（2）浇筑混凝土前，施工机具应全部到位，且放置位置方便工作人员使用。

3.5.1.2　施工要求

（1）混凝土坍落度、温度、强度测试应符合下列要求：

① 每车混凝土应按设计坍落度做坍落度试验和试块，混凝土坍落度、温度严格按照相关标准测试合格，混凝土的强度等级必须符合设计要求。

② 用于检查混凝土预制构件混凝土强度的试块应在混凝土的浇筑地点随机抽取，取样与试块留置应符合现行国家标准《混凝土结构工程施工质量验收规范》（GB 50204）的规定。

（2）混凝土浇筑、振捣应符合下列要求：

① 按规范要求的程序浇筑混凝土，每层混凝土不可超过 450 mm。

② 振捣时快插慢拔，先大面后小面；振点间距不超过 300 mm，且不得靠近洗水面模具。

③ 卸混凝土时，不可利用振机把混凝土移到要落的地方。混凝土应用振机振捣密实。

④ 振捣混凝土时限应以混凝土内无气泡冒出为准。

⑤ 不可用力振混凝土，以免混凝土分层离析，如混凝土内已无气泡冒出，应立即停振该位置的混凝土。

⑥ 振捣混凝土时，应避免钢筋、板模等振松。

混凝土的浇筑过程如图 3.13 所示。

图 3.13　混凝土的浇筑

3.5.2　混凝土浇筑表面处理操作规程

1. 粗略整平、刷缓凝剂

混凝土浇筑完后，用抹子把露出表面的混凝土压平或把高出的混凝土铲平。表面粗平后，将需洗水处用毛刷蘸取缓凝剂，均匀涂刷在混凝土表面上，涂刷时用钢筋或木条遮挡不需洗水部位，使缓凝剂不随意流动。

PC 构件预养护及表面处理

2. 混凝土表面赶平

混凝土表面粗平完成后半小时，且混凝土表面的水渍变成浓浆状后，先用铝合金方通边赶边压平，然后用钢抹刀反复抹压两三次，将部分浓浆压入下表层。用灰刀取一些多余浓浆填入低凹处达到混凝土表面平整，厚度一致，且无泛砂及表面无气孔、无明显刀痕。

3. 混凝土表面压光、拉毛

在细平一个模表面后半小时且表面的浓浆用手能捏成稀团状时，开始用钢抹刀抹压混凝土表面一两次，不产生刀痕，表面泛光一致。在混凝土表面收光完后，在需要扫花的地方用钢丝把进行初次的处理。在浇完混凝土 3 h 后（初凝后），再次用钢丝把进行混凝土表面的扫花。最后在混凝土初凝后，在产品的底部盖上钢印，标明日期，见图 3.14。

设计图纸指定某处需做毛面时，一般有以下方式：

（1）在混凝土未完全凝结时用铁耙在构件表面平行拉毛，一般要求间距 5 cm 左右，深度 4~6 mm。

（2）待混凝土凝结后用铁钎人工凿毛，但需注意不可用力过猛以免造成裂缝损伤构件。

（3）在钢模上涂抹缓凝剂（也称露骨剂），待脱模后用高压水枪冲掉涂剂露出骨料形成自然毛面，但需注意的是必须将涂剂冲刷干净无残留。

图 3.14　混凝土浇筑表面处理

4. 清洁料斗、模具、外露钢筋及地面

预制构件表面混凝土整平后，宜将料斗、模具、外露钢筋及地面清理干净。

3.5.3　信息芯片埋设

预制构件生产企业应建立构件生产管理信息化系统，用于记录构件生产关键信息，以追溯、管理构件的生产质量和进度。

部分地区的地方政策强制要求在预制构件内埋设信息芯片。

（1）芯片的规格芯片为超高频芯片，外观尺寸一般约为 3 mm×20 mm×80 mm 。

（2）芯片的埋设。

芯片录入各项信息后，宜将芯片浅埋在构件成型表面，埋设位置宜建立统一规则，便于后期识别读取。埋设方法如下：

① 竖向构件收水抹面时，将芯片埋置在构件浇筑面中心距楼面 60 ~ 80 cm 高处，带窗构件则埋置在距窗洞下边 20 ~ 40 cm 中心处，并做好标记。脱模前将打印好的信息表粘贴于标记处，便于查找芯片埋设位置。

② 水平构件一般放置在构件底部中心处，将芯片粘贴固定在平台上，与混凝土整体浇筑。

③ 芯片埋深以贴近混凝土表面为宜，埋深不应超过 2 cm，具体以芯片供应厂家提供数据实测为准。

目前，预制混凝土构件生产企业一般是在混凝土构件中放入 RFID 芯片。RFID 也称为无线射频识别，通过无线电信号识别和读写特定目标数据，可以完成识别和读写数据，无需机械触摸或特定复杂环境。运用 RFID 技术可及时了解构件生产进度和运输信息以及组装的位置信息。这些信息有助于在建设中随时检查构件的安全性能是否满足要求，也便于发现安全问题。由于装配式建筑需要数量庞大的预制混凝土构件，做好物联网建设也尤为重要。

通常芯片信息管理的程序如下：

（1）工程所在地区工程质量协会应统一芯片参数、规格，经公开市场招标交由具有资质、有能力的两家以上芯片生产企业供货。

（2）构件生产企业应购置某一型号的高频 RFID 设备，并下载芯片信息录入系统。

（3）生产前，构件生产企业应根据"芯片信息录入系统"要求填报相关构件信息，并通过 RFID 设备写入芯片。并通过网络上传本次录入信息到工程所在地区工程质量协会"装配式建筑混凝土预制构件产品信息平台"。

（4）芯片潜埋于构件表面，具体位置按设计图纸要求。

（5）构件出厂后进入工程现场，施工单位需通过该型号的高频 RFID 设备对进场构件进行检验比对，并对其位置通过卫星定位记录，并上传至《装配式建筑混凝土预制构件产品信息平台》。

（6）工程所在地区工程质量协会负责《装配式建筑混凝土预制构件产品信息平台》的日常管理工作，为构件信息查询提供保障。

3.6　混凝土养护

【学习内容】

（1）蒸汽养护；
（2）养护阶段质量控制。

PC 构件养护

【知识详解】

混凝土养护一般可分为标准养护、自然养护和快速养护。

1. 标准养护

在温度为 20±3℃、相对湿度为 90% 以上的潮湿环境或水中的条件下进行的养护称为标准养护，这是目前试验室常用的方法。

2. 自然养护

在自然气候条件（平均气温高于+5 ℃）下，于一定时间内采取浇水润湿或防风防干、保温、防冻等措施养护，称为自然养护。自然养护主要有覆盖浇水养护和表面密封养护两种。覆盖浇水养护就是在混凝土表面覆盖草垫等遮盖物，并定期浇水以保持湿润。浇水养护简单易行、费用少，是现场最普遍采用的养护方法。表面密封养护是利用混凝土表面养护剂在混凝土表面形成一层养护膜，从而阻止自由水的蒸发，保证水泥充分水化。这种方法主要适用于不易浇水养护的高耸构筑物或大面积混凝土结构，可以节省人力。

3. 快速养护

标准养护及自然养护时混凝土硬化缓慢,因此凡能加速混凝土强度发展过程的工艺措施,均属于快速养护,如图 3.15 所示。快速养护时,在确保产品质量和节约能源的条件下,应满足不同生产阶段对强度的要求,如脱模强度、放张强度等。这种养护在混凝土制品生产中占有重要地位,是继搅拌及密实成型之后,保证混凝土内部结构和性能指标的决定性工艺环节,采用快速养护有利于缩短生产周期,提高设备的利用率,降低产品成本,快速养护按其作用的实质可分为热养护法、化学促硬法、机械作用法及复合法。

（1）热养护是利用外界热源加热混凝土,以加速水泥水化反应的方法,它可分为湿热养护、干热养护和干-湿热养护三种。湿热养护法,以相对湿度 90%以上的热介质加热混凝土,升温过程中仅有冷凝而无蒸发过程发生,随介质压力的不同,湿热养护又有常压、无压、微压及高压湿热养护之分。干热养护时,制品可不与热介质直接接触,或以低湿介质升温加热,升温过程中则以蒸发过程为主。热养护是快速养护的主要方法,效果显著,不过能耗较大,而干-湿热养护介于两者之间。

（2）化学促硬法是用化学外加剂或早强快硬水泥来加速混凝土强度的发展过程,简便易行、节约能源。

（3）机械作用法则是以活化水泥浆、强化搅拌混凝土拌合物、强制成型低水灰比干硬性混凝土及机械脱水密实成型促使混凝土早强的方法。该法设备复杂,能耗较大。

在装配式生产线应用中,提倡将多种工艺措施合理综合运用,如热养护和促硬剂,热拌热模和外加剂等,力求获得最大技术经济效益。

图 3.15　混凝土的养护

3.6.1　蒸汽养护

1. 蒸汽养护的阶段

蒸汽养护是将构件放置在有饱和蒸汽或蒸汽与空气混合物的养护室（图 3.16）内,在较高的温度和湿度的环境下进行养护，以加速混凝土的硬化，使之在较短的时间内达到规定的强度标准值。蒸汽养护效果与蒸汽养护制度有关，它包括养护前静置时间、升温和降温速度、养护温度、恒温养护时间、相对湿度等。蒸汽养护的过程可分为静停、升温、恒温、降温等四个阶段：

（1）静停阶段是混凝土构件成形后，在室温下停放养护的过程，以防止构件表面产生裂缝和疏松现象。

（2）升温阶段是构件的吸热阶段，升温速度不宜过快，以免构件表面和内部温差太大而产生裂纹。

（3）恒温阶段是升温后温度保持不变的时间，此时混凝土强度增长快，这个阶段应保持90%以上的相对湿度，最高温度不大于 60 ℃。

（4）降温阶段是构件的散热过程，降温速度不宜过快，每小时不得超过 10 ℃，出池后，构件表面与外界温差不得大于 20 ℃。

2. 蒸汽养护的特点与优点

目前国内采用低温集中蒸汽养护的方式，其特点如下：

（1）恒温蒸汽养护，温度不超过 60 ℃。

（2）辐射式蒸汽养护，热介质通过散热器加热空气，之后传递给构件，并使之加热。

（3）多层仓位存储，每个窑可同时蒸汽养护多个构件，取决于蒸汽养护窑的大小。

（4）构件连同模台由码垛机控制进仓和出仓。

（5）窑内设计有加湿系统，根据构件要求，可调整空气的湿度。

蒸汽养护的优点是：

（1）可大批量生产，进仓和出仓与生产线节拍同步。

（2）节省能源，窑内始终保持为恒温，热能的利用率高。

（3）码垛机采用自动控制，进仓、出仓方便。

（4）热量损失小，只是开门时间产生热损。

固定台座法生产时，可采用覆盖薄膜自然养护，也可以采用拱形棚架、拉链式棚架（图3.17）进行蒸汽养护。

图 3.16　蒸养窑

图 3.17　拉链式养护棚

3.6.2 养护阶段质量控制

混凝土浇筑后应及时进行保湿养护，保湿养护可采用淋水、覆盖、喷涂养护剂等方式。选择养护方式应考虑现场条件、环境温湿度、构件特点、技术要求、施工操作等因素。

1. 养护注意事项

（1）脱模前成品的养护。

① 气温在 35 ℃以上时，在抹面完成 3 h 后，在混凝土表面每隔 0.5 h 淋水湿润一次。

② 当环境温度介于 15～30 ℃时，应观察成型后的预制件有没有存在裂纹，如没有一般不需淋水养护操作；如有裂纹就必须在下一件产品生产落完混凝土后，脱模前对产品进行淋水保湿养护。

③ 气温在 15 ℃以下时采用蒸汽养护。

（2）脱模后成品的养护。

① 产品脱模后堆放期间；白天宜每隔 2 h 淋水养护一次；如天气炎热或冬季干燥时适当增加淋水次数或覆盖麻袋保湿。

② 养护时间由预制件成品后期连续 4 d。

③ 在开始养护的预制件上挂牌标明，养护完成后牌摘下。

④ 淋湿预制件顺序为自上而下。

2. 养护质量标准

（1）成品脱模起吊时混凝土强度需满足设计要求及相关规范的规定。

（2）预制件的表面混凝土要保持湿润至少 4 d。

（3）检查开始养护的预制件是否全部浇湿。

（4）通常每天 7:00 至 19:00 每 2 h 检查一次，19:00 至次日 7:00 每 4 h 检查一次。

（5）若预制件表面干燥，要立即补做淋水养护。

3. 预制构件的养护规定

（1）预制构件脱模后可继续养护，养护可采用水养、洒水、覆盖和涂刷养护剂等一种或几种相结合的方式。

（2）水养和洒水养护的养护用水不应使用回收水。水中养护应避免预制构件与养护池水有过大的温差；预制构件表面洒水养护应覆盖；洒水养护次数以能保持预制构件表面处于润湿状态为度。

（3）当不具备水养、洒水养护条件或当日平均气温低于5℃时，可采用涂刷养护剂方式进行养护；养护剂不得影响预制构件与现浇混凝土面的结合强度。

3.7 预制构件脱模和起吊

【学习内容】

（1）混凝土预制构件的脱模；

（2）混凝土预制构件的起吊。

PC 构件脱模、起吊

【知识详解】

楼梯、楼梯隔墙板、空调板、叠合板等构件强度达到规范要求值方可脱模，较大的构件或者特殊要求的构件强度达到100%才能脱模起吊。

脱模前要将固定模板和线盒、预埋件的全部螺栓拆除，再打开侧模，用吊装梁或者水平吊装架将构件按照图纸设计的吊点水平吊出。

应根据构件形状、尺寸及质量要求选择适宜的吊具，尺寸较大的构件应选择设置分配梁或分配桁架的吊具吊装。在吊装过程中，吊索与构件水平夹角不宜大于60°，不应小于45°；并保证吊车主钩位置、吊具及构件重心在竖直方向重合。

构件脱模后应对模具面（除粗糙面以外）混凝土表面质量进行检查，发现有气泡、裂缝等问题时，单独存放修补。

3.7.1 预制构件脱模

3.7.1.1 脱模准备工作

1. 技术准备

（1）脱模前应检查混凝土凝结情况，确保混凝土强度符合脱模要求。

（2）脱模前，应根据规范要求对施工人员进行技术交底，确保模板的拆除顺序应按模板设计施工方案进行。

2. 机具要求

使用机具主要包括：吊梁、吊环、吊链、拉勒驳、两用扳手、套筒扳手、铁锤、撬棍、墨斗、丝拱、钢卷尺、角尺、铅笔、字模等。

3.7.1.2 脱模操作要求

（1）模板拆除时混凝土强度应符合设计要求；当设计无要求时，应符合现行国家标准《混凝土结构工程施工质量验收规范》（GB 50204）的要求。

（2）对后张预应力构件，侧模应在预应力张拉前拆除；底模如需拆除，则应在完成张拉或初张拉后拆除。

（3）脱模时，应能保证混凝土预制构件表面及棱角不受损伤。

（4）模板吊离模位时，模板和混凝土结构之间的连接应全部拆除，移动模板时不得碰撞构件。

（5）模板的拆除顺序应按模板设计施工方案进行。

（6）模板拆除后，应及时清理板面，并涂刷脱模剂；对变形部位，应及时修复。

3.7.1.3 质量标准

预制构件脱模（图3.18）时混凝土强度应符合设计要求；当设计无要求时，应符合现行行业标准《装配式混凝土结构技术规程》（JGJ 1）。

质量保证措施如下：

（1）模具螺丝无漏拆，不宜早拆。

（2）拆模时严禁敲打模具，铝窗拆模时无损伤，活动块及旁板等模具配件整齐地放在指定位置。

（3）每颗线耳必须攻丝，清洗线耳内杂物，内部上黄油后用海绵堵住线耳入口。

（4）编号在产品上的位置、日期、字体顺序正确。整个编号无倾斜，标志内容包括：生产公司名称缩写、预制件类型、预制件编号、模具编号、工程编号、预制件的重量。

图 3.18　预制构件脱模

3.7.2　预制构件起吊

构件脱模后要吊运到质检修补或表面处理区，质检修补后再运到堆场堆放，墙板构件还会出现翻转，在吊运环节，必须保证安全和构件完好无损。

构件吊运首先要设计吊点（图 3.19），然后选择吊索和吊具，之后还要注意在脱模、翻转与运输过程中，吊运的相关作业要点。

图 3.19　构件吊点埋设

构件吊装注意事项如下：

（1）构件脱模起吊时混凝土强度应达到设计图样和规范要求的脱模强度，且不宜小于15 MPa。构件强度依据试验室同批次、同条件养护的混凝土试块抗压强度判定。

（2）吊运时吊臂上的吊点均匀受力，短链条与吊臂要垂直，吊扣要扣牢固，吊臂上要加帆布带（保险带）；放置产品时应平稳，稳妥。

（3）起吊人员必佩戴工具袋、安全带和安全帽。每天工作开始前加以检查后，方能进行工作。

（4）不允许直接用手自吊起的构件下拆除模板底板和所垫的垫木。在高空作业的平台下方，有条件者应设置安全网。

（5）吊装的工具设备，如：钢丝索、滑车、千斤顶、卷扬机、起重机等，在正式使用前必须检查，特别是其负荷力量，修理后的千斤顶，必须经过超过其举重力量一倍的载重试验。

（6）起吊板、梁、拱肋等大型块件的卡环，应具备三倍的富余强度。

（7）在安装大型块件工作中，如尚未安置就位及其垂直方向未经对正时，不得将捆具下卸。

（8）吊送沙袋的木箱应箍以铁条，装上铁环或钩，以便挂吊。

（9）在起吊构件之前，必须检查吊环处的混凝土有无裂缝，以便实行措施防止事故。

（10）当以起重机吊运构件或在墩台就位时，宜用方向不同的拉绳掌握不使其摇摆，并易于调整其位置。

（11）吊运预制构件时，构件下方严禁站人。工作人员应待吊物降落至距离地面 1 m 以内再靠近吊物。预制构件应在就位固定后再进行脱钩。用叉车、行车卸载时，非相关人员应与车辆、构件保持安全距离。

3.8 预制构件质量检查

PC 构件检查、堆放

【学习内容】

（1）预制构件成品质量验收；
（2）预制构件常见质量缺陷。

【知识详解】

预制混凝土构件包括构件厂内的单体产品生产和工地现场装配两个大的环节，构件单体的材料、尺寸误差以及装配后的连接质量、尺寸偏差等在很大程度上决定了实际结构能否实现设计意图。因此，预制构件质量控制问题尤为重要。

3.8.1 预制构件成品质量验收

根据国家标准《混凝土结构工程施工质量验收规范》（GB 50204），预制构件成品质量验收（图 3.20），对于主控项目而言，要满足以下要求：

（1）预制构件的质量应符合本规范、国家现行相关标准的规定和设计的要求。

检查数量：全数检查。

检验方法：检查质量证明文件或质量验收记录。

图 3.20　构件质量检查与验收

（2）混凝土预制构件专业生产线生产的预制构件入库时，预制构件结构性能检验应符合下列规定：

① 梁板类简支受弯预制构件进场时应进行结构性能检验，并应符合下列规定：

a. 结构性能检验应符合国家现行相关标准的有关规定及设计的要求，检验要求和试验方法应符合规范要求。

b. 钢筋混凝土构件和允许出现裂缝的预应力混凝土构件应进行承载力、挠度和裂缝宽度检验；不允许出现裂缝的预应力混凝土构件应进行承载力、挠度和抗裂检验。

c. 对大型构件及有可靠应用经验的构件，可只进行裂缝宽度、抗裂和挠度检验。

d. 对使用数量较少的构件，当能提供可靠依据时，可不进行结构性能检验。

② 对其他预制构件，除设计有专门要求外，进场时可不做结构性能检验。

③ 对进场时不做结构性能检验的预制构件，应采取下列措施。

a. 施工单位或监理单位代表应驻厂监督制作过程。

b. 当无驻厂监督时，预制构件进场时应对预制构件主要受力钢筋数量、规格、间距及混凝土强度等进行实体检验。

检验数量：每批进场不超过 1 000 个同类型预制构件为一批，在每批中应随机抽取一个构件进行检验。

检验方法：检查结构性能检验报告或实体检验报告。

注："同类型"是指同一钢种、同一混凝土强度等级、同一生产工艺和同一结构形式。抽取预制构件时，宜从设计荷载最大、受力最不利或生产数量最多的预制构件中抽取。

（3）预制构件的外观质量不应有严重缺陷，且不应有影响结构性能和安装、使用功能的尺寸偏差。

检查数量：全数检查。

检验方法：观察、尺量；检查处理记录。

（4）预制构件上的预埋件、预留插筋、预埋管线等的材料质量、规格和数量以及预留孔、预留洞的数量应符合设计要求。

检查数量：全数检查。

检验方法：观察。

（5）预制构件应有标识。

检查数量：全数检查。

检验方法：观察。

（6）预制构件的外观质量不应有一般缺陷。

检查数量：全数检查。

检验方法：观察，检查处理记录。

（7）预制构件的尺寸偏差及检验方法应符合表 3.3 的规定；设计有专门规定时，尚应符合设计要求。施工过程中临时使用的预埋件，其中心线位置允许偏差可取表 3.2 中规定数值的 2 倍。

检查数量：按同一类型的构件，不超过 100 件为一批，每批应抽查构件数量的 5%，且不应少于 3 件。

表 3.3　预制构件尺寸的允许偏差及检验方法

项目			允许偏差/mm	检验方法
长度	楼板、梁、柱、桁架	<12 m	±5	尺量
		≥12 m 且 <18 m	±10	
		≥18 m	±20	
	墙板		±4	
宽度、高（厚）度	楼板、梁、柱、桁架		±5	尺量一端及中部，取其中偏差绝对值较大处
	墙板		±4	
表面平整度	楼板、梁、柱、墙板内表面		5	2 m 靠尺和塞尺量测
	墙板外表面		3	
侧向弯曲	楼板、梁、柱		$l/750$ 且 ≤20	拉线、直尺量测最大侧向弯曲处
	墙板、桁架		$l/1\,000$ 且 ≤20	
翘曲	楼板		$l/750$	调平尺在两端量测
	墙板		$l/1\,000$	
对角线	楼板		10	尺量两个对角线
	墙板		5	
预留孔	中心线位置		5	尺量
	孔尺寸		±5	
预留洞	中心线位置		10	尺量
	洞口尺寸、深度		±10	
预埋件	预埋板中心线位置		5	尺量
	预埋板与混凝土面平面高差		0，-5	
	预埋螺栓		2	
	预埋螺栓外露长度		+10，-5	

项目		允许偏差/mm	检验方法
预埋件	预埋套筒、螺母中心线位置	2	尺量
	预埋套筒、螺母与混凝土面平面高差	±5	
预留插筋	中心线位置	5	尺量
	外露长度	+10，−5	
键槽	中心线位置	5	尺量
	长度、宽度	±5	
	深度	±10	

注：1. *l* 为构件长度（mm）；

2. 检查中心线、螺栓和孔道位置偏差时，沿纵、横两个方向量测，并取其中偏差较大值。

（8）预制构件的粗糙面的质量及键槽的数量应符合设计要求。

检查数量：全数检查。

检验方法：观察。

3.8.2 预制构件常见质量缺陷

预制构件在生产时常见质量缺陷问题主要包括缺棱掉角、棱角不直、翘曲不平、飞出凸肋等，构件表面麻面、掉皮、起砂、蜂窝、孔洞等。这些问题的产生大部分是由于在预制构件制作过程中模板漏浆、振捣不足或过度、跑漏浆严重、制作验收不到位所造成的。

PC 构件常见质量通病与控制

1. 常见质量缺陷

（1）预制构件外观质量缺陷见表 3.4。

表 3.4 预制构件外观质量缺陷

名称	现象	严重缺陷	一般缺陷
露筋	构件内钢筋未被混凝土包裹而外露	主要部位有露筋	其他部位有少量露筋
蜂窝	混凝土表面缺少水泥砂浆面形成石子外露	主筋部位和搁置点位置有蜂窝	其他部位有少量蜂窝
孔洞	混凝土中孔穴深度和长度均超过保护层厚度	构件主要受力部位有孔洞	不应有孔洞
夹渣	混凝土中夹有杂物且深度超过保护层厚度	构件主要受力部位有夹渣	其他部位有少量夹渣
疏松	混凝土中局部不密实	构件主要受力部位有疏松	其他部位有少量疏松
裂隙	缝隙从混凝土表面延伸至混凝土内部	构件主要受力部位有影响结构性能或使用功能的裂隙	其他部位有少量不影响结构性能或使用功能的裂隙

名称	现象	严重缺陷	一般缺陷
裂纹	构件表面的裂纹或者龟裂现象	预应力构件受拉侧有影响结构性能或使用功能的裂纹	非预应力构件有表面的裂纹或者龟裂现象
连接部位缺陷	构件连接处混凝土缺陷及连接钢筋、连接件松动，灌浆套筒未保护	连接部位有影响结构传力性的缺陷	连接部位有基本不影响结构传力性能的缺陷
外形缺陷	内表面缺棱掉角、棱角不直、翘曲不平等；外表面面砖黏结不牢、位置偏差，面砖嵌缝没有达到横平竖直，面砖表面翘曲不平	清水混凝土构件有影响使用功能或装饰效果的外形缺陷	其他混凝土构件有不影响使用功能的外形缺陷
外表缺陷	构件内表面麻面、掉皮、起砂、脏污等；外表面面砖污染、预埋门窗破坏	具有重要装饰效果的清水混凝土构件、门窗框有外表缺陷	其他混凝土构件有不影响使用功能的外表缺陷，门窗框不宜有外表缺陷

注：一般缺陷，应由预制构件生产单位或施工单位进行修整处理、修复技术处理方案应经监理单位确认后实施，经修整处理后的预制构件应重新检查。

（2）预制构件的尺寸缺陷。

预制混凝土构件外形尺寸允许偏差及检验方法见表 3.3。

外观检测质量应检验合格，且不应有影响结构安全、安装施工和使用要求的缺陷。尺寸允许偏差项目的合格率不应小于 80%，允许偏差不得超过最大限值的 1.5 倍，且不应有影响结构安全、安装施工和使用要求的缺陷。

当在检查时发现有破损和裂缝时，要及时进行处理并做好记录。对于需修补的，可根据程度分别采用不低于混凝土设计强度的专用浆料、环氧树脂、专用防水浆料修补。

2. 解决预制构件制作阶段质量问题的应对措施

（1）预制构件的质量好坏决定了工程结构的整体安全性能。在预制构件的制作准备阶段，为确保构件的质量和外形尺寸符合要求，需对构件生产使用的钢筋、水泥、砂、石等材料进行检验。生产使用的模具应具备足够的强度、刚度、整体稳定性和精度。模具的安装与固定要求平直、紧密、不倾斜、尺寸精确。

（2）部分板类预制构件截面尺寸较小，应选择小型振捣棒辅助振捣、加密振捣点，并应适当延长振捣时间。构件成型后，需对其外观质量和尺寸进行检验，对有缺陷的构件要及时进行处理，通过控制构件的外观质量保证构件的使用性能。常见的外观缺陷有外伸钢筋松动、外形缺陷、露筋等。尺寸偏差检验着重检验构件长、宽、高及主筋保护层厚度等。

PC 构件修补

3.8.3 预制构件修补

构件出模翻转后，通常存在的一些缺陷，经技术人员判定，不影响结构受力的缺陷可以修补。修补材料一般为混凝土修补砂浆，固化迅速、抗压强度高，28 d 抗压强度大于 50 MPa。

1. 混凝土缺棱掉角缺陷修补

基层清理：对要修补部分，先剔除松动部分，清除表面浮灰，并对基层进行预湿。

修补砂浆配制：施工时，先将干粉重量 14% ~ 17% 的水倒入桶中，再将干料倒入，用电动搅拌器将之搅拌均匀。没有电动搅拌器时也可用人工搅拌。

将搅拌好的修补砂浆用抹子直接抹到混凝土缺陷表面，填实补齐后收水压光。如修补空间较深，建议分层施工，而且在分层施工时，应在上一层初始硬化刚有强度时即抹下一层，以增强层间黏结力，使两层形成牢固的整体。

2. 混凝土表面气泡修补

严格控制混凝土表面气泡问题，对于局部且数量较少、直径小于 2 mm 的气泡可以不修，大于 3 mm 或局部分布较多的气泡用水预湿后再用修补砂浆填实抹平。

3. 面砖饰面表面缺陷的修理

反打成型工艺生产的面砖饰面构件，如存在个别面砖破损或跑位偏移的外观缺陷，应剔除有缺陷的面砖，剔除深度应比面砖厚度深 5 ~ 10 mm，将修补部位的混凝土表面凿毛后再用清水冲洗干净，用高强修补料加水搅匀后涂抹于面砖背面，然后贴砖，注意胶黏剂要略有富余，找正后压实并用橡皮锤轻轻调平，砖缝用专用的泡沫塑料条成型，保证砖缝的宽度和深度尺寸。对于带瓷砖构件砖缝存在深浅不一的缺陷，要用专用工具进行修整，注意避免损坏面砖及其黏结质量。

4. 预制构件的修补应符合下列规定：

（1）剪口（凸出或凹入预制件表面超过 2 mm）：将预制件上铁模接缝处凸出的混凝土用磨机磨平，凹陷处用修补料补平。

（2）蜂窝（预制件上不密实混凝土的范围或深度超过 4 mm）：

① 将预制件上蜂窝处的不密实混凝土凿去，并形成凹凸相差 5 mm 以上的粗糙面。

② 用钢丝刷将露铁表面的水泥浆磨去。

③ 用水将蜂窝冲洗干净，不可存有杂物。

④ 用已批准使用的修补料按照厂家指示加水搅拌均匀，形成不收缩的修补水泥浆。

⑤ 将修补水泥砂浆填蜂窝，然后将表面扫平至满足要求。

（3）水眼（预制件上不密实混凝土或孔洞的范围不超过 4 mm）：

① 将水眼表面的水泥浆凿去，露出整个水眼。

② 用水将水眼冲洗干净。

③ 用修补料将水眼塞满，表面扫平即可。

（4）崩角（预制件的边角混凝土崩裂，脱落）：

① 将崩角处已松动的混凝土凿去。

② 用水将崩角冲洗干净。

③ 用修补料将崩角处填补好。

④ 若崩角的厚度超过 40 mm 时，要加种钢筋，分两次修补至混凝土面满足要求。

⑤ 水泥凝结后 4 d 要淋水做养护。

（5）轻微裂缝（裂缝宽度不超过 0.3 mm）用修补料将裂缝遮盖即可。

（6）大裂缝（超过 0.3 mm 则为大裂缝）：

①将裂缝处凿成 V 形凹口。

②用已批准使用的修补料按照厂家指示加水搅拌均匀，形成不收缩的修补用料。

3.9　构件存储

【学习内容】

（1）车间内临时存放；

（2）车间外（堆场）存放。

PC 构件入库、存储

【知识详解】

预制构件生产中，预制构件品种多、数量大，无论在生产车间还是露天堆场占用较大场地面积，因此合理有序地对构件进行分类堆放，对于减少构件堆场使用面积，加强成品保护，保障施工进度，构建文明生产环境均具有重要意义。预制构件的堆放方式应按规范要求，以确保预制构件存放过程中不受破坏。目前，国内的预制混凝土构件的主要储存方式有车间内专用储存架或平层叠放，室外专用储存架、平层叠放或散放。

3.9.1　车间内临时存放

车间质检修补存放区主要存放出窑后需要检查、修复和临时存放的构件。特别是蒸养构件出窑后，应静置一段时间后，方可转移到室外堆放。车间内构件临时存放区与生产区之间要划分出并标明明显的分隔界线。

（1）车间质检修补存放区内根据立式、平式存放构件，划分出不同的存放区域。存放区内设置构件存放专用支架、专用托架。

（2）质检修补区应光线明亮，北方冬季应布置在车间内。

（3）水平放置的构件如楼板、柱、梁、阳台板等应放在架子上进行质量检查和修补，以便看到底面。装饰一体化墙板应检查浇筑面后翻转 180° 使装饰面朝上进行检查、修补。

（4）立式存放的墙板应在靠放架上检查。

（5）装配式预制混凝土构件经检查修补或表面处理完成后才能码梁堆放或集中立式堆放。

（6）套筒、浆锚孔、莲藕梁钢筋孔宜模拟现场检查区，即按照图样下部构件伸出钢筋的实际情况，用钢板和钢筋焊成检查模板，固定在地面，吊起构件套入，如果套入顺畅，表明没有问题；如果套不进去，进行分析处理，并检查整改模具固定套筒与孔内模的装置。

（7）检查修补架的要求：结实牢固且满足支撑构件的要求；架子隔垫位置应当按照设计要求布置；垫方上应铺设保护橡胶垫。

（8）质检修补区设置在室外，宜搭设遮阳遮雨临时设施。

（9）质检修补区的面积和架子数量根据质检量和修补比例、修补时间确定，应事先规划好。

3.9.2　车间外（堆场）存放

预制构件在发货前一般堆放在露天堆场内。在车间内检查合格，并静置一段时间后，用专用构件转运车和随车起重运输车、改装的平板车运至室外堆场分类进行存放。

1. 构件堆场基本要求

（1）预制构件的存放场地宜为混凝土硬化地面或经人工处理的地坪，除应满足平整度和承载力要求，还应有排水措施。

（2）预制构件堆放场地应尽可能地设置在吊机的辐射半径内，尽量避免二次转运。场地大小应根据产能、构件数量、尺寸及安装计划综合确定。

（3）预制构件堆放时应使构件与地面之间留有一定空隙，避免与地面直接接触，构件须放置于方木或软性材料上（如塑料垫片），构件堆放的支垫除应坚实牢靠，还应有防止构件污染的措施。

（4）预制构件应按规格型号、出厂日期、使用部位、吊装顺序分类存放，编号清晰。不同类型构件之间应留有不少于 0.7 m 的人行通道。

（5）露天堆放时，预制构件的预埋铁件应有防锈措施。预制构件易积水的预留、预埋孔洞等处应采取封墙措施。

（6）预制构件应采用合理的防潮、防雨、防边角损伤措施，堆放边角处应设置明显的警示隔离标识，防止车辆或机械设备碰撞。

2. 预制构件存放的注意事项

（1）存放前应先对构件进行清理。构件清理标准为套筒、埋件内无残余混凝土、粗糙面分明、光面上无污渍、挤塑板表面清洁等。套筒内如有残余混凝土，应及时清理。埋件内如有混凝土残留现象，应用与埋件匹配型号的丝锥进行清理，操作丝锥时需要注意不能一直向里拧，要遵循"进两圈回一圈"的原则，避免丝锥折断在埋件内，造成麻烦。外露钢筋上如有残余混凝土需进行清理。检查是否有卡片等附件漏卸现象，如有漏卸，及时拆卸后送至相应班组。

（2）将清理完的构件装到摆渡车上，起吊时避免构件磕碰，保证构件质量。摆渡车由专门的转运工人进行操作，操作时应注意摆渡车轨道内严禁站人，严禁人车分离操作，人与车的距离保持在 2 ~ 3 m，将构件运至堆放场地。然后指挥吊车将不同型号的构件码放。

（3）预制构件应按吊装、存放的受力特征选择卡具、索具、托架等吊装和固定维稳措施。对于清水混凝土构件，要做好成品保护，可采用包裹、盖、遮等有效措施。预制构件存放处 2 m 范围内不应进行电焊、气焊作业。

3. 构件堆放方式

构件堆放方式主要有平放和立放两种，应根据构件的刚度及受力情况选择。选择构件堆放方式时，首先保证构件的结构安全，其次考虑运输的方便和构件存放、吊装时的便捷。通常情况下，梁、柱等细长构件宜水平堆放，且不少于两条垫木支撑；墙板宜采用托架立放，其上部两点支撑；叠合楼板、楼梯、阳台板等构件宜水平叠放，叠放层数应根据构件与垫木或垫块的承载力及堆垛的稳定性确定，必要时应设置防止构件倾覆的支架，一般情况下，叠放层数不宜超过 6 层。构件的最多堆放层数应按构件强度、地面耐压力、构件形状和重量等因素确定。不论采用何种堆放方式，均应保证最下层预制构件应垫实，预埋吊件宜向上，标示宜朝外。成品应按合格、待修和不合格区分类堆放，并应进行标识。构件底部应放置两根通长方木，以防止构件与硬化地面接触造成构件缺棱掉角。同时两个相邻构件之间也应设置木方，防止构件起吊时对相邻构件造成损坏。

（1）平放时的注意事项。

① 对于宽度不大于 500 mm 的构件，宜采用通长垫木，宽度大于 500 mm 的构件，可采用不通长垫木。

② 垫木或垫块在构件下的位置宜与脱模、吊装时的起吊位置一致。重叠堆放构件时，每层构件间的垫木或垫块应在同一垂直线上。堆垛层数应根据构件与垫木或垫块的承载能力及堆垛的稳定性确定，实际堆垛情况见图 3.21、图 3.22。

③ 构件平放时应使吊环向上，标识向外，便于查找及吊运。

图 3.21　叠合楼板堆放　　　　　　图 3.22　预制楼梯堆放

（2）竖放时的注意事项。

① 竖放可分为插放和靠放两种方式。插放时场地必须清理干净，插放架必须牢固，垂直落地；靠放时应有牢固的靠放架，必须对称靠放和吊运，其倾斜角度应保持大于 80°，板的上部应用垫块隔开，见图 3.23 ~ 图 3.26。

② 构件的断面高宽比大于 2.5 时，堆放时下部应加支撑或有坚固的堆放架，上部应拉牢，避免倾倒。

③ 堆放场地应设置为粗糙面，以防止脚手架滑动。

④ 柱、梁等立体构件要根据各自的形状和配筋选择合适的储存方法。

图 3.23　叠合梁堆放　　　　　　图 3.24　墙板插放架堆放

图 3.25　墙体移动式插放架堆放　　　　　图 3.26　墙体靠放架堆放

（3）垫方与垫块要求。

预制构件常用的支垫为木方、木板和混凝土垫块：

① 木方一般用于柱、梁构件，规格为 100 mm × 100 mm ~ 300 mm × 300 mm，根据构件重量选用。

② 木板一般用于叠合楼板，板厚为 20 mm，板宽为 150 ~ 200 mm。

③ 混凝土垫块用于楼板、墙板等板式构件，为 100 mm 或 150 mm 立方体。

④ 隔垫软垫或橡胶/硅胶/塑料材质，用在垫方与垫块上面，为 100 mm 或 150 mm 立方体。与装饰面层接触的软垫应使用白色，以防止污染。

3.10　典型构件制作介绍

【学习内容】

（1）预制叠合楼板生产工艺；
（2）预制混凝土夹心保温墙板生产工艺；
（3）预制框架梁生产工艺；
（4）预制框架柱生产工艺；
（5）预制楼梯生产工艺。

【知识详解】

装配式混凝土建筑按结构体系可分为装配式混凝土框架结构、装配式混凝土剪力墙结构、装配式混凝土框架-剪力墙结构。装配式混凝土框架结构一般由预制梁、预制柱、预制楼梯、预制楼板、预制外挂墙板等构件组成，结构传力路径明确，装配效率高，现场湿作业少，是最适合进行预制装配化的结构形式。这种结构形式适用于开敞大空间的建筑，如商场、厂房、仓库、停车场、教学楼、办公楼、商务楼、医务楼等，近几年也逐渐在居民住宅等民用建筑中使用。预制装配式剪力墙结构体系可以分为三种：装配整体式剪力墙结构（部分或全部剪力墙预制）、多层装配式剪力墙结构、叠合板式混凝土剪力墙结构。装配式混凝土框架-剪力墙结构由装配整体式框架结构和剪力墙（现浇核心筒）两部分组成。这种结构形式中的框架部分采用与预制装配整体式框架相同的预制装配技术，将预制装配框架技术应用于高层及超高层中。本节主要介绍装配式混凝土建筑各种不同结构体系下的典型预制构件的制作过程。

3.10.1 预制叠合楼板生产工艺

预制叠合楼板的制作非常适合于平模传送流水线法，生产效率高，产量大；也可在车间内的固定模台上生产，采取叉车端运、桁吊吊运、桁吊与混凝土搅拌运输车配合运输混凝土等多种预制生产方式。

预制叠合楼板
生产工艺

预制叠合板的生产工艺流程主要步骤：模台清理—模具组装—涂刷隔离剂—钢筋骨架绑扎安装—预埋件安装—浇筑混凝土—混凝土抹面—养护—拆模—脱模—翻转起吊。

1. 模台清理

检查固定模台的稳固性能和水平高差，确保模台牢固和水平。对模台表面进行清理后，采用手动抹光机进行打磨，确保无任何锈迹。模具清理和组模将钢模清理干净，无残留混凝土和砂浆。

2. 模具组装

在吊机配合下，人工辅助进行模板侧模和端模拼装，用紧固螺栓将其固定，保证模具侧模的拼装尺寸及垂直度。组模时尺寸偏差不得超出规范要求。

3. 涂刷隔离剂

在将成型钢筋吊装入模之前涂刷模板和模台隔离剂，严禁涂刷到钢筋上。过多流淌的隔离剂，必须用抹布或海绵吸附清理干净。

4. 钢筋骨架绑扎安装

绑扎钢筋骨架前应仔细核对钢筋料尺寸，绑扎制作完成的钢筋骨架禁止再次割断。检查合格后，将钢筋网骨架吊放入模，按梅花形布置好保护层叠块，调整好钢筋位置。

5. 预埋件安装

根据构件加工图，依次安装各类预埋件，并固定牢固。严禁预埋件的漏放和错放。在浇筑混凝土之前，检查所有固定装置是否有损坏、变形现象。

6. 浇筑混凝土

浇筑前检查混凝土坍落度是否符合要求。浇筑时避开预埋件及预埋件工装。车间内混凝土的运输采用悬挂式输送料斗，或采用叉车端运混凝土布料斗的运输方式。在现场布置固定模台预制时，可采用泵车输送，或采用吊车吊运布料斗浇筑混凝土。振捣方式采用振捣棒或振动平台振捣，振捣至混凝土表面不再下沉、无明显气泡溢出为止。

7. 混凝土赶平、压光

混凝土浇筑成型后，将其操作面抹平压光。混凝土收面过程要求用杠尺或震动赶平机刮平（图 3.27），手压面应从严控制（平整度 3 mm 内）一般做法为：

（1）抹平：刮去多余的混凝土（或填补凹陷），进行粗抹。

图 3.27　混凝土赶平

（2）中抹平：待混凝土收水并开始初凝后，用铁抹子抹光面，达到表面平整、光滑。

（3）精抹平（1~3 遍）：在初凝后，使用铁抹子精工抹平，力求表面无抹子痕迹，满足平整度要求。

8. 养护

（1）构件浇筑成型后进行蒸汽养护，蒸养过程如下：静停（1~2 h）→升温（2 h）→恒温（4 h）→降温（2 h），根据天气状况可适当调整。

① 静停 1~2 h 时间根据实际天气温度及坍落度可适当调整。

② 升温速度控制在 15 ℃/h。

③ 恒温最高温度控制在 60 ℃。

④ 降温速度 15 ℃/h，当构件的温度与大气温度相差不大于 20 ℃时，撤除覆盖。

（2）叠合板在进入养护窑之前需进行表面粗糙处理，拉毛采用机械拉毛（图 3.28），叠合板粗糙面凹凸尺寸不小于 4 mm，表面拉毛处理时，对于灰浆较厚的，应从振捣环节、拉毛时机及采用人工辅助加强拉毛，对表面泛光、光滑的毛糙面重新打磨处理，板端中间桁架筋空挡处压光一个 500 mm，500 mm 区域，为标明工程名称、构件型号、生产日期、生产单位、装配方向、合格状态、监理单位盖章标识等做准备。每个构件型号标识不少于两处。

图 3.28　混凝土拉毛

（3）测温人员填写测温记录，并认真做好交接记录。

9. 脱模起吊

（1）楼梯、楼梯隔墙板、空调板、叠合板等构件强度达到规范要求值方可脱模，较大的构件或者特殊要求的构件强度达到100%才能脱模起吊。

（2）脱模前要将固定模板和线盒、预埋件的全部螺栓拆除，再打开侧模，用吊装梁或者水平吊装架将构件按照图纸设计的吊点水平吊出。

（3）应根据构件形状、尺寸及重量要求选择适宜的吊具，尺寸较大的构件应选择设置分配梁或分配桁架的吊具吊装。在吊装过程中，吊索与构件水平夹角不宜大于 60°，不应小于45°；并保证吊车主钩位置、吊具及构件重心在竖直方向重合。

（4）构件脱模后应对模具面（除粗糙面以外）混凝土表面质量进行检查，发现有气泡、裂缝等问题时，单独存放修补。

10. 粗糙面处理

构件出模后及时对构件粗糙面按图纸要求做成露骨料面(涂刷缓凝剂+冲刷)，见图 3.29。构件吊出后，应放置在专用的冲洗区，对构件进行高压水冲洗，按图纸要求做成露骨料面（涂刷缓凝剂+冲刷）。冲洗过程应保持适当的压力，压力过大造成石子被冲洗掉，压力过小造成冲洗不干净，起不到毛糙的效果。冲洗时，还应注意保持冲洗的均匀性，不得有漏冲和过冲的问题发生。

图 3.29　构件粗糙面处理

11. 构件表面修整

构件脱模后存在的一般缺陷，经检验人员判定，不影响结构受力的缺陷可以修补。修补流程：材料及工具准备—基层清理—修补材料调配及修整—养护—表面修饰。

（1）面积较小且数量不多的蜂窝、缺棱掉角、大气泡或露石子的混凝土表面，先用钢丝刷刷去松动部分，再用清水冲洗干净待修理表面的基层，然后用1:2的水泥砂浆抹平。

（2）面积较大的蜂窝、缺棱掉角、露筋或露石子的混凝土表面应按其全部深度凿除其周围的薄弱松动混凝土，再用清水冲洗干净待修理的基层表面，然后用比原混凝土强度等级高一级的细石混凝土填塞，并仔细捣实抹平。

（3）修整后的混凝土构件应采取措施进行保温保湿养护。

12. 质量检验与验收

（1）混凝土强度。

混凝土的脱模强度应符合规定值。混凝土的 28 d 强度应符合现行国家标准《混凝土强度检验评定标准》（GB 50107）。

（2）外观检验。

构件的外观须逐块进行检验，应符合要求。外观质量不符合要求但允许修理的，经技术部门同意后可进行返修，返修项目可重新检验。

（3）尺寸检验。

构件的规格尺寸偏差应符合规定。

检验数量：全数检验，在脱模、清理、码放过程中逐项进行检验。实测实量记录要求每天按生产数量的 5%且不少于 3 件填写。

（4）质量评定。

对不符合质量标准但允许修理的项目，经技术负责人同意后可修理并重新检验。

桁架钢筋叠合板底板的
生产工艺

符合以下要求的构件可定为合格品：

① 隐、预检符合设计、规范要求；

② 经检验允许偏差符合规范要求。

3.10.2　预制混凝土夹心保温墙板生产工艺

三明治夹心保温墙板（简称"夹心保温墙板"）是指把保温材料夹在两层混凝土墙板（内叶墙、外叶墙）之间形成的复合墙板，可增强外墙保温节能性能，减少外墙火灾危险，提高墙板保温寿命，从而达到减少外墙维护费用的目的。夹心保温墙板，包括预制混凝土夹心保温剪力墙板和预制混凝土夹心保温外挂墙板。其中内叶墙板作为结构的剪力墙，外叶墙板仅起围护作用的预制混凝土夹心保温墙板称为夹心保温剪力墙板；安装在主体结构外侧，起围护、装饰作用的非结构预制混凝土墙板构件称为夹心保温外挂墙板。

以预制混凝土夹心保温墙板的反打工艺为例，介绍流水生产线的模具清理、模具组装、涂刷缓凝剂与脱模剂、粘贴瓷砖（仅对带瓷砖构件）、瓷砖勾缝密闭（仅对带瓷砖构件）、首次钢筋骨架（网片）安装、外叶装饰层预埋件、孔洞成型棒安装及浇筑、外叶装饰层混凝土浇筑及振捣、保温板安装、安装结构层钢筋骨架、浇筑结构层混凝土、试块制作、蒸汽养护、脱模、起吊翻转与表面处理、质量检验与评定等生产工序。

预制墙板生产
工艺——三明
治夹心外墙板

1. 模具清理

新制模具应使用抛光机进行打磨抛光处理，将模具内腔表面的杂物、浮锈等清理干净。打磨抛光时，应将模具拆分开来，将模具内腔向上，平铺在地上，从一个模具边角开始向外逐步打磨，保证打磨均匀全面，不得跳跃打磨和漏打磨。

新制模具清洗，经过打磨抛光的模具，使用脱模剂进行清洗，根据模具的干净程度，脱模剂清洗遍数一般在 2～3 次。在不能保证模具内腔干净时，可适当增加清洗遍数。对于外墙板为瓷砖反打构件，底模面层可以不必使用脱模剂清洗，将浮锈、杂物清理干净即可，防止瓷砖无法与底模固定。

2. 模具组装

模具组装前需要在模具相互接触连接的地方粘贴密封条，密封条一般为 5 mm，20 mm 的发泡密封条（图 3.30）。粘贴时，应顺模具内腔轮廓粘贴，粘贴位置宜靠近模具内腔边缘 2~3 mm。

图 3.30　模具连接处粘贴密封条

模具组装前应根据模具编号，将墙板的外叶装饰层模具放置在相应的位置上，根据模具紧固的先后关系，上好模具紧固螺栓。而构件结构层模具先行与准备好的钢筋骨架进行组装，并临时固定好，后续待用。

模具组装时，应注意不要暴力安装，一定要将各个螺栓对准与之对应的螺母进行试拧，发现丝扣摆放不正时，应及时卸下重新安装紧固。紧固的力量合适即可，不可过大或者有拧不紧的现象。带有销孔销轴的模具，可先行将销轴与销孔定位，然后再安装紧固螺栓。

3. 缓凝剂与脱模剂的涂刷

模具组装好以后，将模具内腔涂刷脱模剂，脱模剂可以采用油性蜡质脱模剂，保证构件表面光滑、有光泽、无粘模。涂刷好脱模剂后，待脱模剂渗透后，使用干净棉丝，将构件表面外墙板模具刷的多余脱模剂清理干净。涂刷脱模剂不得有漏刷、堆积的问题，并注意不要将脱模剂滴落在钢筋上。涂刷过的模具表面禁止脚踩、蹬踏等现象发生。

缓凝剂的涂刷，因为预制构件墙板部分外露钢筋面设计为毛糙面，工艺设计采用化学毛糙处理方法，在模具相应位置涂刷缓凝剂，缓凝剂可以使用干粉或者液体，涂刷时应均匀，涂刷厚度一致，无漏刷、流淌等问题（缓凝剂应提前涂刷，保证混凝土浇筑时，缓凝剂已经凝固）。

4. 粘贴瓷砖（仅对带瓷砖构件）

外墙板构件反打瓷砖。在墙板外叶模具组装完后，根据图纸粘贴瓷砖。异型瓷砖应提前切割准备好，根据瓷砖尺寸，在底模上粘贴双面胶带，胶带间距保证每版瓷砖至少有两道双面胶带固定。在加工条件允许的情况下，可以将瓷砖定位线，使用激光投放在底模上。

在粘贴过程中，应根据图纸要求，使用相应颜色的瓷砖，将其固定在模具的特定位置；使用配套的瓷砖分格条将分格条固定在瓷砖缝隙间，保持缝隙的宽度及直线度的一致。瓷砖粘贴好后，应检查瓷砖的颜色、缝隙的宽度、缝隙的直线度是否符合图纸及规范要求；对于不符合要求的部位及时进行调整。

5. 瓷砖勾缝密闭（仅对带瓷砖构件）

对于有勾缝颜色要求的，提前购买相应的颜料，勾兑出相应的颜色，经过调配确定好比例，然后使用专用的勾缝工具对瓷砖缝隙密闭，密闭过程应将勾缝水泥浆压实，以保证构件缝隙内光滑密实。

对于勾缝没有颜色要求的，可以使用水泥本色加胶进行勾兑。勾缝密闭过程一定要保证瓷砖每个缝隙密闭完整、密实，不得有漏勾。此外，勾缝时，污染瓷砖背面的面积越小越好，一般以不超过 10 mm 为宜，以免影响瓷砖的黏结强度。

6. 首次钢筋骨架（网片）安装

安装构件外叶装饰层钢筋网片，并按照要求将钢筋网片定位好，带窗口构件保证网片与窗口模具以及上下层的保护层位置准确，见图 3.31。

图 3.31　钢筋骨架（网片）安装

7. 外叶装饰层预埋件、孔洞成型棒安装及浇筑

（1）外叶装饰层埋件、孔洞安装。一般外叶装饰层埋件孔洞包括预埋空调埋件、预留空调穿墙孔洞以及预留现浇模具穿墙通孔等。

（2）预埋空调板埋件在安装时应注意空调埋件内的安装孔洞方向，一般安装孔洞保持与地面平行。

（3）带悬挑飘窗构件的保温板安装，通过保温板定位固定措施，将保温板固定好。构件所用保温板应提前准备好，根据图纸要求放样，并按照要求将拉结件孔位开好。

（4）带门窗口的构件，安装门窗固定埋件（防腐木砖）。根据模具预留 $\phi 5$ mm 孔洞，使用 3 mm × 40 mm 的自攻钉，固定防腐木砖。防腐木砖的位置要准确，并且保证木砖平行底模。防腐木砖钢筋应与装饰层网片绑扎固定。

8. 外叶装饰层混凝土浇筑及振捣

（1）构件外叶装饰层混凝土浇筑（图 3.32），浇筑混凝土前应进行隐蔽检查，确保钢筋规格、数量、位置符合要求，以及预留预埋件、孔洞等符合图纸要求。检查混凝土坍落度是否符合要求。

图 3.32　装饰层混凝土浇筑

（2）外叶装饰层的混凝土石子粒径不应超过 16 mm，以免影响瓷砖黏结或者造成振捣不密实。

（3）混凝土浇筑时，应均匀布料，由于外叶装饰层混凝土厚度较薄，宜采用手持式平板振动器振捣混凝土。做到随浇筑随振捣，振捣完成的作业面及时进行平整。浇筑振捣尽量避开埋件处，不允许出现漏振、过振等情况。振捣至混凝土表面无明显气泡溢出为宜。

（4）浇筑时严格控制混凝土厚度，外叶装饰层混凝土浇筑厚度宜控制在 0~3 mm 内，不宜控制为正偏差。

9. 保温板安装

（1）根据图纸的要求，将提前裁好的保温板按照要求位置，使用拉结件进行固定，并保证拉结件与下层混凝土紧密结合，不应扰动下层混凝土。保温板各分块之间以及与模具之间应紧密，避免出现较大的缝隙降低保温效果。保证在混凝土初凝前铺装完保温材料，使保温材料与混凝土粘贴牢固，见图 3.33。

（2）预制带保温板构件一般常用的保温板厚度有 30 mm、50 mm、60 mm、70 mm。特别注意一般墙板构件上口有 185 mm 高的较薄保温板一般为 30 mm 或者 50 mm 厚。

（3）保温板拉结件的位置、数量应严格按照图纸要求执行（图 3.34）。对于处于结构层外的保温板采用平锚的拉结件固定，防止结构层模具无法脱模问题发生。

图 3.33　安装保温板

图 3.34　安装拉结件

（4）拼装不允许错台。挤塑板拼缝≤3 mm的缝隙使用胶带封严，＞3 mm的缝隙用发泡胶封堵；拉结件与孔洞之间的空隙使用发泡胶封堵。保温板调整位置时，使用橡胶锤敲打。

10. 安装结构层钢筋骨架

（1）结构层钢筋骨架与结构层模具提前组装好，整体吊装到外叶装饰层模具上，对准相应的固定孔位慢慢下落，在下落过程避免与拉结件以及飘窗钢筋冲突，如果有冲突的地方及时错开。

（2）结构层钢筋骨架就位后，及时将紧固连接螺栓固定好，将飘窗钢筋按照图纸要求，压入结构层内，并与结构层钢筋绑扎牢固。

（3）带窗口构件将门窗口防腐木砖钢筋压入结构层内，确保钢筋能够有效地连接外叶装饰层与结构层。

（4）带窗口构件调整结构层钢筋骨架与门窗口模具、四边以及上下厚度方向的保护层尺寸。调整空调埋件、孔洞与钢筋冲突的地方，保证钢筋与配件互不干扰。

（5）安装结构层预埋件，根据模具加工时提供的定位固定配件，按照对应位置安装埋件。一般结构层埋件包括安装所需的预埋螺母等。

（6）带套筒构件安装套筒灌浆管，一般灌浆管采用内径18 mm的PVC管，外露出手工面层不少于30 mm，保证相同规格套筒灌浆管在一条直线上，并用胶带封堵管头部位，防止漏浆。

（7）进行隐蔽检验，检查钢筋骨架、保护层安装后的模板外形和几何尺寸钢筋、钢筋骨架、吊环的级别、规格、型号、数量及其位置；预埋件、拉结件、外露筋、螺栓预留孔的规格、数量及固定情况；主筋保护层厚度。

（8）隐检准备好后，填写隐蔽记录，报驻厂监理进行验收，驻厂监理同意验收后方可进行浇筑。

11. 浇筑结构层混凝土

（1）混凝土浇筑前，应有专职检验人员检查混凝土质量。不合格的混凝土禁止使用。

（2）混凝土布料要均匀，振捣时应注意埋件及保温板的位置，避免破坏保温板，对于边角、钢筋密集的地方要更加注意，防止出现振捣不实问题发生。

（3）混凝土浇筑成型后，将其操作面抹平压光。混凝土收面过程要求用杠尺或震动赶平机刮平，手压面应从严控制（平整度在3 mm以内），特别是带窗口构件的窗口周边。要达到标准要求，一般做法为：

① 先使用杠尺或震动赶平机将混凝土表面刮平，确保混凝土厚度不超出模具上滑。

② 用塑料抹子粗抹，做到表面基本平整，无外漏石子，外表面无凹凸现象，四周侧板的上沿（基准面）要清理干净，避免边沿超厚或有毛边。此步完成之后须静停不少于1 h，见图3.35。

图3.35　混凝土静养

③ 将所有埋件的工装拆掉，并及时清理干净，整齐地摆放到指定位置，锥形套留置在混凝土上，并用泡沫棒将锥形套孔封严，保证锥形套上表面与混凝土表面平齐。

④ 使用铁抹子找平，特别注意埋件、线盒及外露线管四周的平整度，边沿的混凝土如果高出模具上沿要及时压平，保证边沿不超厚并无毛边，此道工序需将表面平整度控制在 2 mm 以内，此步完成需静停 2 h。

⑤ 使用铁抹子对混凝土上表面进行压光，保证表面无裂纹、无气泡、无杂质、无杂物，表面平整光洁，不允许有凹凸现象。此步应使用靠尺边测量边找平，保证上表面平整度在 2 mm 以内。

（4）浇筑完成后，浇筑班组应认真做好浇筑记录。

12. 试块制作

同种配合比的混凝土每工作班取样一次，做抗压强度试块不少于 3 组（每组 3 块），分别代表出模强度、出厂强度（1 组）及 28 d 强度。试块与构件同时制作，同条件蒸汽养护，出模前由试验室压试块并开出混凝土强度报告，满足出模要求方可出模。

13. 蒸汽养护

构件浇筑成型后覆盖进行蒸养窑进行蒸汽养护，蒸养过程：静停（1～2 h）→升温（2 h）→恒温（4 h）→降温（2 h），根据天气状况可适当调整。

① 静停 1～2 h 时间根据实际天气温度及坍落度可适当调整。

② 升温速度控制在 15℃/h。

③ 恒温最高温度控制在 60℃。

④ 降温速度 15℃/h，当构件的温度与大气温度相差不大于 20℃时，撤除覆盖。

固定台座法生产时，可采用覆盖薄膜自然养护，也可以采用拱形棚架、拉链式棚架进行蒸汽养护。

测温人员填写测温记录，并认真做好交接记录。

14. 脱模、起吊翻转与表面处理

（1）脱模。

① 当混凝土强度达到设计强度的 75%时方可脱模。

② 脱模前要将固定模具和埋件的全部螺栓拆除,再打开侧模,用水平吊环或吊母吊出构件。

③ 应根据构件形状、尺寸及重量要求选择适宜的吊具,尺寸较大的构件应选择设置分配梁或分配桁架的吊具吊装。在吊装过程中,吊索与构件水平夹角不宜大于 60°,不应小于 45°;保证吊车主钩位置、吊具及构件重心在竖直方向重合。

④ 吊出的构件放置在修补架上,在修补合格后,吊车吊钩挂住构件侧面吊环徐徐起吊进行翻转。翻转时应注意不损伤构件。

（2）表面处理。

① 构件翻转后,应及时用铲子和棉丝仔细清理,清理时不应损伤构件表面及边角。

② 构件四周结构层按图纸要求做成露骨料面（涂刷缓凝剂并冲刷）。

③ 瓷砖表面使用草酸或瓷砖清洗剂,将瓷砖表面灰浆清洗干净,露出瓷砖本色。

（3）修整。

构件出模翻转后,存在的一些缺陷,经技术人员判定,不影响结构受力的缺陷可以修补。修补材料为混凝土修补砂浆,固化迅速、抗压强度高,28 d 抗压强度大于 50 MPa。

15. 质量检验与评定

（1）混凝土强度。

混凝土的脱模强度符合规定值。混凝土的 28 d 强度应符合现行国家标准《混凝土强度检验评定标准》（GB 50107）。

（2）外观检验。

构件的外观须逐块进行检验。外观质量不符合要求但允许修理的，经技术部门同意后可进行返修，返修项目可重新检验。

（3）尺寸检验。

构件的规格尺寸偏差检验数量：全数检验，在脱模、清理、码放过程中逐项进行检验。实测实量记录。

（4）质量评定。

符合以下要求的构件可定为合格品：

① 隐、预检符合设计、规范要求；

② 经检验允许偏差符合规范要求。

无洞口外墙板的
生产工艺

3.10.3 预制框架梁生产工艺

预制框架梁的制作工艺流程主要步骤：绑扎钢筋—管线等预埋—安装模板—清理模板—刷脱模剂—钢筋入模—混凝土浇筑养护—拆模—继续养护。

1. 入笼前准备工作

模板清理、刷脱模剂：控制液压操作杆，打开梁线模板，由人工对梁线钢模板进行清理、刷脱模剂，确保梁线模板光滑、平整。

钢筋笼绑扎：根据梁线排版表，针对每一个梁的型号、编号、配筋状况进行钢筋笼绑扎，梁上口另配 2 根 ϕ12 mm 作为临时架立筋，同时增配几根 ϕ8 mm 圆钢（长度为 500～700 mm）起斜向固定钢筋笼作用，并点焊加固，以防止钢筋笼在穿拉过程中变形。另根据图纸预埋状况，在梁钢筋骨架绑扎过程中进行预埋，如临时支撑预留埋件等。

2. 穿钢筋笼、梁端模板

按梁线排版方案中的钢筋根数，进行钢筋断料穿放；按梁线排版顺序从后至前穿钢筋笼，每条钢筋笼按挡头钢模板→梁端木模板→钢筋笼→梁端木模板→挡头钢模板的顺序进行穿笼。

3. 合模、整理钢筋笼

钢筋笼全部穿好就位后，操作液压杆合起梁模板，并上好销子与紧固螺杆进行固定。对已变形的钢筋笼进行调整，同时固定预留缺口模板。

4. 调整、固定梁端模板，校正钢筋笼

再次调整安装中变形的钢筋笼，以及走位的模板；对梁长进行重新校正，并固定。

5. 混凝土的浇筑振捣

预制梁的混凝土采用 C40（中碎石子）早强混凝土，由后台搅拌，混凝土的坍落度控制在 6～8 cm，通过运输车、桁车直接吊送于梁模中。采用人工使用振动棒振捣混凝土。

6. 盖篷布、蒸汽养护

混凝土浇筑完毕后覆盖篷布，即通蒸汽进行养护。

由于梁截面较大，防止混凝土温度应力差过大，梁混凝土浇筑时不需进行预热，直接从常温开始升温，即混凝土浇筑结束后，直接控制温控阀按钮使之处于升温状态，每小时均匀升温 20 ℃，一直升到 80 ℃后通过梁线模板中的温度感应器触发温控器来控制蒸汽的开闭。在预制梁强度达到起模强度（为 75% 混凝土设计强度）后，停止供蒸汽。让梁缓慢降温，避免梁因温度突变而产生裂缝。

7. 拆模、表面凿毛

混凝土达到强度后，卷起篷布，拆除加固用的模板支撑。梁从模板起吊后即可拆除钢挡板、键槽模板以及临时架立筋。对预留在外的钢筋进行局部调整；分别对键槽里口、预留缺口混凝土表面进行凿毛处理，以增加与后浇混凝土的黏结力。

8. 清理、标识、转运堆放

根据梁线排版表，对照预制梁分别进行编号、标识，及时进行转运堆放，堆放时要求搁置点上下垂直，统一位于吊钩处，梁堆放不得超过三层，同时对梁端进行清理。

3.10.4 预制框架柱生产工艺

预制框架柱的制作工艺流程主要步骤：绑扎钢筋—管线等预埋—清理模板—刷脱模剂—安装模板—钢筋入模—混凝土浇筑养护—拆模—继续养护。

1. 入笼前准备工作

柱模板调整清理、刷脱模剂：根据柱的尺寸调节柱底横梁高度、侧模位置、配好柱底模板尺寸、封好橡胶条；由人工对柱线钢模板进行清理、刷脱模剂，确保柱线模板光滑、平整。

钢筋骨架绑扎：根据每一根柱的型号、编号、配筋状况进行钢筋骨架绑扎，在每两节柱中间另配 8 根 ϕ14 mm 斜向钢筋作为保证柱在运输及施工阶段的承载力及刚度，同时焊接于柱主筋上；另外，根据图纸预埋状况，在柱钢筋骨架绑扎过程中针对柱不同方向及时进行预埋，如临时支撑预留埋件等。

柱间模板采用易固定、易施工、易脱模的拼装组合模板加橡胶衬组成，连接件采用套管。

2. 柱间模板、连接件、插筋固定

柱间模板、连接件、插筋制作完毕后，分别安放于柱钢筋骨架中相应位置，进行支撑固定，确保其在施工过程中不变形、不移位。柱间模板外口用顶撑固定，并在柱间模板里口点焊住定位钢筋。连接件、插筋在柱里部分用电焊焊接于主筋上，外口固定于特制定型钢模上；吊装入模后通过螺栓与整体钢模板相连固定。

3. 调整固定柱模板、校正钢筋笼

柱钢筋骨架入模后，通过柱模上调节杆，分别对柱模尺寸进行定位校正，对柱间模板、钢筋插筋、钢管连接件进行重新校正、固定，核查其长度、位置、大小等，同时对柱插筋、预留钢筋的方向进行核查，预留好吊装孔。

4. 养护

浇筑混凝土、盖篷布、蒸汽养护同预制梁。

5. 拆模清理、标识、转运堆放

混凝土强度达到起吊强度后，即可进行拆模，松开紧固螺栓，拆除端部模板，即时起吊出模、编号、标明图示方向。而后拆除柱间模板进行局部修理，按柱出厂先后顺序进行码放，不得超过 3 层。

3.10.5　预制楼梯生产工艺

目前，楼梯预制有两种生产工艺，即立模浇筑法、卧模浇筑法。

3.10.5.1　楼梯立式预制生产工艺

楼梯立式预制生产工艺，具有生产速度快，抹面和收光工作量小的优点。生产流程过程如下：

1. 模具清理、喷涂刷油

打开模具丝杠连接，将立式楼梯模具活动一侧滑出。检查楼梯模具的稳固性能及几何尺寸的误差、平整度。对楼梯模具的表面，进行抛光打磨，确保模具光洁、无锈迹，见图 3.36。

图 3.36　立式楼梯模具

2. 钢筋加工绑扎

在地面绑扎工位，在支架上按照设计图纸要求绑扎楼梯钢筋，并绑扎垫块，见图 3.37。

3. 楼梯钢筋入模就位、预埋件安装

使用桁吊将绑好的楼梯钢筋骨架吊入楼梯模具内，调整垫块保证混凝土保护层厚度。预埋件采用螺栓，穿过模具预留孔安装固定好。

4. 合模、加固

使用密封胶条，在模具周边的密封。将移动一侧的模板滑回，与固定一侧模板合在一起，关闭模具，用连接杆将模具固定，并紧固螺栓，见图 3.38。

图 3.37　钢筋骨架绑扎

图 3.38　模具合模、加固

5. 浇筑、振捣混凝土

桁吊吊运装满混凝土的料斗至楼梯模具上，打开布料口卸料。按照分层，对称、均匀的原则，每 20 ~ 30 cm 一层浇筑混凝土。振动棒应快插慢拔，每次振捣时间 20 ~ 30 s。待混凝土停止下沉、表面泛浆，不冒气泡为止。也可以通过楼梯模具外侧的附着式振动器，进行楼梯混凝土的振捣密实。

6. 楼梯侧面抹面、收光

浇筑至模具的顶面后，进行抹面。静置 1 h 后，进行抹光。

7. 养护

楼梯混凝土外露面抹光，罩上养护棚架，静置 2 h 后，开始升温养护。楼梯混凝土的蒸养，按照相关技术规范及要求进行。

8. 拆模、吊运

拆模顺序是先松开预埋件螺栓的紧固螺丝，再解除两块侧模之间的拉杆连接，然后再横移滑出一侧的模板。用撬棍轻轻移动楼梯构件，穿入吊钩后慢慢起吊，桁吊吊运楼梯构件至车间内临时堆放场地，进行检查清洗打码，见图3.39。

图 3.39　拆模、吊运

3.10.5.2　楼梯卧式预制生产工艺

卧式楼梯的生产与立式楼梯的预制生产工艺除组模以外，其他过程基本一致，就是抹面收光的工作量大，见图3.40。

图 3.40　卧式生产工艺脱模

卧式楼梯模具的组模，先安放底模（锯齿状模板），再安装两侧的侧模和端模，然后用螺栓紧固，拆模则相反。

实际工程案例

广州塔（图3.41）是广州市的地标工程，可抵御8级地震、12级台风，设计使用年限超过100年。广州塔塔身168～334 m处设有"蜘蛛侠栈道"（空中漫步云梯），塔身422.8 m处设有旋转餐厅，塔身顶部450～454 m处设有摩天轮，天线桅杆455～485 m处设有"极速云霄"速降游乐项目。

图 3.41　广州塔

课程 思 政 案 例

广州塔，昵称小蛮腰，位于广东省广州市海珠区阅江西路 222 号，与珠江新城、花城广场、海心沙岛隔江相望。广州塔塔身主体高 454 m，天线桅杆高 146 m，总高度 600 m。广州塔总建筑面积 114 054 m²，于 2009 年 9 月正式竣工，2010 年 9 月 30 日正式对外开放。广州塔有 5 个功能区和多种游乐设施，包括户外观景平台、摩天轮、极速云霄游乐项目、2 个观光大厅、悬空走廊、天梯、4D 和 3D 动感影院、中西美食餐厅、会展设施、购物商场及科普展示厅。

广州塔由钢筋混凝土内核心筒、钢结构外框筒以及连接两者之间的组合楼层组成，如图 3.42 所示，核心筒高度为 454 m，共 88 层，标准层高 5.2 m；楼层 37 层，其余为镂空层，地下 2 层。37 层楼面沿整个塔体高度按功能层分为 A～E 五个功能段。钢结构网格外框筒由 24 根钢管混凝土斜柱和 46 组环梁、钢管斜撑组成，最高处标高 462.70 m。由钢格结构和箱型截面组成的天线桅杆高 146 m，最高处标高 600 m。外框筒用钢量 4 万多 t，总用钢量约 6 万 t。作为广州市的标志性建筑屹立在中轴线的珠江南岸，目前是中国第一、世界第三的观光塔。

图 3.42　广州塔内部

广州塔整个塔身是镂空的钢结构框架，24根钢柱自下而上呈逆时针扭转，每一个构件截面都在变化。钢结构外框筒的立柱、横梁和斜撑都处于三维倾斜状态，再加上扭转的钢结构外框筒上下粗、中间细，这对钢结构件加工、制作、安装以及施工测量、变形控制都带来了挑战。仅钢结构外框筒就有24根钢柱、46组环梁，1104根斜撑更是各不一样。由于广州塔中间混凝土核心筒与钢结构外框筒材料上的差异，形成楼层梁和外框筒的沉降不一致。为了调整钢构件与主体结构的相对位置的正确性，许多节点都通过三维坐标来控制钢柱本体相对位置的精确度。

广州塔通过耐用和可持续性建筑技术的应用和实施，在节能、节地、节材、节水等方面取得良好效果。地下空间中建筑面积与建筑占地面积之比为69%，节约了土地资源。光伏系统预计的年发电量12 660 kW·h。风力发电机年发电量约为41 472 kW·h。回收用水每年可节水量约为1.2万t。可再循环建筑材料比重达到18%。

广州塔的主要创新技术如下：

1. 三维空间测量技术

广州塔由于体形特殊，结构超高，测量精度要求高。针对这种情况，确定了以全球导航卫星定位系统进行测量基准网的测设，进行构件空中三维坐标定位。为满足钢结构安装定位需要，构建了空间测量基准网。空间测量基准网由5个空间点和1个地面点组成。

2. 综合安全防护隔离技术

广州塔钢结构安装为超高空作业，由于楼层的不连续，必须进行超高空悬空作业。高空坠物带来的伤害风险也随着高度增加而增加。为此，制订了以垂直爬梯、水平通道、临边围栏、操作平台和防坠隔离设施组成的安全操作系统。

3. 异型钢结构预变形技术

由于广州塔具有偏、扭的结构特征，结构在施工过程中，不仅会产生压缩变形，不均匀沉降，还会发生较大的水平变形。因此，必须进行预变形控制，否则，即使初始安装位置精确，但在后续荷载的作用下，也会发生较大的累积变形，使得节点偏离原设计位置。为此，制订了以阶段调整、逐环复位为特点的预变形方案，进行钢结构在恒载作业下的变形补偿。

扫描二维码，自主学习。

无洞口内墙板的生产工艺

模块小结

本模块主要介绍预制构件生产流程：模具清扫与组装，钢筋加工及（成型）安装，预埋（预留）件安装，混凝土浇筑、振捣、表面处理，混凝土的养护，预制构件脱模和起吊，以及预制构件的质量检查、存储和几种典型构件制作流程。

模块测验

一、判断题（正常请打"√"，错误请打"×"）

1. 构件脱模起吊时混凝土强度应达到设计图样和规范要求的脱模强度，且不宜小于15 MPa。 （　　）

2. 按照4个/m² 来布置保护层垫块，保证保护层厚度。 （　　）

3. 预制构件养护时，气温在15℃以下时可采用自然养护。 （　　）

4. 吊运预制构件时，构件下方可少量站人。 （　　）

二、选择题

1. 下列选项中不属于装配式混凝土结构预制构件的主要制作流程的是（　　）。

A. 模台的清理

B. 预制结构构件的连接

C. 质量检测

D. 钢筋的绑扎

2. 混凝土构件脱模时，一般构件不得低于设计强度的（　　）。

A. 55%

B. 75%

C. 60%

D. 50%

3. 下列说法正确的是（　　）。

A. 露天生产遇到下雨时应继续浇筑

B. 最后在混凝土收水或初凝前进行不少于3次压光

C. 每批制作强度检验试件不少于3组

D. 涂刷的多余脱模剂可不清理干净

4. 恒温阶段是升温后温度保持不变的时间，此时混凝土强度增长快，这个阶最高温度不大于（　　）℃。

A. 50

B. 35

C. 60

D. 40

三、简答题

1. 预制混凝土构件的品种主要有哪些？

2. 简述混凝土预制构件生产工艺流程。

3. 预埋件入模具体是怎样操作的？

4. 预制构件平放时的注意事项有哪些？

5. 简述预制叠合楼板生产工艺。

模块 4
装配式混凝土构件施工前准备工作

情景 导入

装配式混凝土构件的准备工作应包括材料、场地和施工设备三个主要方面。其中，在存放场地上，装配式混凝土构件与传统现浇结构的不同在于，预制构件在存放场地上需要保证平稳放置，防止因为受力不均而导致的构件变形，此外，在堆放过程中最好一次性完成堆放工作，减少多次搬运带来的潜在危害，若因为场地原因导致无均匀堆放构件，则应该设置支撑架保证构件堆放的安全。

学 习 目 标

通过学习，掌握装配式建筑混凝土构件生产前的特殊工序的工艺操作要点、顺序及施工操作中的安全要素；掌握构件连接灌浆材料等的准备。装配式混凝土结构以构件吊装为施工的重点环节，掌握构件吊装过程中吊装设备和吊具的选择。掌握根据工程的具体情况，对施工现场的布置、预制构件的场内运输及场内构件的存放地、存放量等的要求。掌握在装配式混凝土结构吊装前，吊装工艺及安装操作要点。

通过中国南极长城站课程思政案例，培养学生团结合作、提前准备、精益求精的工匠精神，培养学生的爱国精神。

4.1 施工平面布置

【学习内容】

（1）起重机械布置；
（2）运输道路布置；
（3）预制构件和材料堆放区布置。

现场施工平面布置
与施工组织

【知识详解】

施工现场平面布置是在拟建工程的建筑平面上（包括周围环境）布置为施工服务的各种临建建筑、临建设施及材料、施工机械、预制构件等，是施工方案在现场的空间体现。它反映已有建筑与拟建工程之间、临建建筑与临时设施之间的相互空间关系。布置得恰当与否、执行的好坏，对现场的施工组织、文明施工，以及施工进度、工程成本、工程质量和安全都将产生直接的影响。根据现场不同施工阶段（期）施工现场总平面布置图可分为基础工程施工总平面图、装配式结构工程施工阶段总平面图、装饰装修阶段施工总平面布置图。在此我们重点讲解的是装配式结构工程施工阶段总平面布置，主要内容包括起重机械布置、运输道路布置以及预制构件和材料堆放区布置。装配式结构施工的平面及竖向布置要求，应适当严于现浇混凝土结构。在进行建筑方案设计时，需考虑装配式混凝土结构对规则性的要求，尽量避免采用不规则的平面、竖向布置。

高层装配整体式混凝土结构，当其房屋高度、规则性等超限时，需进行结构抗震性能化设计。

1. 结构平面布置要求

平面布置宜简单、规则、均匀、对称，并尽可能使刚度中心与质量中心重合，以减少扭转。剪力墙应沿两个方向双向布置，使建筑物具有合理的双向刚度，且剪力墙结构中不宜采用转角窗。

对平面规则性的限制从结构抗震角度主要有两个目的：一是控制结构扭转；二是避免楼板中出现应力集中。结构在地震作用下的扭转对装配式混凝土结构尤其不利，会造成结构边缘的构件中剪力较大，预制构件水平接缝容易产生开裂和破坏。扭转还会在叠合楼板中产生较大的面内应力，在楼板与竖向构件的接缝处引起面内剪力，都容易造成破坏。对于有较长外伸、角部重叠和细腰形的平面，凹角部位楼板内会产生应力集中，中央狭窄部分楼板内应力也很大。如果采用此种不规则的平面布置时，设计中应有针对性地进行分析和局部加强，如采用现浇楼板、加厚叠合楼板的现浇层及构造配筋，或者在外伸端部设置刚度较大的抗侧力构件等。

2. 结构竖向布置要求

装配式结构竖向布置应连续、均匀，应避免抗侧力结构的侧向刚度和承载力沿竖向突变。

竖向不规则会造成结构地震力和承载力沿竖向的突变，装配式结构在突变处的构件接缝更容易发生破坏。如果发生竖向承载力或刚度突变的情况，突变位置可局部采用现浇结构。

高层装配整体式框架结构中，首层柱宜采用现浇混凝土。装配整体式剪力墙结构的底部加强区及其上一层、核心筒范围宜采用现浇混凝土墙体，其余部位根据需要采用预制剪力墙。

剪力墙布置时，外墙建议尽量采用预制剪力墙，能有效实现保温节能一体化并减少脚手架的搭设。

4.1.1　起重机械布置

布置起重机时，应充分考虑其塔臂覆盖的范围、起重机端部吊装能力、单体预制构件的重量以及预制构件的运输、堆放和构件装配施工。

1. 起重机布置的基本原则

（1）起重机的覆盖范围及起重能力：施工现场起重机尽可能覆盖全部施工场地。为了施工方便，还要覆盖堆场、装卸及部分加工场地。务必要求覆盖所有施工部位。由于起重机起重能力与距离有关，起重机布置定位还要考虑对应施工构件位置的起重能力。

（2）起重机的基础条件：起重机定位位置通常分为在建筑物内或外两种情况，在建筑物外起重机基础采用天然地基或者桩基；在建筑物内起重机位于基础底板或承重墙体上。通常起重机基础地基要求 25 t/m²，否则采购桩基。如果建筑物外基础薄弱，或者场地条件限制无法打桩，起重机往往被迫移位。起重机在建筑物内，还要考虑是否和底板等结构冲突。对于塔楼周边是裙楼的结构，起重机往往定位于基础筏板上，而上部结构应有相应的结构预留，待结构封顶后，再做封堵处理。

（3）起重机位置与建筑物立面的相对关系：主要检查起重机是否和周边建筑物立面干涉，特别建筑物突出部位，比如阳台、屋面造型、空间造型等，尽可能避开冲突。如突出部分仅限于局部楼层，可以考虑结构预留，如图4.1所示。

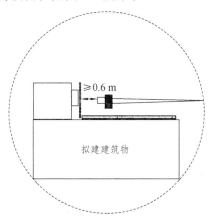

图4.1　塔吊尾部与建筑物及外围施工设施之间的安全距离

（4）起重机附着条件：附着条件一般考虑附着距离及附着点的结构是否牢靠，一般附着点是框架柱、剪力墙、框架梁。按照各类起重机说明书，常见的标准附着一般在2~4 m。对于特殊情况，超远距离附着需要重新设计、定制加工。对于下部大而上部小的倾斜结构，是否有结构安装附着往往是决定起重机定位的关键因素。装配式建筑外挂板内墙板属于非承重构件，不得用作塔富强连接、分户墙外。维护墙与主体同步施工，导致附着杆的设置受到影响。宜将塔吊定位在窗洞或阳台洞口位置。以便于将附着杆深入洞口设置在主体结构上，如有必要也可在外挂板及其他预制构件上预留洞口或设置预埋件，此时需在开工前记下好构件工艺变更单。做好预留预埋，不得采用事后凿洞或锚固的方式。

（5）起重机安装拆除条件：起重机安装必须依靠汽车起重机或其他已使用的起重机，需要一定拼装场地、交通运输通道及汽车起重机就位场地。对布置在建筑物内的起重机，要求在基础施工阶段，特别是土方开挖及总平面布置阶段，一定要协调好起重机安装方案并预留相应的施工通道。起重机拆除类似于起重机安装，在拆除阶段，建筑物已经建成，难度往往会更大。如果起重机布置位置不合理，往往增加了拆除难度。

2. 塔式起重机的布置方案

根据拟建建筑物大小及现场情况，塔式起重机的布置有单侧单机布置、侧边双机布置和中心布置，如图4.2所示。

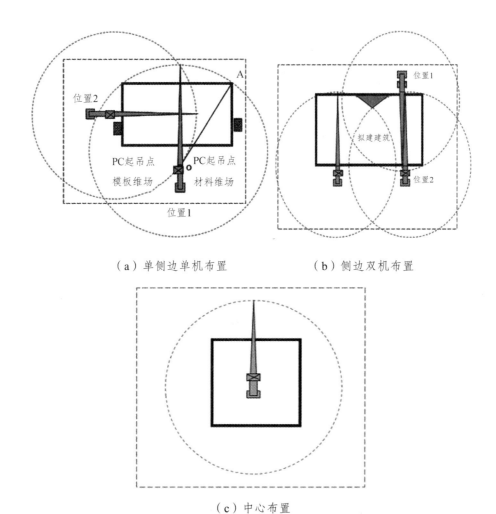

（a）单侧边单机布置　　　　　　（b）侧边双机布置

（c）中心布置

图 4.2　塔式起重机布置方案

3. 轨道式起重机的布置方案

轨道式起重机可以根据其轨道的铺设和拟建建筑物的位置，堆场的布置等分为单侧布置和双侧（环形）布置，如图 4.3 所示。

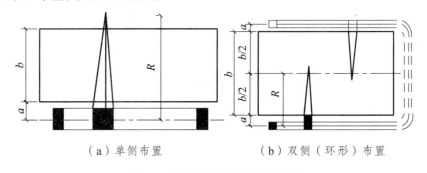

（a）单侧布置　　　　　　（b）双侧（环形）布置

图 4.3　轨道式起重机布置方案

4.1.2　运输道路布置

施工运输道路的布置应按材料和构件运输的需求，沿着仓库和堆场进行布置，使之畅通无阻。

1. 施工道路的技术要求

（1）道路的最小宽度、最小转弯半径。

道路的最小宽度和转弯半径严格按照相关的要求决定。架空线及管道下面的道路，其通行空间宽度大于 0.5 m，空间高度应大于 4.5 m。

（2）道路的做法。

一般砂质土可采用碾压土路办法。当土质黏或泥泞、翻浆时，可采用加骨料碾压路面的方法，骨料应尽量就地取材，如碎砖、炉渣、卵石、碎石及大石块等。

2. 施工道路的布置要求

（1）应满足建材等的运输要求，道路通道连接各个仓库及堆场，并距离其装卸区越近越好，以便装卸。

（2）应满足消防的要求，道路靠近建筑物、木料场等易发生火灾的地方，以便车辆能开到消防栓处，消防车道宽度不小于 3.5 m。

（3）为提高车辆的行驶速度和通行能力，应尽量将道路布置成环路。如不能设置环形路线，则应在路端设置掉头场地。

（4）应尽量利用已有道路或永久性道路，根据建筑总平面图上永久性道路的位置，先修筑路基，作为临时道路。工程结束后，再修筑路面。

（5）施工道路应避开拟建工程和地下管道等地方，否则工程后期施工时，将切断临时道路，给施工带来困难。

总之，平面布置要紧凑合理，尽量减少施工用地。尽量利用原有建筑物或构筑物。合理组织运输，保证现场运输道路畅通，尽量减少二次搬运。

4.1.3　预制构件和材料堆放区布置

1. 堆放区的空间大小

应根据构件的类型和数量、施工现场空间大小、施工进度安排、构件工厂生产能力等综合考虑。堆放区应当根据预制构件和材料的用量大小、使用时间长短、供应与运输情况确定用量大、使用时间长、供应运输方便的堆放区。应当分期分批进场，以减少堆场和仓库面积。

2. 堆放区的空间位置

根据吊装机械的位置或行驶路线来确定堆放区的空间位置，应选择适当位置，便于运输和装卸，减少二次搬运，且不影响场内道路的使用。

3. 场地设置

根据构件类型和尺寸划分区域分别存放，并设明显的标牌，标明名称、规格、产地，防止误用、混用。

4. 场地条件

场地应尽量地势较高，平整、坚实，回填土应分层夯实，要有良好的排水措施，符合安全、防水要求。

4.2 起重机械配置

4.2.1 起重机械的类型

4.2.1.1 汽车式起重机

1. 汽车式起重机的类型

预制构件吊装机械选择

汽车式起重机将起重机构安装在普通载重汽车或专用汽车底盘上的起重机。汽车式起重机的机动性能好。运行速度快，对路面的破坏性小，但不能负荷行驶，吊重物时必须支腿，对工作场地的要求较高，如图 4.4 和图 4.5 所示。

汽车式起重机按起重量大小分为轻型、中型和重型三种，起重量在 20 t 以内的为轻型，起重量在 50 t 以上的为重型；按起重臂形式分为桁架臂和箱形臂两种；按传动装置形式分为机械传动（Q），电力传动（QD），液压传动（QY）。目前，液压传动的汽车式起重机应用较广。

图 4.4 汽车式起重机

图 4.5 汽车式起重机吊装

2. 汽车式起重机的使用要点

（1）应遵守操作规程及交通，作业场地应坚实平整。

（2）作业前，应伸出全部支腿，并在撑脚下垫上合适的方木。调整机体，使回转支撑面的倾斜度在无荷载时不大于 1/1 000（水准泡居中）。支腿有定位销的应插上。底盘为弹性悬挂的起重机，伸出支腿前应收紧稳定器。

（3）作业中严禁扳动支腿操纵阀，调整支腿应在无载荷时进行。

（4）起重臂伸缩时，应按规定程序进行，当限制器发出警报时，应停止伸臂，起重臂伸出后，当前臂杆的长度大于后节伸出长度时，应调整正常后，方可作业。

（5）作业时，汽车驾驶室内不得有人，发现起重机倾斜、不稳定等异常情况时，应立即采取措施。

（6）起吊重物达到额定的起重量 90%以上时，严禁同时进行两种以上的动作。

（7）作业后，收回全部起重臂，收回支腿，挂牢吊钩，撑牢车架尾部两撑杆并锁定。销牢所锁式制动器，以防旋转。

（8）行驶时，底盘走台上严禁载人或物。

4.2.1.2　履带式起重机

1. 履带式起重机的类型

图 4.6　履带式起重机

履带式起重机是在行走的履带底盘上装有起重机械，主要由动力装置、传动装置、行走机构、工作机械、起重滑车组、变幅滑车组及平衡重等组成。它具有起重能力较大、自行式、全回转、工作稳定性好、操作灵活、使用方便、在其工作范围内可载荷行驶作业、对施工场地要求不严等特点。它是结构安装工程中常用的起重机械，如图 4.6 所示。

履带式起重机传动方式不同可分：为机械式、液压式（Y）和电动式（D）三种。

2. 履带式起重机的使用要点

（1）驾驶员应熟悉履带式起重机技术性能，启动前应按规定进行各项检查和保养，启动后应检查各仪表指示值及运转是否正常。

（2）履带式起重机必须在平坦坚实的地面上作业。当起吊荷载达到额定重量的 90%及以上时，工作动作应慢速进行，并禁止同时进行两种及以上动作。

（3）应按规定的起重性能作业，严禁超载作业。如确需超载时应进行验算并采取可靠措施。

（4）作业时，起重臂的最大仰角不应超过规定，无资料可查时不得超过 78°。最低不得小于 45°。

（5）采用双机抬吊作业时，两台起重机的性能应相近。抬吊时统一指挥，动作协调，互相配合，起重机的吊钩滑轮组均应保持垂直。抬吊时单机的起重荷载不得超过允许荷载值的 80%。

（6）起重机带载行走时荷载不得超过允许起重量的 70%。

（7）负载行走时，道路应坚实平整，起重臂与履带平行。重物离地不能大于 500 mm，并拴好拉绳。缓慢行驶，严禁长距离带载行驶，上下坡道时应无载行驶。上坡时应将起重臂仰角适当放小，下坡时应将起重臂的仰角适当放大。下坡严禁空挡滑行。

（8）作业后，吊钩应提升至接近顶端处，起重臂降至 40°～60°，关闭电门，各操纵杆置于空挡位置，各制动器加保险固定，操纵室和机棚应关闭门窗并加锁。

（9）遇大风、大雪、大雨天气时应停止作业，并将起重臂转至顺风方向。

3. 履带式起重机的验算

履带式起重机在进行超负荷吊装或接长吊杆时，需进行稳定性验算，以保证起重机在吊装中不会发生倾覆事故。履带式起重机在车身与行驶方向垂直时，处于最不利工作状态，稳定性最差，如图 4.7 所示，此时履带的轨链中心 A 为倾覆中心。起重机的安全条件为：当仅考虑吊装荷载时，稳定性安全系数 $K_1 = M_稳 / M_倾 = 1.4$；当考虑吊装荷载及附加荷载时，稳定性安全系数 $K_2 = M_稳 / M_倾 = 1.15$。

当起重机的起重高度或起重半径不足时，可将起重臂接长，接长后的稳定性计算可近似地按力矩等量换算原则求出起重臂接臂后的允许起重质量（图 4.8）则接长起重臂后，当吊装荷载不超过 Q_t' 时，即可满足稳定性的要求。

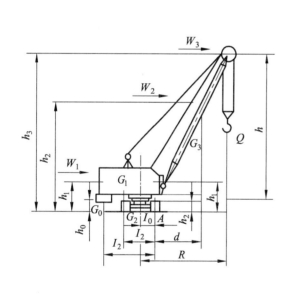

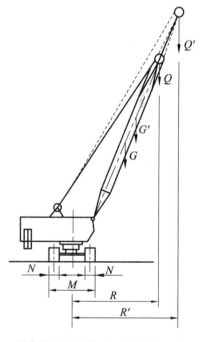

图 4.7　履带式起重机稳定性验算　　　图 4.8　用力矩等量转换原则计算起重机

4.2.1.3　塔式起重机

1. 塔式起重机的类型

塔式起重机是把吊臂、平衡臂等结构和起升、变幅等机构安装在金属塔身上的一种起重机，其特点是提升高度高、工作半径大、工作速度快、吊装效率高等。

塔式起重机按行走机构、变幅方式、回转机构位置及爬升方式的不同可分为轨道式、附着式和内爬式塔式起重机。目前应用最广的是附着式塔式起重机，如图4.9。

图 4.9　附着式塔式起重机

2. 塔式起重机的使用要点

（1）塔式起重机作业前应进行下列检查和试运转。第一是各安全装置、传动装置、指示仪表、主要部位连接螺栓、钢丝绳磨损情况、供电电缆等必须符合有关规定；第二是按有关规定进行试验和试运转。

（2）当同一施工地点有两台以上起重机时，应保持两机间任何接近部位（包括吊重物）距离不得小于 2 m。

（3）在吊钩提升、起重小车或行走大车运行到限位装置前，均应减速缓行到停止位置，并应与限位装置保持一定距离。吊钩不得小于 1 m，行走轮不得小于 2 m，严禁采用限位装置作为停止运行的控制开关。

（4）动臂式起重机的起升、回转、行走可同时进行，变幅应单独进行。每次变幅后应对变幅部位进行检查。允许带载变幅的，载荷达到额定起重量的 90% 及以上时，严禁变幅。

（5）提升重物，严禁自由下降。重物就位时，可采用慢就位机构或利用制动器使之缓慢下降。

（6）提升重物做水平移动时，应高出其跨越的障碍物 0.5 m 以上。

（7）装有上下两套操作系统的起重机，不得上下同时使用。

（8）作业中如遇大雨、雾、雪及六级以上大风等恶劣天气，应立即停止作业，将回转机构的制动器完全松开，起重机应能随风转动，对轻型俯仰变幅起重机应将起重臂落下并与塔身结构锁紧在一起。

（9）作业中，操作人员临时离开操纵室时，必须切断电源。

（10）作业完毕后，起重臂应转到顺风方向，并松开回转制动器，小车及平衡重应置于非工作状态，吊钩宜升至离起重臂顶端 2～3 m 处。

（11）停机时，应将每个控制器拨回零位，依次断开各开关，关闭操纵室门窗。下机后，使起重机与轨道固定，断开电源总开关，打开高空指示灯。

（12）动臂式和尚未附着的自升式塔式起重机。塔身上下不得悬挂标语牌。

4.2.2 配置要求

起重机的选择应根据其起重量、起重力矩、工作半径和起重高度来确定的。

1. 起重半径的确定

起重半径的确定，可以按两种情况考虑：

（1）一般情况下，当起重机可以不受限制地行驶到构件吊装位置附近去吊构件时，对起重半径没有什么要求，可根据计算的起重量 Q 及起重高度 H，查阅起重机工作性能表或曲线图来选择起重机型号及起重臂长度，并可查得在一定起重量 Q 及起重高度 H 下的起重半径 R。

（2）在某些情况下，当起重机停机位置受到限制而不能直接行驶到构件吊装位置附近去吊装构件时，或当起重机的起重臂需跨过已安装好的构件去吊装构件时（如跨过屋架去吊装屋面板），为了避免起重臂与已安装好的构件相碰，需求出起重机起吊该构件的最小臂长 L 及相应的起重半径 R，并据此及起重量 Q 和起重高度 H 查起重机性能表或曲线，来选择起重机的型号及臂长。

对于装配式建筑吊装，重点考察最大幅度条件下能否满足施工需要。

2. 起重高度

起重机的起重高度必须满足所吊装构件的安装高度要求，如图 4.10，即：

$$H \geqslant h_1 + h_2 + h_3 + h_4 \tag{4-1}$$

式中：H——起重机的起重高度（从停机面算起至吊钩中心），m；

h_1——安装支座表面高度（从停机面算起），m；

h_2——安装间隙（视具体情况而定，但不小于 0.3 m），m；

h_3——绑扎点至构件起吊后底面的距离，m；

h_4——索具高度（从绑扎点到吊钩中心距离），m。

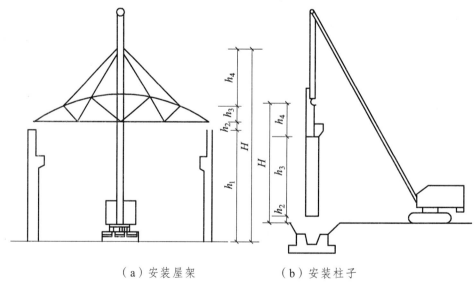

（a）安装屋架　　　　　（b）安装柱子

图 4.10　起重高度计算简图

3. 起重量

起重机的起重量必须大于或等于所安装构件的重量与索具重量之和，即

$$Q \geqslant Q_1 + Q_2 \qquad (4\text{-}2)$$

式中：Q——起重机的起重量，kN；

Q_1——构件的重量，kN；

Q_2——索具的重量（包括临时加固件重量），kN。

4. 吊装起重机的选择原则

（1）选用时，应考虑起重机的性能（即作业能力）、使用方便、吊装效率、吊装工程量和工期等要求。

（2）能适应现场道路、吊装平面布置和设备，机具等条件，可以充分发挥其技术性能。

（3）能保证吊装工程质量、安全施工和有一定的经济效益。

（4）避免使用大起重能力的起重机吊小构件，起重能力小的起重机超负荷吊装大的构件，或选用改装的未经过实际负荷试验的起重机进行吊装，或使用台班费高的设备。

（5）一台起重机一般都有几种不同长度的起重臂，在厂房结构吊装过程中，如各构件的起重量、起重高度相差较大时，可选用同一型号的起重机以不同的臂长进行吊装，充分发挥起重机的性能。

4.3 索具、吊具和机具的配置

索具、吊具和机具的配置

4.3.1 吊具

1. 吊钩

吊钩按制造方法可以分为锻造吊钩和片式吊钩。在建筑工程施工中，通常采用锻造吊钩，采用优质低碳镇静钢或低碳合金钢锻造而成，锻造吊钩又可分为单勾和双钩，如图 4.11（a）、（b）所示。单钩一般用于小起重量，双钩多用于较大的起重量。单钩吊钩形式多样，建筑工程中常选用有保险装置的螺旋钩，如图 4.11（c）所示。

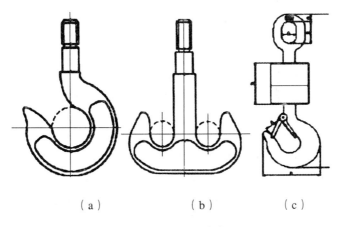

（a）　　　　　　（b）　　　　　　（c）

图 4.11　吊钩的种类

2. 横吊梁

横吊梁俗称铁扁担、扁担梁，常用于梁、柱、墙板、叠合板等构件的吊装，用横吊梁吊装构件时，可以防止因起吊受力，对构件造成的破坏，便于构件更好地安装、校正。常用的横吊梁有框架吊梁、单根吊梁，如图 4.12、4.13 所示。

图 4.12　框架吊梁

图 4.13　单根吊梁

4.3.2　索　具

1. 铁　链

用来起吊轻型构件，拉紧揽风绳及拉紧捆绑的绳索等，如图 4.14 所示。目前，受国内部分起重设备行程精度的限制，可采用铁链进行构件的精确就位。

图 4.14　铁链

图 4.15　吊装带

2. 吊装带

目前使用的常规吊装带（合成纤维吊装带），一般采用高强度聚酯长丝制作。根据外观分为环形穿芯、环形扁平、双眼穿芯、双眼扁平四类，吊装能力分别在 1 ~ 300 t，如图 4.15 所示。

一般采用国际色标来区分吊装带的吨位，紫色为 1 t，绿色为 2 t，黄色为 3 t，灰色为 4 t，红色为 5 t，橙色为 10 t 等几个吨位。对于吨位大于 12 t 的均采用橘红色进行标识，同时带体上均有荷载标识标牌。

3. 卡　环

卡环用于吊索之间或吊索与构件吊环之间的连接。由弯环和销子两部分组成，如图 4.16 所示。

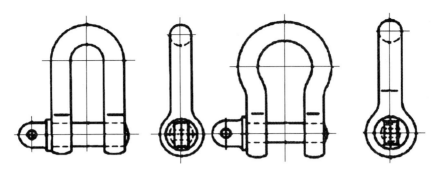

（a）形卸扣　　　　　　　　　　（b）弓形卸扣

图 4.16　卡环

按弯环形式分，有 D 形卡环和弓形卡环；按销子与弯环的连接形式分，有螺栓式卡环和活络卡环。螺栓式卡环的销子和弯环采用螺纹连接；活络式卡环的孔眼无螺纹，可直接抽出。螺栓式卡环使用较多，但在柱子吊装中多采用活络式卡环。

4. 新型索具（接驳器）

近些年出现了几种新型的专门用于连接新型吊点（圆形吊钉、鱼尾吊钉、螺纹吊钉，如图 4.17）的连接吊钩，或者用于快速接驳传统吊钩。它们具有接驳快速，使用安全等特点。

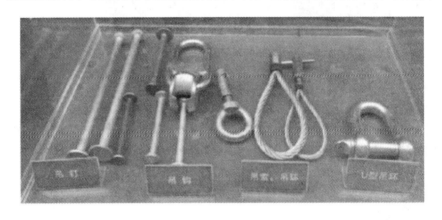

图 4.17　新型连接吊钩

4.3.3　其他机具

1. 滑轮组

（1）滑轮是一个周边有槽，能够绕轴转动的小轮。由可绕中心轴转动有沟槽的圆盘和跨过圆盘的柔索（绳、胶带、钢索、链条等）所组成的可以绕着中心轴旋转的简单机械叫作滑轮。滑轮有两种：定滑轮和动滑轮，可组合成为滑轮组，它既可以省力又可以改变力的方向。

定滑轮是固定在一个位置转动而不移动的滑轮。定滑轮的作用是改变力的方向。定滑轮的实质是个等臂杠杆，动力臂 L_1、阻力臂 L_2 都等于滑轮半径。根据杠杆平衡条件也可以得出定滑轮不省力和不省距离的结论。

动滑轮实质是动力臂为阻力臂二倍的杠杆，省 1/2 力多费 1 倍距离（拉力方向为竖直方向方可省 1/2 的力，若呈斜拉状态，则拉力多于 1/2 的力，且角度越大越费力）

（2）滑轮组的分类。

滑轮组是由一定数量的定滑轮和动滑轮以及绕过它们的绳索组成。滑轮组具有省力和改变力的方向的功能，是起重机械的重要组成部分。滑轮组共同负担构件重量的绳索根数称为工作线数。通常，滑轮组的名称以组成滑轮组定滑轮与动滑轮的数目来表示。如由四个定滑轮和四个动滑轮组成的滑轮组称为四四滑轮组。

2. 卷扬机

（1）卷扬机：用卷筒缠绕钢丝绳或链条提升或牵引重物的轻小型起重设备，又称绞车。卷扬机可以垂直提升、水平或倾斜拽引重物。卷扬机分为手动卷扬机和电动卷扬机两种。现在以电动卷扬机为主。可单独使用，也可作起重、筑路和矿井提升等机械中的组成部件，因操作简单、绕绳量大、移置方便而广泛应用。主要运用于建筑、水利工程、林业、矿山、码头等的物料升降或平拖。如图 4.18 所示。

图 4.18　卷扬机

（2）卷扬机使用时的注意事项。

① 卷筒上的钢丝绳应排列整齐，如发现重叠和斜绕时，应停机重新排列。严禁在转动中用手拉、脚踩钢丝绳。钢丝绳不许完全放出，最少应保留三圈。

② 钢丝绳不许打结、扭绕，在一个节距内断线超过 10% 时，应予更换。

③ 作业中，任何人不得跨越钢丝绳，物体（物件）提升后，操作人员不得离开卷扬机。休息时物件或吊笼应降至地面。

④ 作业中，司机、信号员要同吊起物保持良好的可见度，司机与信号员应密切配合，服从信号统一指挥。

⑤ 作业中如遇停电情况，应切断电源，将提升物降至地面。

⑥ 工作中要听从指挥人员的信号，信号不明或可能引起事故时应暂停操作，待弄清情况后方可继续作业。

⑦ 作业完毕应将料盘落地，关锁电箱。

⑧ 钢丝绳在使用过程中因机械的磨损和自然的腐蚀导致的局部损害难免，应间隔时间段涂刷保护油。

⑨ 严禁超载使用，即不得超过最大承载吨数。

⑩ 使用过程中要注意不要出现打结、压扁、电弧打伤，以及化学介质的侵蚀。

⑪ 不得直接吊装高温物体，对于有棱角的物体要加护板。

⑫ 使用过程中应经常检查所使用的钢丝绳，达到报废标准应立即报废。

3. 电动葫芦

电动葫芦是一种特种起重设备，安装在天车、龙门吊之上，电动葫芦具有体积小、自重轻、操作简单、使用方便等特点，常用于工矿、仓储、码头等场所。

电动葫芦结构紧凑，电机轴线垂直于卷筒轴线的电动葫芦采用涡轮传动装置。电器控制部门采用了低电压控制，增加了支配系统的安全性。起重量一般为 0.3 ~ 80 t，起升高度为 3 ~ 30 m。电动葫芦由电动机、传动机构和卷筒或链轮组成，分为钢丝绳电动葫芦和环链电动葫芦两种，如图 4.19 所示。

图 4.19 电动葫芦

使用电动葫芦时应注意以下事项：

（1）使用前检查工作。

① 在操作者步行范围内、视线范围、重物通过的路线上应无障碍物和漂浮物。

② 手控按钮上下、左右方向应准确灵敏，电动机和减速器应无异常声响。

③ 制动器应灵敏可靠。

④ 电动葫芦运行轨道上应无异物。

⑤ 上下限位器动作应准确灵敏。

⑥ 吊钩止动螺母应紧固牢靠。

⑦ 吊钩在水平和垂直方向转动应灵活。

⑧ 吊钩滑轮转动应灵活。

⑨ 钢丝绳应无明显裂痕，在卷筒上排列整齐，无脱开滑轮槽、乱扭、叠扣等迹象，润滑良好。

⑩ 吊辅具无异常现象。

⑪ 电动葫芦的工作环境温度为 -25 ~ +40 ℃

⑫ 电动葫芦不适用于充满腐蚀性气体或相对湿度大于 85% 的场所，不能代替防爆葫芦，不宜吊运熔化金属或有毒、易燃和易爆物品。

（2）电动葫芦不得旁侧吊卸重物，禁止超负荷使用。

（3）在使用过程中，操作人员应随时检查钢丝绳是否有乱扣、打结、掉槽、磨损等现象，如果出现应及时排除，并要经常检查导绳器和限位开关是否安全可靠。

（4）在日常工作中不得人为地使用限位器来停止重物提升或停止设备运行。

（5）工作完毕后，关闭电源总开关，切断主电源。

（6）应设专门维修保养人员每周对电动葫芦主要性能和安全状态检查一次，发现故障及时排除。

4.4 施工工具的配置

4.4.1 模板和支撑

4.4.1.1 模板

装配式建筑混凝土结构施工常用的模板有铝合金模板和大钢模板。

1. 铝合金模板

铝合金模板（图4.20）全称为混凝土工程铝合金模板，是继胶合板模板、组合钢模板体系、钢框木（竹）胶合板体系、大模板体系、早拆模板体系后新一代模板系统。铝合金模板以铝合金型材为主要材料，经过机械加工和焊接等工艺制成的适用于混凝土工程的模板，并按照50 mm模数设计成面板、肋、主体型材、平面模板、转角模板、早拆装置组合而成。铝合金模板设计和施工应用是混凝土工程模板技术上的革新，也是装配式混凝土技术的推动，更是建造技术工业化的体现。

图4.20　铝合金模板

（1）分类。

铝合金模板体系按照受力方式不同可分为拉杆体系和拉片体系两大类：

① 拉杆体系铝合金模板由模板体系、紧固体系、支撑体系和配件体系所组成的具有完整的配套模板系统，适用于城市管廊、公共建筑、住宅建筑等不同范围的模板系统。

② 拉片体系铝合金模板由模板体系、支撑体系、配件体系三部分体系组成，具有完整的配套模板系统，一般适应于住宅建筑。

模板体系按照结构形式分为平面模板、转角模板和组件，其中，转角模板包括阳角模板、阴角模板和阴转角模板，组件包括单斜铝梁、双斜铝梁、楼板早拆头、梁底早拆头。

支撑体系按照材料分为钢支撑、铝支撑、其他支撑。

紧固体系按照受力形式分为钢背楞加固和拉片对拉加固，加固件按照材料分为铝背楞、钢背楞、轻钢龙骨背楞、其他合金背楞、方管背楞等。

配件体系以螺栓、销钉、销片、螺杆、拉片为主的配件。

铝合金模板按通用形式分为标准模板和非标模板。符合边肋高度为65 mm、孔径为16.5 mm、孔心与面板距离为40 mm，长度、宽度、孔心距按照50 mm整数倍的矩形平面板、转角模板和形状统一的常用组件，均为标准板。不符合上述条件之一的模板或组件，均为非标模板。非矩形模板和非常规组件不纳入上述标准件和非标件的标识范围。

（2）优点。

① 强度，稳定性好：按照标准挤压型材形成的铝合金模板构件有较高的强度、刚度和稳定性。

② 拼缝少，精度高：建筑铝合金模板拆模后，可达到饰面及清水混凝土的标准，无需再进行其他工序。

③ 周期短、效率高：由于铝合金模板组装方便、单件重量最大只有不到 30 kg，摆脱了机械限制，人工拼装效率显著提升，熟练工人正常情况下每人每天 20 ~ 30 m²，在正常标准层拼装情况下 5 ~ 6 d 周转一层，周转速度快，显著加快施工进度，节约管理成本。

④ 多次循环利用：铝合金模板构件采用整体挤压形成的铝合金型材做原材，规范化使用情况下模板可翻转达到 300 余次。

⑤ 综合成本较低：对于拥有多相同相似栋楼来说，综合成本显著降低。

⑥ 应用范围较广：铝合金模板可用于超高层、地下室、住宅楼、管廊等。

⑦ 施工现场环保：铝合金模板构配件均可重复使用，施工拆模后，现场环境安全、干净、整洁。

⑧ 回收利用率高：铝模板报废后，均为可再生材料，均摊成本优势明显，属于绿色建筑材料。

（3）缺点。

① 深化图要求高：由于配置铝合金模板需要前期将建筑图、结构图等图纸优化成铝合金模板专用图纸，对于深化人员专业水平要求较高。

② 配模设计要求高：基于市场上配模软件的不同，相对于使用二维配模（CAD、新联创等）软件人员来说，需要具备一定的经验储备、一定的想象能力和知识储备。

③ 非标率高：由于建筑结构的单一性，建筑结构模数化低，导致非标率（20% ~ 35%）居高不下，严重制约着厂家的发展壮大。

④ 现场改动性差：由于铝合金模板统一配置，型材统一在工厂加工，在施工现场一旦出错，无法更改，只能重新做。

⑤ 铁背楞笨重：截至 2020 年底，市场上多数厂家使用铁背楞加固铝合金模板，而铁背楞笨重，严重制约着施工效率，阻碍着铝合金模板发展。

⑥ 一次性投入大：铝合金模板一次性投入比较巨大，导致好多厂家望而止步。

⑦ 工人缺乏：由于铝合金模板技术精度高，市场上普遍存在缺乏专业的技术工人。

2. 大钢模板

大钢模板（图 4.21）有较高的刚度与强度，不跑模、不胀模、平整度好、整体性好，可以达到清水混凝土的标准；同时，其机械性能高，施工方便，可以减少施工现场的操作工人。

大钢模板特点如下：

（1）成型质量好。

大钢模成型质量相对于传统木模拼缝少，平整度高，由于加固体系强度及刚度明显优于木模，爆模胀模的现象基本避免，构件成型平整顺直。

（2）周转次数高。

钢模前期制作成本较高，过程中人工使用较少，模板牢固耐用，周转率很高。

（3）安全管理高。

大钢模单片质量较重，高空吊装安全要求高，特别在天气条件不理想的情况下吊装要求更高。

（4）经济效益好。

在竖向标准层较多的情况下，能够充分体现大钢模周转次数高，损耗低的优点，中和了一次投入较大的不足，发挥了大钢模的经济效益。

（5）不宜抢工。

竖向构件与水平构件分开施工，进度相对较慢，同时因模板较大较重，受气候、机械设备影响较多，不适宜抢工。

图 4.21　大钢模板

4.4.1.2　支　撑

1. 支撑类型

（1）墙板斜支撑。

① 双钩大头斜支撑配活动底座，如图 4.22 所示。

规格型号：长度为 1.8 m、2.5 m（也可根据实际需要定制），分长短杆；壁厚为 2.0～3.5 mm；螺杆是 T36×400 mm；直径 ϕ48 mm/ϕ60 mm。

特点：安装便捷，刚度高，吊装前可提前在预制墙板上安装连接底座，在楼板上提前预埋钢筋锚环（位置要求较高）或通过膨胀螺栓固定连接底座，锚环不能重复使用，且后期需处理。

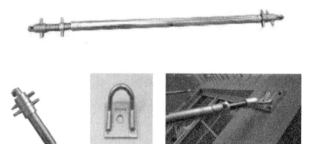

图 4.22　双钩大头斜支撑配活动底座

② 双头底座斜支撑，如图4.23所示。

规格型号：长度为0.7~1.1 m/1.7~3.2 m（也可根据实际需要定制）；壁厚为2.0~3.5 mm；直径 ϕ48 mm/ϕ60 mm。

特点：安装便捷，刚度高，墙板吊装完成后直接将底座通过螺栓和预制墙板上的预留孔连接。楼板上固定直接根据下底座位置在楼板上打膨胀螺栓固定，位置更准确。

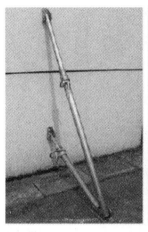
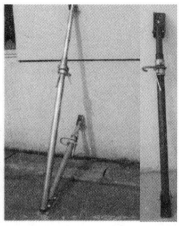

图4.23　双头底座斜支撑

（2）楼板竖向支撑。

① 独立支撑体系，如图4.24所示，规格型号见表4.1。

表4.1　独立支撑体系规格

编号	高度/m	内管	外管	质量/±5%
1	1.7~3.0	48×2	60×2	9.9 kg
2	2.0~3.5	48×2	60×2	11.2 kg
3	2.2~3.9	48×2	60×2	12.22 kg

特点：独立支撑，可伸缩调节长度尺寸，相互之间不需要固定的水平连接杆件，安装拆除方便，底部配有固定三脚架，稳定可靠；不适用于搭设现浇构件及悬挑构件的架体支撑。

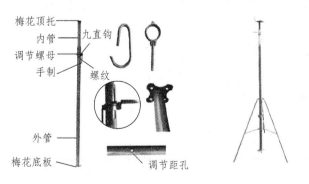

图4.24　独立支撑体系

② 键槽式支撑体系，如图 4.25 所示。

规格型号：立杆的常用规格为 500～3 000 mm，规格模数为 500 mm；横杆规格直径 48 mm，壁厚 2.5 mm，材质 Q235B，常用 600～2 400 mm，规格模数为 300 mm。

特点：搭设、拆除简便，可适用于各类水平构件和现浇构件的架体搭，有插销零散配件，损耗量大；承插节点的连接质量受架体本身质量和工人操作的影响较大。

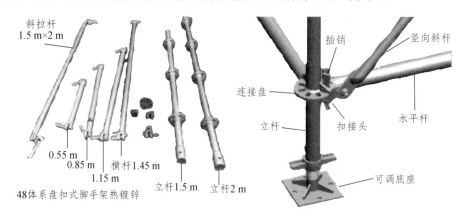

图 4.25　键槽式支撑体系

2. 支撑选用原则

由于独立支撑系统不能与现浇结构通，竖向支撑体系选用应根据现场预支构件的使用数量来决定。尽量保证使用率高，减少支撑系统种类。例如：预制楼板使用率超过 80%，建议采用独立支撑系统，施工便捷、速度快。如梁为现浇结构，建议采用键槽式支撑体系，梁板支撑系统可统一考虑，布置方便。

4.4.2　灌浆工具

灌浆的工具分为灌浆设备和灌浆工具。灌浆设备主要有：用于搅拌注浆料的手持式电钻搅拌机；用于计量水和注浆料的电子秤和量杯；用于向墙体注浆的注浆器；用于湿润接触面的水枪等。灌浆用具主要有：用于盛水、试验流动度的量杯；用于流动度试验用的坍落度桶和平板；用于盛水注浆料的大小水桶；用于把木塞打进注浆孔封堵的铁锤以及小铁锹、剪刀、扫帚等。表 4.2 为灌浆所需要的工具。

表 4.2　套筒灌浆工具

序号	名称	图片	序号	名称	图片
1	电动灌浆机		2	三联模	

序号	名称	图片	序号	名称	图片
3	手动灌浆枪		11	圆截型试模	
4	冲击式砂浆搅拌机		12	专用橡胶塞	
5	不锈钢桶		13	海绵	
6	塑料水桶		14	筛子	
7	测温仪		15	螺丝刀	
8	刻度杯		16	温度计	
9	玻璃板		17	PVC 管	
10	电子秤				

4.5 构件与材料的准备

4.5.1 构件的运输、进场检验和存放

1. 构件的运输

预制混凝土构件如果在存储、运输、吊装等环节发生损坏将会很难修补，既耽误工期又造成经济损失。因此，大型预制混凝土构件的存储工具与物流组织非常重要。构件运输的准备工作主要包括：制订运输方案、设计并制作运输架、验算构件强度、清查构件及查看运输路线。

（1）制订运输方案：根据运输构件实际情况，装载车现场及运输道路的情况，施工单位或当地的起重机械和运输车辆的供应条件以及经济效益等因素综合考虑，其内容包括构建单元划分、运输时间（根据吊装计划统一协调）、运输构件堆放符合规范要求，对成品构件边角做好保护措施，并在每个运货车上标注构件的信息资料。

（2）根据施工现场的吊装计划，提前一天将次日所需型号和规格的预制构件发送至施工现场。在运输前应按清单仔细核对预制构件的型号、规格、数量是否相符。

（3）运输车辆可采用大吨位卡车或平板拖车。装车时先在车厢底板铺两根 100 mm × 100 mm 的通常方木。方木上垫 15 mm 以上的硬橡胶垫或其他柔性垫。对于内、外墙板和 PCF 板等竖向构件多采用立式运输方案，竖向构件或页数形状的墙板宜采用插放架，运输竖向薄壁构件、复合保温构件时应根据需要设置支架，例如墙体运输如图 4.26 所示。对于构件边角部或与紧固装置接触的混凝土宜采用垫衬加以保护，运输的承载力和刚度，与地面倾角宜大于80°；墙板宜对称靠放且外饰面朝外，构件上部宜采用木垫块隔离。当采用插放架治理运输墙板构件时，宜采取直立运输方式，应采取防止构件产生裂缝的措施。平层叠放运输方式：将预制构件平放在运输车上，一件往上叠放在一起进行运输。叠合板、阳台板、楼梯、装饰板等水平构件多采用平层叠放运输方式。叠合楼板，标准 6 层/叠，不影响质量安全可到 8 层，堆码时按产品的尺寸大小堆叠；预应力板，堆码 8~10 层/叠；叠合梁，2~3 层/叠（最上层的高度不能超过挡边一层），考虑是否有加强筋向梁下端弯曲。根据预制板的尺寸合理放置板间的支点方木，同时应保证板与板之间的接触面平整，受力均匀。除此之外，对于一些小型构件和异形构件，多采用散装方式进行运输。

图 4.26 墙体运输

（4）构件运输时应熟悉运输路线，仔细查看沿途路况。应选择路况较好的道路作为运输路线。在运输过程中，车辆应行驶平稳，避免紧急制动、猛加速、车辆颠簸等情况，保证构件在运输过程中不受外力影响，造成构件断裂、裂纹、掉角等现象。

（5）预制构件根据其安装状态、受力特点，制订有针对性的运输措施，保证运输过程构件不受损坏。

2. 构件停放场地及存放

根据装配式混凝土结构专项施工方案制订预制构件场内的运输与存放计划。预制构件场内运输与存放计划包括进场时间、次序、存放场地、运输线路、固定要求、码放支垫及成品保护措施等内容，对于超高、超宽、形状特殊的大型构件的运输和码放应采取专项质量安全保证措施。

（1）施工现场内道路应按照构件运输车辆的要求合理设置转弯半径及道路坡度。

（2）施工现场内运输道路和存放堆场应坚实、平整，并有排水措施。运输车辆进入施工现场的道路，应满足预制构件的运输要求。预制构件装卸、吊装的工作范围内不应有障碍物，并应有满足预制构件周转使用的场地。

（3）预制构件装卸时应考虑车体平衡，采取绑扎固定措施；预制构件边角部或与紧固用绳索接触的部位，宜采用垫衬加以保护。

（4）预制构件运送到现场后，应按规格、品种、使用部位、吊装顺序分别设置存放场地。存放场地应设置在吊车的有效吊重覆盖范围半径内，并设置通道。

（5）预制墙板宜对称插放或靠放存放，支架应有足够的刚度，并支垫稳固。预制外墙板宜对称靠放、饰面朝外，且与地面倾斜角度不宜小于80°。

（6）预制板类构件可采用叠放方式存放（图4.27），构件层与层之间垫平、垫实，每层构件之间的垫木或垫块应在同一垂直线上。依据工程经验，一般中小跨构件叠放层不超过5层，大跨和特殊构件叠放层数和支垫位置，应根据构件施工验算确定。

图4.27　预制板类构件存放方式

（7）预制墙板插放于墙板专用堆放架上（图4.28），堆放架设计为两侧插放，堆放架应满足强度、刚度和稳定性的要求，堆放架必须设置防磕碰、防下沉的保护措施；保证构件堆放有序、存放合理，确保构件起吊方便、占地面积最小。墙板堆放时根据墙板的吊装编号顺序进行堆放，堆放时要求两侧交错堆放，保证堆放架的整体稳定性。

（8）预制柱、梁的堆放。

① 按照规格、品种、所用部位、吊装顺序分别运输，道路及堆放场地要平整坚实，并有排水措施。

② 预制框架柱堆放最高 2 层，垫木位于柱长度 1/4 位置处，如图 4.29 所示。

图 4.28 预制墙板存放方式　　　图 4.29 预制框架柱现场堆放

（9）PK 板的存放。

PK 板的堆放场地应进行平整夯实，堆放场地应安排在起重机的覆盖区域内。堆放和运输时，PK 板不得倒置，最底层板下部应设置垫块，垫块的设置要求为：当板跨度为 $l \leqslant 6$ m 时，应设置 2 道垫，当板跨度为 6 m$<L\leqslant 8.7$ m 时，应设置 4 道垫块，垫块上应放置垫木后，再将 PK 板堆放其上。各层 PK 板间需设垫木且垫木应上下对齐，每跺堆放层数不大于 7 层，不同板号应分别堆放，具体堆放见图 4.30 所示。

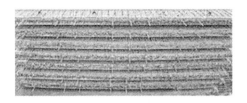

图 4.30 预应力混凝土叠合板现场堆放

（10）预制构件存放的注意事项。

存放前应先对构件进行清理，构件清理标准为套筒、埋件内无残余混凝土。粗糙面分明、光面上无污渍、挤塑板表面清洁等。套筒内如有残余混凝土，应及时清理。埋件内如有混凝土残留现象，应用与埋件匹配型号的丝锥进行清理，操作丝锥时要注意不能一直向里拧，要循序"进两圈，回一圈"的原则，避免丝锥折断在埋件内，造成麻烦。外露钢筋上如有残余混凝土需进行清理。检查是否有卡片等附件漏卸，如有漏卸，及时拆卸后送至相应班组。

将清理完的构件装到摆渡车上，起吊时避免构件磕碰，保证构件质量。摆渡车由专门的搬运工人进操作，操作时应注意摆渡车轨道内严禁站人，严谨人车分离操作，人与车的距离保持在 2~3 m。将构件运至堆放场地，然后指挥吊车将不同型号的构件码放。

预制构件应按吊装、存放的受力特征选择卡具、索具、托架等吊装和固定维稳措施。对于清水混凝土构件，要做好成品保护，可采用包裹、盖、遮等有效措施。预制构件存放 2 m 范围内，不应进行电焊、气焊作业。

3. 构件的进场验收

（1）根据结构图纸，进行预制构件的尺寸复核，重点检查预制构件的尺寸是否与框架梁的位置相符，预制楼梯段的加工尺寸是否与楼梯梁位置、尺寸相符。

（2）检查预制构件的数量、质量证明文件和出厂标识，预制构件进入现场应有产品合格证、出厂检验报告，每个构件应有独立的构件编码，进场构件按进场的批次进行重点抽样检查，检验结果符合要求，预制构件方可使用。

（3）预制构件进场除了以上数量和质量证明文件的检查以外，还需要对预制构件尺寸进行检查，见表 4.3。

表 4.3　构件的检查

项目		允许偏差/mm	检验方法
预制柱	长度	±5	钢尺检查
	宽度	±5	钢尺检查
	弯曲	$L/750 \leqslant 20$	拉线、钢尺最大侧向弯曲处
	表面平整	4	2 m 靠尺和塞尺检查
预制梁	高度	±5	钢尺检查
	长度	±5	钢尺检查
	弯曲	$L/750 \leqslant 20$	拉线、钢尺最大侧向弯曲处
	表面平整	4	2 m 靠尺和塞尺检查

注：① 检查数量，对同类构件，按同日进场数量的 5% 且不少于 5 件检查，少于 5 件则全数检查。

② 检验方法：钢尺，拉线、靠尺、塞尺检查。

（4）进场预制构件还应进行外观质量检查，一般缺陷修补，严重缺陷不得使用。具体处理方法可参照表 4.4。

表 4.4　预制构件的外观检查

名称	现象	严重缺陷	一般缺陷
露筋	构件内钢筋未被混凝土包裹而外露	主要有露筋	其他部位有少量露筋
蜂窝	混凝土表面缺少水泥砂浆而形成石子外露	主筋部位和搁置点位置有蜂窝	其他部位有少量蜂窝
孔洞	混凝土中孔穴深度和长度均超过保护层厚度	构件主要受力部位有孔洞	不应有孔洞
夹渣	混凝土中夹有杂物且深度超过保护层厚度	构件主要受力部位有夹渣	其他部位有少量夹渣

名称	现象	严重缺陷	一般缺陷
疏松	混凝土中局部不密实	构件主要受力部位有疏松	其他部位有少量疏松
裂隙	缝隙从混凝土表面延伸至混凝土内部	构件主要受力部位有影响结构性能或使用功能的裂隙	其他部位有少量不影响结构性能或使用功能的裂隙
裂纹	构件表面的裂纹或者龟裂现象	预应力构件受拉侧有影响结构性能或使用功能人裂纹	非预应力构件有表面的裂纹或者龟裂现象
连接部位缺陷	构件连接处混凝土缺陷及连接钢筋、连接件松动，灌浆套筒未保护	连接部位有影响结构传力性的缺陷	连接部位有基本不影响结构传力性能的缺陷
外形缺陷	内表面缺棱掉角、棱角不直、翘曲不平等；外表面面砖粘贴不牢、位置偏差、面砖嵌缝没有达到横平竖直，面砖表面翘曲不平	清水混凝土构件有影响使用功能或装饰效果的外形缺陷	其他混凝土构件有不影响使用功能的外形缺陷
外表缺陷	构件内表面麻面、掉皮、起砂、脏污等；外表面面砖污染、预埋门窗破坏	具有重要装饰效果的清水混凝土构件、门窗框有外表缺陷	其他混凝土构件有不影响使用功能的外表缺陷，门窗框不宜有外表缺陷

注：一般缺陷、应由预制构件生产单位或施工单位进行修整处理，修复技术处理方案应经监理单位确认后实施，经修整处理后的预制构件应重新检查。

现场管理对预制构件重点检查项目有：
① 支撑点位预埋堵头是否取出；
② 灌浆孔足够通畅。

4.5.2 材料的准备

这里的材料准备主要是指的连接灌浆材料和密封材料。

装配式建筑现场
施工材料的准备

1. 连接灌浆材料

（1）灌浆套筒。

装配式建筑钢筋混凝土结构的钢筋连接用灌浆套筒是采用铸造工艺或机械加工工艺制造，用于钢筋套筒灌浆连接的金属套筒，简称灌浆套筒。灌浆套筒设置有灌浆孔和出浆孔，灌浆孔是用于加注灌浆料的入料口，出浆孔是用于加注灌浆料时通气并将注满后的多余灌浆料溢出的排料口。灌浆套筒两边均采用灌浆方式连接钢筋的接头为全灌浆套筒。一端螺栓连接，一端灌浆连接的接头称之为半灌浆套筒。

（2）灌浆料。

钢筋连接用套筒灌浆料是以水泥为基本材料，并配以细骨料、外加剂及其他材料混合而成的，用于钢筋套筒灌浆连接的干混料，简称灌浆料。灌浆料按规定比例加入水搅拌后，具有规定流动性、早强、高强及硬化后微膨胀等性能的浆体为灌浆料拌合物。干料和搅拌水的用量比为 1∶0.12（质量比），即 2 袋（25 kg/包）灌浆料加入 6 kg 水。首先在搅拌设备中加入部分水。再倒入 2 袋灌浆料，最后添加剩余的水量。搅拌时间约 10 min。袋搅拌至 10 min 并出现均匀一致的浆体。浆体需静置消泡后方可使用。静置时间 2 min。浆体随用随搅拌，搅拌完成的浆体必须在 30 min 内用完。搅拌完成后不得再次加水。每工作班组应检查灌浆料拌合物初始流动度不少于一次。初始流动度大于等于 300 mm。

2. 密封材料

密封材料是指填充于建筑物的接缝、裂缝、门窗框、玻璃周边以及管道接头或与其他结构的连接处，能阻塞介质透过渗漏通道，起到水密性、气密性作用的材料。密封件材料有金属材料（铝、铅、铟、不锈钢等），也有非金属材料（橡胶、塑料、陶瓷、石墨等）、复合材料（如橡胶-石棉板、气凝胶毡-聚氨酯），但使用最多的是橡胶类弹性体材料。

密封材料是能承受位移并具有高气密性及水密性而嵌入建筑接缝中的定型和不定型的材料。定型密封材料是具有一定形状和尺寸的密封材料，如密封条带、止水带等；不定型密封材料通常是黏稠状的材料，分为弹性密封材料和非弹性密封材料。按构成类型分为溶剂型、乳液型和反应型；按使用时的组分分为单组分密封材料和多组分密封材料；按组成材料分为改性沥青密封材料和合成高分子密封材料。

为保证防水密封的效果，建筑密封材料应具有高水密性和气密性、良好的黏结性、良好的耐高低温性和耐老化性能、一定的弹塑性和拉伸压缩循环性能。密封材料的选用，应首先考虑它的黏结性能和使用部位。密封材料与被粘基层的良好黏结，是保证密封的必要条件。因此，应根据被粘基层的材质、表面状态和性质来选择黏结性良好的密封材料。对于建筑物中不同部位的接缝，其密封材料的要求也不同，如室外的接缝要求较高的耐候性，而伸缩缝则要求较好的弹塑性和拉伸-压缩循环性能。

（1）分类。

密封材料分为定型密封材料（密封条和压条等）和不定型密封材料（密封膏或嵌缝膏等）两大类。

定型密封材料是根据不同工程要求制成的断面形状呈带状、条状、垫状等的防水材料，专门处理建筑物或地下构筑物的各种接缝，以达到止水和防水的目的。常用的定型密封材料品种和规格很多，主要有止水带和密封垫。

不定型密封材料按原材料及其性能可分为三大类：

① 塑性密封膏。

塑性密封膏是以改性沥青和煤焦油为主要原料制成的，其价格低，具有一定的弹塑性和耐久性，但弹性差，延伸性也较差。

② 弹塑性密封膏。

弹塑性密封膏有聚氯乙烯胶泥及各种塑料油膏。它们的弹性较低，塑性较大，延伸性和黏结性较好。

③ 弹性密封膏。

弹性密封膏是由聚硫橡胶、有机硅橡胶、氯丁橡胶、聚氨酯和丙烯酸荼为主要原料制成的。

（2）特性。

密封材料一般应具有良好的物理和机械性能、回弹性高、压缩永久变形小、密封可靠、加工方便和使用寿命长。硅橡胶密封剂能耐高温和低温、耐辐射、耐真空、无污染、无毒；聚硫橡胶密封剂具有优异的耐航空燃料性能，还有就是耐高温、耐高压、耐摩擦、耐压，这些都是密封行业的主导方向，密封材料的质量直接影响机械身设备的生产效率，假如买到不合适的产品，对设备的使用效率有很大的影响。

实际工程案例

中国南极长城站是典型的预制装配式建筑。中国南极长城站是我国在南极建立的第一个科学考察站，位于南极洲南设得兰群岛的乔治王岛西部的菲尔德斯半岛上，东临麦克斯维尔湾中的小海湾——长城湾，湾阔水深，进出方便，背依终年积雪的山坡，水源充足。中国南极长城站是较早的装配式钢结构，采用聚氨酯复合板、快凝混凝土等新材料新工艺，由设计师指导完成建筑、结构设计、施工组织设计等，把预先制作的装配部件组装而成。

课程思政案例

中国南极长城站是我国在南极建立的第一个科学考察站，如图4.31、图4.32所示。长城站自建站以来，经过扩建，现已初具规模，有各种建筑25座，建筑总面积达4 200 m²，包括办公栋、宿舍栋、医务文体栋、气象栋、通信栋和科研栋等7座主体房屋，还有若干栋科学用房，如固体潮观测室、地震观测室、卫星多普勒观测室、地磁绝对值观测室、高空大气物理观测室、地磁探测室等，以及其他用房。

图4.31　中国南极长城站站碑

图 4.32　中国南极长城站建筑

　　1984 年 11 月 20 日上午 10 点整，黄浦江畔汽笛长鸣，首支中国南极考察队启航。这支队伍共计 592 人（一人中途下船），分乘向阳红 10 号远洋科学调查船和 J121 号打捞救生船前往南极洲。其中 J121 号乘坐的是 308 名海军官兵，负责在陌生航线上保驾护航；向阳红 10 号则乘坐的是 155 名船员和 128 名考察队员。考察队编队总指挥兼临时党委书记由时任国家海洋局副局长陈德鸿担任，南极洲考察队队长由时任南极办主任郭琨担任，南大洋考察队队长由时任国家海洋局第二海洋研究所副所长金庆民担任。

　　进军南极的一个多月间，队员们需要穿越热带、北温带、南温带、南寒带四个气候带，如同穿行于四个季节。短时间内气候、时差的变化，使人的生物节奏紊乱。当时有位记者用数字，描述晕船的痛苦，曰："一蹶不振，二目无神，三餐不进，四肢无力，五脏翻腾，六神无主，七上八下，久（九）卧不起，十分难受。"

　　12 月 12 日，考察船队驶入西风带。西风带，又称暴风圈。七八级的大风是家常便饭，狂风掀起 10 多米的海浪，船就像是骑着浪头在走。有一次，大家正在餐厅里吃饭，舱外一个巨浪从船头打到船尾，霎时间，餐桌上的饭菜哗啦一声全都"蹦"到了地上。摄影师邵振堂回忆："我们睡觉都是用绑带绑上的，浪来了，我们的橘子等水果，一箱一箱的，一个浪来，刹那就不见了，都飞出去了，人要不捆住的话，人也飞出去了。"晕船严重影响了队员们的食欲，很多人吃几口饭便开始呕吐。据郭琨统计，呕吐是 60% 以上的队员都有过的经历。甚至有队员忍不住去找郭琨："队长，太难受了，我想跳海了。"为此，郭琨特别号召"共产党员要带头到餐厅吃饭"。

　　1984 年 12 月 26 日，向阳红 10 号考察船缓缓驶入南极洲乔治王岛的麦克斯韦尔湾，南极陆地一点点靠近了。考察船的到来惊扰了岸上嬉戏的企鹅们。正当队员们兴奋欢呼，极目远眺的时候，在中国考察队预定修建长城站的地方出现了一幕让所有人心里一凉的景象：在我们要登陆那个海滩，竖起了一面国旗。乌拉圭建了几栋小房子。南极大陆无国界，国际惯例实行的是实际存在原则，即谁先占据，谁就在这片区域拥有了优先权。中国人的首次南极之行还未踏上陆地就遭遇挫折。

1984 年 12 月 30 日 15 点 16 分，中国南极洲考察队队长郭琨高举五星红旗，率领全体队员登上南极洲。后来，考察队员们粗略地统计了一下，一路上的 36 天里，有 20 天是暴风雨天气。船抵达目的地的时候，考察队员们一量自己的体重，都减少 4 ~ 6.5 kg。

一切只得从头开始。测绘专家鄂栋臣等人寻找了多天，在费尔德斯半岛头上看到有一片海滩，登陆一看，地基很稳定。于是，考察队将这块海滩确定为中国长城站的站址，鄂栋臣在手画的一张草图上写下中国人在南极命名的第一个地方——长城海湾，见图 4.33。(启航前，经中国南极考察委员会的集体讨论，首个南极科考站将被命名为长城站——取"万里长城向南极延伸"之意。)

图 4.33　中国南极长城站选址

1985 年 2 月 14 日 22 时，我国第一座南极科考站——长城站宣告建成，见图 4.34。

首次南极科考队用顽强的意志、坚忍的毅力和辛勤的汗水，提前完成了长城站主体工程。在接下来的 30 多年里，中国南极中山站 1989 年于东南极大陆顺利落成，成为观测研究南极冰盖、冰架、高空大气物理、南极大陆地质、南大洋的理想之地；中国南极昆仑站于 2009 年落成，它地处南极冰盖最高点冰穹 A 地区，汇聚了冰芯科学、天文学、冰下地质地球物理、大气科学等学科的前沿领域；中国南极泰山站于 2014 年落成，是中山站和昆仑站之间重要的中转站点；尚未建成的罗斯海新站，位于东西南极的交界处，建成后将是研究南极岩石圈、冰冻圈的绝佳位置。依托科考站，我国在南极的科考活动获得综合保障支撑，考察活动范围和领域持续拓展。

图 4.34　建成的中国南极长城站

模块小结

只有在做好允分的现场施工的准备工作（原材料验收与保管、预制构件制作设备与工具）后，才能高效地进行装配式混凝土构件在现场的安装施工。

模块测验

一、判断题（正确请打"√"，错误请打"×"）

1. 装配式建筑混凝土结构施工常用的模板有胶合板、钢模板以及塑料模板。　　（　　）

2. 大钢模板的特点有成型质量好、周转次数高、安全管理高、经济效益好和不宜抢工。（　　）

3. 预制构件钢筋灌浆套筒分为全灌浆套筒和半灌浆套筒。其中，全灌浆套筒的两端连接钢筋均通过灌浆料与钢筋横肋和套筒内侧凹槽之间的咬合进行传力。　　　　　　（　　）

4. 独立支撑，可伸缩调节长度尺寸，相互之间不需要固定的水平连接杆件，安装拆除方便，底部配有固定三脚架，稳定可靠；适用于搭设装配式建筑、现浇构件及悬挑构件的架体支撑。　　　　　　　　　　　　　　　　　　　　　　　　　　　　　　　（　　）

二、简答题

1. 起重机布置的基本原则是什么？

2. 起重机械的类型是什么?
3. 吊装起重机的选择原则是什么?
4. 简述预制构件存放的注意事项。
5. 什么是密封材料?

装配式混凝土构件安装

预制装配式混凝土建筑是将工厂生产的预制混凝土构件，运输到现场，经吊装、装配、连接，接合部分现浇而形成的混凝土结构。预制装配式混凝土建筑在工地现场的施工安装核心工作主要包括三部分：构件的安装、连接和预理以及现浇部分的工作。这三部分的质量管控要点是预制装配式混凝土结构施工质量保证的关键。

若装配式混凝土建筑结构体系及其连接方式不同，则其结构施工关键技术和工艺也有很大的区别。本模块主要从施工安装技术发展历程，预制混凝土构件安装流程，预制混凝土竖向受力构件现场安装施工，预制混凝土水平受力构件现场安装施工，预制混凝土楼梯现场安装施工，预制混凝土外挂墙板现场安装施工，装配式混凝土结构工程的水电安装，装配式混凝土构件的安装质量检查与验收等方面进行阐述。

装配式混凝土建筑的施工与现浇混凝土建筑的施工有很大不同，主要是围绕预制构件安装连接增加了部分新的施工工艺及施工技术。预制构件因结构体系不同会存在一定程度的差异，需结合工程实际情况灵活运用。装配式混凝土建筑的结构施工具有以下特点：

（1）机械化吊装，减少了现场湿作业量。预制构件采用机械化吊装，可与现场各专业施工同步进行，具有施工速度快、工程建设周期短、利于冬期施工的优势。

（2）构件生产质量好、效率高、精度高。预制构件采用定型模板平面施工作业，代替现浇结构立体交叉作业，预制构件可在工厂通过自动化的先进设备生产，生产过程中能够对布模、钢筋加工、钢筋安装、混凝土振捣、构件养护等工序进行智能化控制，构件质量更容易得到保证，精度更高。

（3）功能集成度高，减少施工工序。在预制构件生产环节可采用反打一次成型工艺或立模工艺，将保温、装饰、门窗附件等特殊要求的功能高度集成，减少了物料损耗和施工工序。

（4）管理要求高，需做好前期策划。装配式混凝土建筑的结构施工对从业人员的技术管理能力和工程实践经验要求较高，装配式建筑的设计、生产、施工应做好前期策划，包括项目进度计划、构件深化设计、构件生产及运输方案、装配式建筑施工方案等。

（5）关键工序发生变化，减少现场安全隐患。减少了施工现场的模板工程、钢筋工程、混凝土工程等，预制构件的运输、吊运、安装、支撑等成为施工中的关键。装配式建筑的构件运输到现场后，由专业安装队伍严格遵循流程进行装配，湿作业量降低，减少了安全隐患，同时要加强预制构件吊运及安装的安全管理。

（6）提高建造效率，降低人力成本。装配式建筑的构件由预制工厂批量生产，大量减少脚手架和模板数量，尤其是生产形式较复杂的构件时，优势更为明显；节省了相应的施工流程，提高了建造效率。减少现场施工及管理人员数量，节省了人工费，提高了劳动生产率。

（7）节能环保，减少污染。装配式建筑循环经济特征显著，标准化促进钢模板循环使用，节省了大量脚手架和模板作业，节约了木材等资源。并且由于构件在工厂生产，现场湿作业少，减少了噪声和烟尘及70%以上的建筑垃圾，对环境影响较小，降低了碳排放。

学习目标

了解装配式混凝土构件施工安装技术的发展历程；熟悉预制混凝土构件安装流程；掌握预制柱、预制混凝土剪力墙、预制叠合楼板、预制叠合梁、预制阳台板、预制空调板、预制混凝土楼梯、预制外墙板的现场安装施工工艺流程及其施工要点；了解装配式混凝土结构工程的水电安装；掌握装配式混凝土构件的安装质量检查与验收。

通过我国古代工匠李春课程思政案例，培养学生刻苦钻研和自主创新的爱国精神，激发学生的民族自豪感。

为了全面贯彻绿色、低碳发展理念，以建设绿色、生态、节能建筑为目标，推动住宅建筑工业化发展，依托科技进步和技术创新，全面提高建筑品质、效率、缩短工期，保护环境，节能减排，引导房地产业更好地可持续发展，建筑工程的产业化已经是行业发展的趋势。其突出特点就是在房屋建造的全过程中采用标准化、工厂化、装配化和信息化的工业化生产方式，并形成完整的一体化产业链，从而实现社会化的大生产。

装配式混凝土建筑施工，是指利用起重机械设备，将预先加工预制好的钢筋混凝土构件，按照设计要求组装成完整的建筑结构或构筑物的过程。在装配式施工中，如何合理选择适用的起重机械设备，降低构件加工、安装的难度，提高构件安装的质量，缩短安装时间，提高装配式建筑的整体性等成为影响建筑工程产业化发展的主要因素。

5.1 施工安装技术发展历程

【学习内容】

了解装配式混凝土构件施工安装技术的发展历程。

【知识详解】

预制装配式混凝土结构施工安装是装配式建筑建设过程的重要组成环节，伴随着建筑材料预制方式、施工机械和辅助工具的发展而不断进步。从施工安装的大概念来讲，人类主要经历了三个阶段：人工加简易工具阶段；人工、系统化工具加辅助机械阶段；人工、系统化工具加自动化设备阶段。

第一个阶段在中西方建筑史上都有非常典型的例子：比如中国古代的木结构建筑的安装，石头与木结构的混合安装，孔庙前巨型碑林的安装；西方的教堂、石头建筑的安装等都是典型的案例。这一时期的主要特征是建筑主要靠人力组织、人工加工后的材料,用现有资源加工出工具,借助自然界的地形地势辅以大量的劳力施工安装而成,那时尚没有大型施工机械。

第二个阶段是伴随着工业革命、机械化进程而发展,这个阶段人类开始使用系统化金属工具,借助大小型机械作业,使得建筑施工安装的效率得到飞速的提升,这个阶段一直延续到今天。我们今天所说的预制装配式混凝土结构的施工安装其实就处于这个阶段。这个阶段按照人工和机械的使用占比可细分为初级、中级和高级阶段。

第三个阶段是自动化技术的引入,即人类应用智能机械、信息化技术于建筑安装工程中。这在目前也属于前沿地带,只是应用于一些特殊工程中,属于未来发展方向。

预制装配式混凝土结构施工安装的发展是人类在已有的建筑施工经验基础上,随着混凝土预制技术的发展而不断进步的。20世纪初,西方工业国家在钢结构领域积累了大量的施工安装经验,随着预制混凝土构件的发明和出现,一些装配式的施工安装方法也被延伸到混凝土领域,比如早期的预制楼梯、楼板和梁的安装。到了第二次世界大战结束,欧洲国家对于战后重建有迫切需求,也促进了预制装配式混凝土结构的蓬勃发展,尤其是板式住宅建筑得到了大量的推广,与其相关联的施工安装技术也得到发展。这个时期的特征也是各类预制构件采用钢筋环等作为起吊辅助。

真正意义上的工具式发展以及相关起吊连接件的标准化和专业化起源于20世纪80年代,各类预制装配式混凝土结构的元素也开始愈加多样化,其连接形式也进入标准化的时代。这个时期,各类构件的起吊安装都有非常成熟的工法规定,比如预制框架结构的梁柱板的吊装和节点连接处理。这个时期开始,相关企业也专门编制起吊件和埋件的相关产品的标准和使用说明。到了今天,西方的预制装配式混凝土结构的施工安装与20世纪80年代相比,在产品和工法上也没有太多的变化,新的特征是功能的集成化、更加节能以及信息化技术的引入。

近年来,装配式混凝土结构施工发展取得较好成效。部分龙头企业经过多年研发、探索和实践积累,形成了与装配式建筑相匹配的施工工艺工法。在装配式混凝土结构项目中,主要采取的连接技术包括有灌浆套筒连接和固定浆锚搭接连接方式。部分施工企业注重装配式建筑施工现场组织管理,生产施工效率、工程质量不断提升。越来越多的企业日益重视对项目经理和施工人员的培训,一些企业探索成立专业的施工队伍,承接装配式建筑项目。在装配式建筑发展过程中,一些施工企业注重延伸产业链条发展壮大,正在由单一施工主体发展成为含有设计、生产、施工等板块的集团型企业。一些企业探索出施工与装修同步实施、穿插施工的生产组织方式实施模式,可有效缩短工期、降低造价。

预制装配式混凝土结构的施工发展虽然取得了一定进展,但是整体还处于百花齐放、各自为营的状态,需要进一步的研发,并通过大量项目实践和积累来形成系统化的施工安装组织模式和操作工法。

5.2 预制混凝土构件安装流程

【学习内容】

(1)装配整体式框架结构的安装施工流程;
(2)装配整体式剪力墙结构的安装施工流程;

（3）装配整体式框架-剪力墙结构施工流程；

（4）预制构件安装的主要工序要求。

【知识详解】

装配整体式混凝土结构具有较好的整体性和抗震性。目前，大多数多层和全部高层装配式混凝土结构建筑采用装配整体式混凝土结构，有抗震要求的低层装配式建筑也多是装配整体式混凝土结构。常见的装配式混凝土结构建筑包括装配整体式框架结构、装配整体式剪力墙结构、装配整体式框架-现浇剪力墙 3 种不同的结构体系。

无论什么形式的装配式混凝土结构的施工流程，都应遵循"先柱梁结构，后外墙构件"的安装顺序，预制构件与连接结构同步安装。

装配式混凝土结构"先柱梁结构，后外墙构件"安装是指在建筑主体结构施工中，先将建筑预制柱、预制梁、预制板等主体钢筋混凝土结构施工完毕，再进行预制外墙等构件安装的一种施工方法。即在主体结构施工中，先将主体结构承重部分的柱、梁、板等结构施工完成，待现浇混凝土养护达到设计强度后，再将工厂中预制完成的外墙构件安装到位，从而完成整个结构的施工。

装配式混凝土构件与连接结构施工同步安装是在建筑主体结构施工中，工厂预制混凝土构件在现浇混凝土结构施工过程中同步安装施工，并最终用混凝土现浇成为整体的一种施工方法，即建筑结构构件在工厂中预制成最终成品并运送至施工现场后，在结构施工最初阶段，用塔吊装配式混凝土建筑施工将其吊运至结构施工层面并安装到位。安装的同时，混凝土结构中的现浇柱、墙同步施工，并最终在该层结构所有预制和现浇构件施工完成后，浇筑混凝土形成整体。

5.2.1　装配整体式框架结构的安装施工流程

装配整体式框架结构体系的主要预制构件有预制柱、预制梁、预制叠合楼板等。框架式结构体系是近几年发展起来的，主要参照了日本的相关技术，同时结合我国特点研究而形成的。目前，我国装配式框架结构的适用高度较低，一般适用于低层、多层和高度适中的高层建筑。这种结构形式要求具有开敞的大空间和相对灵活的室内布局。相对于其的结构体系，该体系连接节点单一、简单，结构构件的连接可靠并容易得到保证，方便采用等同现浇的设计概念。框架结构布置灵活，很容易满足不同建筑功能需求，结合外墙板、内墙板以及预制楼板等的应用，可以达到很高的预制率。

装配整体式框架结构体系其标准层的具体安装施工流程如图 5.1 所示。

5.2.2　装配整体式剪力墙结构的安装施工流程

装配整体式剪力墙结构的主要构件为预制剪力墙。预制剪力墙底部留孔或预埋套筒与预留钢筋通过灌浆进行结构连接。装配式整体剪力墙结构体系应用最广，使用的房屋高度最大，主要应用于多层建筑或者低烈度且高度不大的高层建筑中。

装配整体式剪力墙结构的主要受力构件，如内外墙板、楼板等在工厂生产，并在现场组装而成。预制构件之间通过现浇节点连接在一起，有效地保证了建筑物的整体性和抗震性。其标准层的安装施工流程如图 5.2 所示，主要包括预制剪力墙的测量放线、吊装安装、节点钢筋链接及灌浆等工作。

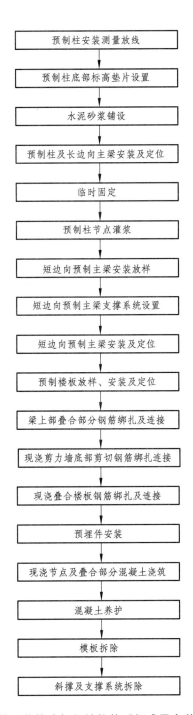

图 5.1 装配整体式框架结构体系标准层安装施工流程

5.2.3 装配整体式框架-剪力墙结构施工流程

预制框架-剪力墙结构体系是由预制柱、梁等框架与剪力墙（预制或者现浇）共同承担竖向和水平荷载及作用的结构，兼有框架结构和剪力墙结构的特点，体系中剪力墙和框架布置灵活，容易实现大空间和较高的适用高度，满足不同建筑功能的要求。其主要预制构件有预制柱、预制主次梁、（预制或现浇）剪力墙等。当剪力墙在结构集中布置形成筒体时，就成为框架-核心筒结构。根据预制构件部位的不同，又可以分为装配整体式框架-现浇剪力墙结构、装配整体式框架-现浇核心筒结构、装配整体式框架-剪力墙结构 3 种形式。其标准层的主要安装施工流程如图 5.3 所示。

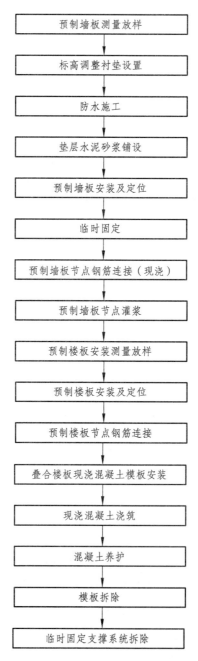

图 5.2　预制剪力墙体系标准层安装施工流程

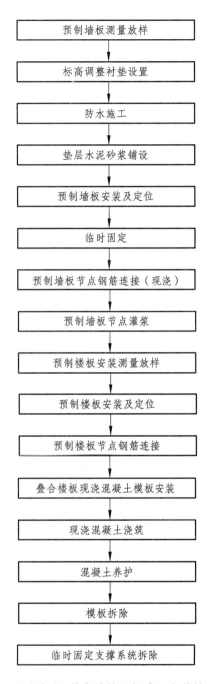

```
预制墙板测量放样
    ↓
标高调整衬垫设置
    ↓
防水施工
    ↓
垫层水泥砂浆铺设
    ↓
预制墙板安装及定位
    ↓
临时固定
    ↓
预制墙板节点钢筋连接（现浇）
    ↓
预制墙板节点灌浆
    ↓
预制楼板安装测量放样
    ↓
预制楼板安装及定位
    ↓
预制楼板节点钢筋连接
    ↓
叠合楼板现浇混凝土模板安装
    ↓
现浇混凝土浇筑
    ↓
混凝土养护
    ↓
模板拆除
    ↓
临时固定支撑系统拆除
```

图 5.3 预制框架-剪力墙体系标准层安装施工流程

5.2.4 预制构件安装的主要工序要求

预制构件的安装一般分为 3 个环节：首先，根据预制构件安装的位置进行测量放线；然后，把构件吊装至相应位置，安装并完成现浇或者采用其他连接方式；最后，完成构件之间的连接和固定。

5.2.4.1　测量放线

测量放线是预制构件安装的第一道工序，对保证预制构件安装精度具有重要的作用。测量放线应遵循先整体后局部的原则，放线完毕后，需要质检人员认真复核确认，才能进行下一步施工。

典型的测量放线工序如下：

（1）首层定位轴线的四个基准外角点（距离相邻两条外轴线 1 m 的垂线交点）使用经纬仪从四周龙门桩上引入，或使用全站仪从现场全球导航卫星定位坐标定位的基准点引入；楼层标高控制点用水准仪从现场水准点引入。

（2）首层定位线。

使用经纬仪利用引入的四个基准外角点放出楼层四周外墙轴线。待轴线复核无误后，作为本层的基准线。

（3）外墙位置线。

以四周外墙轴线为基准线，使用 5 m 钢卷尺放外墙安装位置线。先放出四个外墙角位置线，后放出外墙中部墙体位置线。

（4）内墙位置线。

待四周外墙位置线放好后，以此为控制线，使用 5 m 钢卷尺为工具放出内墙位置线。先放出楼梯间的三面内墙位置线，再放出其他内墙位置线；先放出大墙位置线，后放出小墙位置线；先放出承重墙位置线，后放出非承重墙位置线。

（5）门洞线。

在预留门洞处必须准确无误地放出门洞线。

（6）墙体安装控制线。

在外墙内侧，内墙两侧 20 cm 处放出墙体安装控制线。

（7）墙体标高。

使用水准仪利用楼层标高控制点，控制好预制墙体下垫块表面标高。

（8）水平构件标高控制线。

待预制墙体构件安装好后，使用水准仪利用楼层标高控制点，在墙体放出 50 cm 控制线，以此作为预制叠合梁、板和现浇板模板安装标高控制线。

（9）楼梯控制线。

根据墙线外侧 20 cm 控制线，放出预制楼梯叠合梁安装轴线；根据墙体上弹好的 50 cm 控制线，放出预制楼梯叠合梁安装标高，要注意预制楼梯板表面建筑标高与 50 cm 控制线结构标高的高差。

在楼梯间相应的剪力墙上弹出楼梯踏步的最上一步及最下一步位置，用来控制楼梯安装标高位置。

（1）混凝土浇筑控制线。

在混凝土浇筑前，使用水准仪、标尺放出上层楼板结构标高，在预制墙体构件预留插筋上相应水平位置缠好白胶带，以白胶带下边线为准。在白胶带下边线位置系上细线，形成控制线，控制住楼板、梁混凝土施工标高。

（2）上层标高控制线。

用水准仪和标尺由下层控制线引用至上层。构件安装测量允许偏差：平台面抄平 ±1 mm；预装过程汇总抄平 ±2 mm。

5.2.4.2 预制构件吊装

1. 预制构件吊装基本要求

预制构件的吊装要严格根据施工组织设计的规定要求进行。吊装之前需要认真学习和理解深化设计图纸、吊装方案及与吊装相关的安全规范等。预制构件吊装施工流程主要包括构件起吊、就位、调整、脱钩等环节。通常，在楼面混凝土浇筑完成后开始准备工作。准备工作包括测量放线、临时支撑就位、斜撑连接件安放、止水胶条粘贴等内容。预制构件吊装施工主要涉及钢筋工种的界面配合工作。

预制构件吊装主要应做好以下工作：

（1）确认目前吊装所用的预制构件是否进场、验收、堆放位置和起重机吊装动线是否正确。

（2）机械器具的检查：

① 检查主要吊装用机械器具，检查确认其必要数量及安全性。

② 检查构件吊起用器材、吊具等。

③ 吊装用斜向支撑和支撑架准备。

④ 检查焊接器具及焊接用器材。

⑤ 临时连接铁件准备。

（3）确认从业人员资格及施工指挥人员应符合下列规定：

① 在进行吊装施工之前，要确认吊装从业人员资格及施工指挥人员。

② 工程办公室要备齐指挥人员的资格证书复印件和吊装人员名单，并制成一览表贴在会议室等处。

（4）信号指示方法确认。

吊装确定专门的信号指挥者，并确认信号指示方法不会影响吊装施工的顺利进行。

（5）吊装施工前的确认：

① 建筑物总长、纵向和横向的尺寸及标高。

② 结合用钢筋及结合用铁件的位置与高度。

③ 吊装精度测量用的基准线位置。

（6）预制构件吊点、吊具及吊装设备应符合下列规定：

① 预制构件起吊时的吊点合力宜与构件重心重合，可采用可调式横吊梁均衡起吊就位。

② 预制构件吊装宜采用标准吊具，吊具可采用预埋吊环或内置式连接钢套筒的形式。

③ 吊装设备应在安全操作状态下进行吊装。

（7）预制构件吊装应符合下列规定：

① 预制构件应按施工方案的要求吊装，起吊时绳索与构件水平面的夹角不宜小于 60°，且不应小于 45°。

② 预制构件吊装应采用慢起、快升、缓放的操作方式。预制墙板就位宜采用自上而下的插入式安装形式。

③ 预制构件吊装过程不宜偏斜和摇摆，严禁吊装构件长时间悬挂在空中。

④ 预制构件吊装时，构件上应设置缆风绳控制构件转动，保证构件就位平稳。

⑤ 预制构件的混凝土强度应符合设计要求。当设计无具体要求时，混凝土同条件立方体抗压强度不宜小于混凝土强度等级值的 75%。

（8）预制构件吊装应及时设置临时固定措施，临时固定措施应按施工方案设置，并在安放稳固后松开吊具。

2. 预制构件吊装流程

预制构件卸货时，一般直接堆放在起重机可直接吊装的区域，避免出现二次搬运情况。一方面，可降低机械使用费用；另一方面，也可减少搬运过程中出现的破损情况。如果因为场地条件限制，无法一次性堆放到位，可根据现场实际情况，选择塔式起重机或汽车式起重机进行场地内二次搬运。预制构件吊装流程如图 5.4 所示。

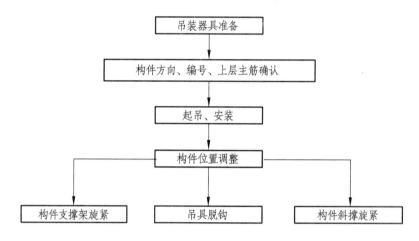

图 5.4 预制构件吊装流程

3. 预制构件吊装准备工作要点

（1）预制构件放置位置的接触面混凝土需要提前清理干净，不能存在颗粒状物质及影响连接性能的粉尘等。

（2）预制构件吊装前需要对楼层混凝土浇筑前埋设的预埋件进行位置、数量确认，避免因找不到预埋件影响吊装进度、工期。

（3）构件吊装前需要对楼面预制构件高程控制垫片进行测设，以此来控制预制构件的标高。

（4）楼面预制构件外侧边缘或三明治外墙板保温层位置预粘贴止水棉条，用于封堵水平接缝，为后续灌浆施工作业做准备。

5.3 预制混凝土竖向受力构件现场安装施工

【学习内容】

（1）预制柱的现场安装施工；

（2）预制剪力墙的现场安装施工。

【知识详解】

竖向受力构件主要包括框架柱和剪力墙。根据《装配式混凝土结构技术规程》（JGJ 1—2014）中的规定：对于高层装配整体式混凝土结构宜设置地下室，地下室宜采用现浇混凝土；剪力墙结构底部加强部位的剪力墙宜采用现浇混凝土；框架结构首层柱宜采用现浇混凝土。预制混凝土剪力墙和框架柱一般用于结构非底部加强部位，竖向受力构件的纵向钢筋一般采用灌浆套筒连接。

5.3.1 预制柱安装

预制混凝土柱构件的安装施工工序为：预留钢筋固定→预留钢筋测量定位及校正→铺设座浆料→柱构件吊装→定位校正和临时固定→钢筋套筒灌浆施工。

1. 预留钢筋固定

对于采用钢筋灌浆套筒连接的结构，其底部现浇混凝土柱与预制柱连接部位预留钢筋位置的准确性，将直接影响预制柱吊装的结构安全和施工速度。

装配式结构楼层以下的现浇结构楼层预留纵向钢筋施工时，为避免钢筋偏位、钢筋预留长度错误造成无法与预制装配式结构楼层预制构件的预留套筒正确连接，应采用钢筋定位措施件对预留竖向钢筋进行预绑、调整检查、准确定位，保证结构顶部纵向预留钢筋位置，预留竖向钢筋定位如图 5.5 所示，钢筋定位措施件如图 5.6 所示。

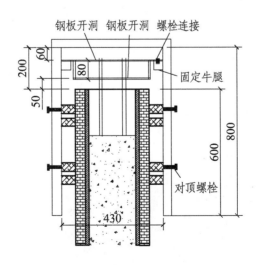

图 5.5 预留竖向钢筋定位

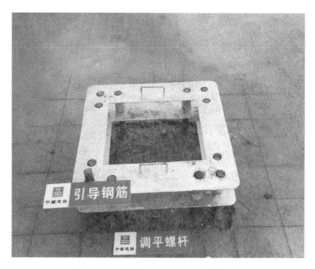

图 5.6　预留钢筋定位措施件

　　定位钢筋应该严格按设计要求进行加工，同时，为了保证预制柱吊装时能更快插入连接套筒中，所有定位钢筋插入段必须采用砂轮切割机切割，严禁使用钢筋切断机切断。切割后应保证插入端无切割毛刺。

　　在吊装前，定位钢筋位置的准确性还应再认真地复查一遍，浇筑混凝土前应该将定位钢筋插入端全部用塑料管包裹，避免被混凝土粘挂污染，待上部预制柱吊装安放前拆除。

　　2. 预留钢筋测量定位及校正

　　楼面混凝土强度达标后，应清理接合面。根据构件定位图，由专业测量员放出测量定位控制轴线、预制柱定位边线及 200 mm 控制线，并做好标识。使用钢筋定位措施件对板面预留竖向钢筋位置进行复核，如图 5.7 所示，检查预留钢筋位置、垂直度、钢筋预留长度是否准确，对不符合要求的钢筋进行矫正，对偏位的钢筋及时进行调整。

图 5.7　板面预留钢筋复核

3. 铺设座浆料

预制柱构件底部与下层楼板上表面间不能直接相连，应有 20 mm 厚的座浆层，以保证两者混凝土能够可靠协同工作。

首先，清理剔凿铺设面的浮灰等杂物。每个预制柱下部四个角部位根据实测数值放置相应高度的垫片进行标高找平，并防止垫片移位。垫块能确保预制构件底标高的正确性。垫片安装位置应注意避免堵塞注浆孔及灌浆连通腔。

其次，洒水润湿安装部位，然后铺设座浆料。铺设时应保证座浆料在预制柱安装范围内铺设饱满。为防止座浆料向四周流散造成座浆层厚度不足，应在柱安装位置四周连续用 50 mm × 20 mm 的密封材料封堵。

座浆层应该在构件吊装前铺设，且不宜铺设太早，以免座浆层凝结硬化失去黏结能力。一般而言，应在座浆层铺设后 1 h 内完成预制构件安装工作，天气炎热或气候干燥时应缩短安装作业时间。

座浆料必须满足以下技术要求：

（1）座浆料坍落度不宜过高，一般在市场购买 40 ~ 60 MPa 的座浆料使用小型搅拌机（容积可容纳一包料即可）加适当的水搅拌而成，不宜调制过稀，必须保证座浆完成后成中间高、两端低的形状。

（2）在座浆料采购前需要与厂家约定浆料内粗集料的最大粒径为 4 ~ 5 mm，且座浆料必须具有微胀性。

（3）座浆料的强度等级应比相应的预制柱混凝土的强度高一个等级。

（4）座浆料强度应该满足设计要求。

4. 柱构件吊装

柱构件吊装宜按照角柱、边柱、中柱顺序进行安装，与现浇部分连接的柱宜先行吊装。

竖向构件吊装前，应做到以下几点：

（1）先检查预埋构件内的吊环是否完好无损，规格、型号、位置正确无误。

（2）构件试吊至距离地面 0.5 m 左右时，应对待吊构件进行核对，同时对起重设备进行安全检查，重点检查预制构件预留螺栓孔丝扣是否完好，杜绝吊装过程中滑丝脱落现象。对吊装难度大的部件必须进行空载实际演练，操作人员对操作工具进行清点。填写施工准备情况登记表，施工现场负责人检查核对签字后方可开始吊装。

（3）信号工确认构件四周安全情况，确定安全后方可缓慢起吊。吊装作业应连续进行，且采用慢起、快升、缓放的操作方式。预制构件在吊装过程中应保持稳定，不得偏斜、摇摆和扭转。起吊应依次逐级增加速度，不应越挡操作。

（4）顺着吊装前所弹墨线缓缓下放预制柱构件，吊装经过的区域下方设置警戒区，施工人员应撤离，由信号工指挥，构件距离安装面约 1.5 m 时，应慢速调整，待构件下降至作业面 1 m 左右高度时施工人员方可靠近操作，以保证操作人员的安全。

（5）楼地面预留插筋与构件预留灌浆套筒逐根对应，全部准确插入注浆管后，构件缓慢下降；构件起吊至施工楼层距离楼地面约 30 cm 时，略作停顿，安装工人校对楼地面上的定位线扶稳预制柱，通过柱底的四面小镜子检查预制柱下口连接套筒与连接钢筋位置是否对准，检查合格后缓慢落钩，使预制柱落至找平垫片上就位放稳。

预制柱吊装如图 5.8 所示。

图 5.8　预制柱吊装

5. 定位校正和临时固定

（1）构件定位校正

构件底部若局部套筒未对准时，可使用倒链将构件手动微调对孔。垂直坐落在准确的位置后拉线复核水平是否有偏差。无误差后，利用预制构件上的预埋螺栓和地面后置膨胀螺栓安装斜支撑杆，复测柱顶标高后方可松开吊钩。

采用两台经纬仪，通过基层轴线对构件的垂直度进行测设，通过斜撑杆可调节螺栓对构件的垂直度进行调整。在调节斜撑杆时必须两名工人同时、同方向，分别调节两根斜撑杆。调整好垂直度后，刮平底部座浆。

安装施工应根据结构特点按合理顺序进行，需考虑平面运输、结构体系转换、测量校正、精度调整及系统构成等因素，及时形成稳定的空间刚度单元。必要时应增加临时支撑结构或临时措施。单个混凝土构件的连接施工应一次性完成。

预制构件安装后，应对安装位置、安装标高、垂直度、累计垂直度进行校核与调整。构件安装就位后，可通过临时支撑对构件的位置和垂直度进行微调，如图 5.9 所示。

（2）构件临时固定。

安装阶段的结构稳定性对保证施工安全和安装精度非常重要，构件在安装就位后，应采取临时措施进行固定。临时支撑结构或临时措施应能承受结构自重、施工荷载、风荷载、吊装产生的冲击荷载等作用，并不至于使结构产生永久变形。

对于预制柱，由于其底部纵向钢筋可以起到水平约束的作用，一般仅设置上部支撑。柱的斜支撑也最少要设置两道，且应设置在两个相邻的侧面上，水平投影相互垂直。

图 5.9　预制柱安装

预制柱就位后，采用长短两条斜向支撑将预制柱临时固定。斜向支撑主要用于固定与调整预制柱体，确保预制柱安装垂直度，加强预制柱与主体结构的连接，确保灌浆和后浇混凝土浇筑时，柱体不产生位移。

楼面斜支撑常规采用膨胀螺栓进行安装。安装时需与安装处楼面板预埋管线及钢筋位置、板厚等因素进行统合考虑，避免损坏、打穿、打断楼板预埋线管、钢筋、其他预埋装置等，打穿楼板。

采用定位调节工具对预制柱进行微调。调整短支撑调节柱位置，调整长支撑以调整柱垂直度，用撬棍拨动预制柱、用铅锤、靠尺校正柱体的位置和垂直度，并可用经纬仪进行检查。经检查预制柱水平定位、标高及垂直度调整准确无误后紧固斜向支撑，搭设梯子卸去吊索卡环。

竖向构件吊装
施工技术

在安装下一层预制柱前，柱顶部纵向钢筋留出自由端高度，这是因为柱纵向钢筋自由端较长，在后续钢筋绑扎、混凝土浇捣作业中容易产生偏位。为了避免钢筋偏位后无法与下一层预制柱的预留套筒连接，在预制柱吊装完毕后应安装钢筋定位措施件，固定预制柱顶部纵向钢筋位置。

预制柱斜支撑应在预制柱与连接节点部位后浇混凝土或灌浆料强度达到设计要求，且上部构件吊装完成后进行拆除。拆除的模板和支撑应分散堆放并及时清运，应采取措施避免施工集中堆载。

6. 钢筋套筒灌浆施工

钢筋套筒灌浆的灌浆施工是装配式混凝土结构工程的关键环节之一。在实际工程中，连接的质量很大程度取决于施工过程控制。钢筋套筒灌浆施工内容详见本书模块6。

5.3.2　预制剪力墙安装

预制剪力墙安装施工工艺流程如图 5.10 所示。

预制混凝土剪力墙构件的安装施工工序主要包括:预留钢筋测量定位及校正→测量放线→封堵分仓→构件吊装→定位校正和临时固定→钢筋套筒灌浆施工。其中测量放线、构件吊装、定位校正和临时固定的施工工艺可参见预制柱的施工工艺。

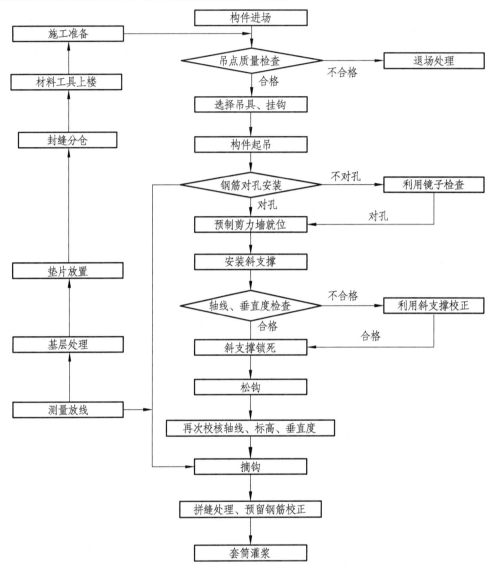

图 5.10　预制剪力墙安装施工工艺流程

1. 预留钢筋测量定位及校正

使用钢筋定位措施件对板面预留竖向钢筋位置进行复核,如图 5.11 所示,检查预留钢筋位置、垂直度、钢筋预留长度是否准确,对不符合要求的钢筋进行矫正,对偏位的钢筋及时进行调整。

图 5.11　板面预留钢筋复核

2. 预制剪力墙安装位置测量放线

预制剪力墙安装施工前,应清理楼地面,由专业测量员在楼面上放出测量定位控制轴线、预制墙板纵横轴线、预制墙体轮廓线、预制墙体定位控制线(轮廓线以外300 mm),并设置好预制剪力墙安装定位标志。

装配式剪力墙结构测量放线主要包括以下内容:

(1)每层楼面轴线垂直控制点不应少于4个,楼层上的控制轴线应使用经纬仪由底层原始点直接向上引测。

(2)每个楼层应设置1个引程控制点。

(3)预制构件控制线应由轴线引出。

(4)每块预制墙板应有纵、横控制线各两条。

图 5.12 所示为预制墙板边线位置的测量放样。测量过程中应该及时将所有柱、墙、门洞的位置在地面弹好墨线,并对楼层高程进行复核。

图 5.12　预制墙板边线放样

3. 封堵分仓

采用注浆法实现构件间混凝土可靠连接,是通过灌浆料从套筒流入原座浆层充当座浆料而实现。相对于座浆法,注浆法无须担心吊装作业前座浆料失水凝固,并且先使预制构件落位后再注浆也易于确定座浆层的厚度。

构件吊装前,应预先在构件安装位置预设 20 mm 厚垫片,以保证构件下方注浆层厚度满足要求。然后沿预制构件外边线用密封材料进行封堵(图 5.13)。当预制构件长度过长时,注浆层也随之过长，不利于控制注浆层的施工质量。这时可将注浆层分成若干段，各段之间用座浆材料分隔，注浆时逐段进行。这种注浆方法叫作分仓法。连通区内任意两个灌浆套筒间距不宜超过 1.5 m。

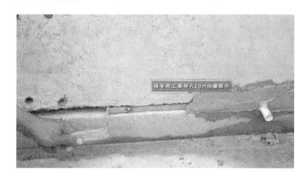

图 5.13　封堵注浆层

4. 构件吊装

（1）吊装时采用带专用吊钩的模数化通用吊梁（图 5.14），并加设缆风绳。

预制墙板吊装时，为了保证墙体构件整体受力均匀，应采用 H 型钢焊接而成的专用吊梁（即模数化通用吊梁），根据各预制构件吊装时不同尺寸、重量，及不同的起吊点位置，设置模数化吊点，确保预制构件在吊装时吊装钢丝绳保持竖直。专用吊梁下方设置专用吊钩，用于悬挂吊索，进行不同类型预制墙体的吊装。

图 5.14　模数化通用吊梁

（2）起吊过程注意事项

① 与现浇部分连接的墙板宜先行吊装，其他宜按照外墙先行吊装的原则进行吊装。

② 预制构件按施工方案吊装顺序预先编号，严格按编号顺序起吊。

③ 吊装施工前由质量工程师核对墙板型号、尺寸，检查质量无误后，由操作熟练的吊装工人负责墙体的挂钩起吊。挂完钩后，待挂钩人员撤离至安全区域时，由下面信号工确认构件四周安全情况，确认无误后进行试吊，指挥缓慢起吊。

④ 指挥吊车将预制墙体垂直起吊到距离地面约 0.5 m 高时，进行起吊装置安全确认，确保起吊预制墙体足够水平后，方可继续起吊作业。

⑤ 预制构件在吊装过程中应保持稳定，不得偏斜、摇摆和扭转。竖向构件吊装应采用慢起、快升、缓放的操作方式。

⑥ 竖向构件吊装至操作面上空 4 m 左右位置时，利用缆风绳初步控制构件走向至操作工人可触摸到的构件高度。

⑦ 待预制墙体距离楼层面 1 m 左右时，吊装人员可手扶引导墙体落位。楼地面预留插筋与构件预留灌浆套筒逐根对应，全部准确插入注浆管后，构件缓慢下降。预制墙板吊运至施工楼层距离楼面约 30 cm 时，略作停顿，由安装工人对着楼地面上弹好的预制墙板定位线扶稳墙板，并通过小镜子检查墙板下口套筒与连接钢筋位置是否对准，检查合格后缓慢下降，使墙板落至找平垫片上就位放稳，同时解除缆风绳。

⑧ 竖向构件底部与楼面保持 20 mm 空隙，确保灌浆料的流动；其空隙使用 1 ~ 10 mm 不同厚度的垫块，确保竖向构件安装就位后符合设计标高。

预制墙板吊装如图 5.15 所示。

图 5.15　预制剪力墙吊装

5. 临时固定和校正

（1）预制剪力墙板临时固定。

墙体吊装之前可在室内架设激光扫平仪，扫平标高设置为 1 000 mm。墙体定位完成缓慢降落过程中通过激光线与墙体 1 000 mm 控制线进行校核，墙体下部通过调节垫片进行标高调节，直至激光线与墙体 1 000 mm 控制线重合。墙体吊装完成后，控制线距楼层标高应为（1 000 ± 3）mm。

对于预制剪力墙板，临时斜支撑一般安放在其背后，且一般不少于两道；对于宽度比较小的墙板，也可仅设置一道斜支撑。当墙根底部没有水平约束时，墙板的每道临时支撑包括上部斜撑和下部支撑，下部支撑可做成水平支撑或斜向支撑。

临时斜支撑与预制构件一般做成铰接，并通过预埋件进行连接。考虑到临时斜支撑主要承受的是水平荷载，为充分发挥其作用，对上部的斜支撑，其支撑点与板底的距离不宜大于板高的 2/3，且不应小于高度的 1/2。临时斜支撑固定见图 5.16。

斜支撑底部与楼面用地脚螺栓锚固，并与楼面的水平夹角不应小于 60°。垂直度的细部调整通过两个斜撑上的螺纹套管调整来实现，两边要同时调整。在确保两个墙板斜撑安装牢固后方可松钩。

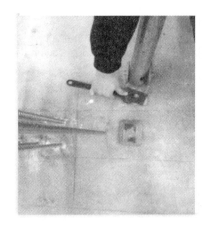

图 5.16　临时斜支撑固定

调整复核预制构件的水平位置和标高、垂直度及相邻墙体的平整度后，填写预制构件安装验收表，由施工现场负责人及甲方代表（或监理）签字后才能进入下道工序，依次逐块吊装直至本层预制墙板全部吊装就位。

预制墙板斜支撑和限位装置应在连接节点和连接接缝部位后浇混凝土或灌浆料强度达到设计要求后拆除；当设计无具体要求时，后浇混凝土或灌浆料应达到设计强度的 75%以上方可拆除。

（2）预制剪力墙板校正。

预制剪力墙板安装时，应对安装位置、安装标高、垂直度、累计垂直度进行校核与调整，如图 5.17 所示。

图 5.17　预制剪力墙板垂直度校正

　　预制墙板安装就位后，可通过临时斜撑对构件的位置和垂直度进行调整。通过短支撑调节墙板位置，通过长支撑以调整墙板垂直度。用撬棍拨动墙板，通过铅锤、靠尺等校正墙板的位置和垂直度，并随时用检测尺进行检查。另外，通过水平标高控制线或水平仪对墙板水平标高予以校正，通过测量时放出的墙板位置线、控制轴线校正墙板位置，并利用小型千斤顶对偏差予以微调。

　　经检查预制墙板水平定位、标高及垂直度调整准确无误后紧固斜向支撑，卸去吊索卡环。

6. 钢筋套筒灌浆施工

　　灌浆前应合理选择灌浆孔。一般来说，宜选择从每个分仓位于中部的灌浆孔灌浆，灌浆前将其他灌浆孔严密封堵。灌浆操作要求与座浆法相同。直到该分仓各出浆孔分别有连续的浆液流出时，注浆作业完毕，将注浆孔和所有出浆孔封堵。

　　钢筋套筒灌浆施工具体内容详见本书模块 6。

5.4　预制混凝土水平受力构件现场安装施工

【学习内容】

（1）预制混凝土叠合楼板的现场安装施工；
（2）预制混凝土叠合梁的现场安装施工；
（3）预制阳台板、空调板的现场安装施工。

【知识详解】

5.4.1　预制混凝土叠合楼板安装

预制叠合楼板安装施工工艺流程如图 5.18 所示。

预制叠合楼板的安装施工

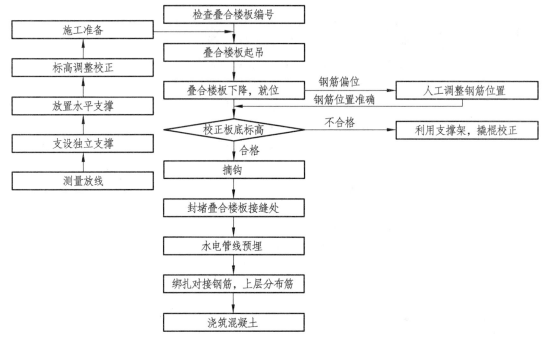

图 5.18　预制叠合板安装施工工艺流程

预制混凝土叠合楼板的安装施工工序主要包括：测量放线→楼板底支撑体系安装→预制叠合楼板吊装→楼板吊装铺设完毕后的检查→附加钢筋及楼板下层横向钢筋安装→水电管线敷设、连接→楼板上层钢筋安装→预制楼板底部拼缝处理→检查验收→浇筑叠合层混凝土→拆除模板。

预制混凝土叠合楼板的安装施工应符合下列规定：

（1）测量放线。

在每条吊装完成的梁或墙口上测量并弹出相应的叠合楼板四周控制线，并在构件上标明每个构件所属的吊装顺序和编号，便于工人辨认。

（2）楼板底支撑体系安装。

叠合楼板的支撑应根据设计要求或施工方案设置，支撑标高除应符合设计规定外，还应考虑支撑本身的施工变形。叠合楼板的支撑体系必须有足够的强度和刚度，楼板支撑体系除标高应符合设计规定外，还应考虑支撑本身的施工变形，以保证楼板浇筑成型后底面平整，如图 5.19 所示。

支撑体系架设后，调节木方顶面至板底设计标高。楼板支撑体系木工字梁设置方向垂直于叠合楼板内格构梁的方向。起始支撑设置根据叠合板与边支座的搭设长度来决定，当叠合楼板边与边支座的搭接长度大于或等于 40 mm 时，叠合楼板边支座附近 1.5 m 内无需设置支撑；当叠合楼板与边支座的搭接长度小于 35 mm 时，需在叠合楼板边支座附近 200～500 mm 设置一道支撑体系。

叠合楼板支撑体系安装应垂直，三角支架应卡牢。支撑最大间距不得超过 1.8m，当跨度大于 4 m 时应在房间中间位置适当起拱。

图 5.19　楼板支撑体系

（3）预制叠合楼板吊装。

叠合楼板吊装前应将支座基础面及楼板底面清理干净，避免点支撑。吊装时先吊铺边缘窄板，然后按照顺序吊装剩下板块。

叠合楼板起吊点位置应合理布置，起吊就位垂直平稳，每块楼板起吊需设 4 个起吊点，吊点位置一般位于叠合楼板中格构梁上弦与腹筋交接处或叠合楼板本身设计有吊环处，距离板端为整个板长的 1/5～1/4，具体的吊点位置需设计人员确定，如图 5.20 所示。吊装锁链采用专用锁链和 4 个闭合吊钩，平均分担受力，多点均衡起吊，单个锁链长度为 4 m。

吊装应按顺序进行，待叠合楼板下落至操作工人可用手接触的高度时，再按照叠合楼板安装位置线进行安装，根据叠合楼板安装位置线校核叠合楼板的板带间距。叠合楼板的搁置长度应满足设计要求，宜设置厚度不大于 30 mm 的座浆或垫片。

叠合楼板吊装过程中，在作业层上空 300 mm 处略作停顿，根据叠合楼板位置调整叠合楼板方向进行定位。吊装过程中注意避免叠合楼板上的预留钢筋与框架柱上的竖向钢筋碰撞，叠合楼板停稳慢放，以免吊装放置时冲击力过大导致板面损坏。

（a）叠合板吊装

（b）叠合板安装

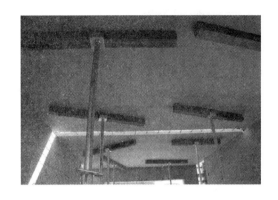

（c）叠合板搁置   （d）叠合板标高调节

图 5.20　预制叠合楼板吊装过程

　　预制叠合楼板吊装完后，应对板底接缝高差进行校核。当叠合楼板板底接缝高差不满足设计要求时，应将构件重新起吊，通过可调托座进行调节。叠合楼板铺设完毕后，板的下边缘不应该出现高低不平的情况，也不应出现空隙，局部无法调整避免的支座处出现的空隙做封堵处理，支撑可以做适当调整，使板的底面保持平整、无缝隙。

　　（4）附加钢筋及楼板下层横向钢筋安装。

　　叠合楼板安装调平后，即可进行附加钢筋及楼板下层横向钢筋的安装，具体安装根据招标方提供图纸进行，钢筋均应由施工单位提前加工制作，并现场安装。

　　（5）水电管线敷设及预埋。

　　叠合楼板部位的机电线盒和管线根据深化设计图纸要求，布设机电管线，如图 5.21 所示。

　　楼板上层钢筋安装完成后，进行水电管线的敷设与连接工作，为便于施工，叠合楼板在工厂生产阶段已将相应的线盒及预留洞口等按设计图纸预理在叠合楼板中，施工过程中各方必须做好成品保护工作。

　　待机电管线铺设完毕清理干净后，根据在叠合楼板上方钢筋间距控制线进行钢筋绑扎，保证钢筋搭接和间距符合设计要求。同时利用叠合楼板桁架钢筋作为上部钢筋的马凳，确保上部钢筋的保护层厚度。

图 5.21　管线预埋

　　（6）楼板上层钢筋安装。

　　水电管线敷设完毕后，钢筋工即可进行楼板上层钢筋的安装，如图 5.22 所示。

楼板上层钢筋设置在格构梁上弦钢筋上并绑扎固定，以防止偏移和混凝土浇筑时上浮。对已铺设好的钢筋、模板进行保护，禁止在底模上行走或踩踏，禁止随意扳动、切断格构钢筋。

图 5.22　楼板上层钢筋安装

（7）叠合楼板底部接缝处理。

在墙板和楼板混凝土浇筑之前，应派专人对叠合楼板底部拼缝及其与墙板之间的缝隙进行检查，对一些缝隙过大的部位进行支模封堵处理，以免影响混凝土的浇筑质量。待钢筋隐检合格，叠合面清理干净后浇筑叠合楼板混凝土。

（8）检查验收。

上述所有工作都完成以后，施工单位质检人员应先对其进行全面检查，自检合格后，报监理单位（或业主单位）进行隐蔽工程验收；经验收合格，方可进行下道工序施工。

（9）浇筑叠合层混凝土。

控制施工荷载不应超过设计规定，并应避免单个预制构件承受较大的集中荷载与冲击荷载。

叠合楼板混凝土浇筑前，应检查结合面粗糙度，并应检查及校正预制构件的外露钢筋。对叠合楼板面进行认真清扫，并在混凝土浇筑前进行湿润。

叠合楼板混凝土浇筑时，为了保证叠合楼板及支撑受力均匀，混凝土浇筑采取从中间向两边浇筑，连续施工，一次完成。同时使用平板振动器振捣，确保混凝土振捣密实。

根据楼板标高控制线，控制板厚，浇筑时采用 2 m 刮杠将混凝土刮平，随即进行混凝土收面及收面后拉毛处理。

混凝土浇筑完毕后立即进行塑料薄膜养护，养护时间不得少于 7 d。

（10）拆除模板。

叠合楼板应在后浇混凝土强度达到设计要求（表 5.1）后，方可拆除支撑或承受施工荷载。

表 5.1　模板与支撑拆除时的后浇混凝土强度要求

构件类型	构件跨度/m	达到设计混凝土强度等级值的百分率/%
板	≤2	≥50
	>2，≤8	≥75
	>8	≥100
梁	≤8	≥75
	>8	≥100
悬臂构件		≥100

5.4.2 预制混凝土叠合梁安装

预制混凝土叠合梁的安装施工工艺与叠合楼板工艺类似。现场施工时应将相邻的叠合梁与叠合楼板协同安装，两者的叠合层混凝土同时浇筑，以保证建筑的整体性能。

预制叠合梁的安装施工

预制混凝土叠合梁的具体吊装流程为：测量放线（梁搁柱头边线）→设置梁底支撑→起吊就位安放→微调定位。

（1）测量放线。

用水平仪测量并修正柱顶与梁底标高，确保标高一致，在柱上弹出梁边控制线；在柱身弹出结构 1 m 线，据此调节预埋牛腿板高度。

（2）设置梁底支撑。

预制叠合梁吊装的定位和临时支撑非常重要，准确的定位决定着安装质量，而合理地使用时临支撑不仅是保证定位质量的手段，也是保证施工安全的必要措施。

叠合梁吊装前，在叠合梁位置下方须先架设好支撑架。应测量并修正临时支撑标高，确保与叠合梁底标高一致，并在柱上弹出叠合梁边控制线。

叠合梁底支撑采用立杆支撑 + 可调顶托 + 100 mm × 100 mm 木方，叠合梁的标高通过支撑体系的顶丝来调节。

叠合梁底支撑设置方向垂直于叠合楼板内格构梁的方向，且必须有足够的强度和刚度。叠合梁底边支座不得大于 500 mm，间距不大于 1 200 mm。

（3）起吊就位安放。

安装前，应复核柱钢筋与叠合梁钢筋位置、尺寸，对叠合梁钢筋与柱钢筋位置有冲突的，应按经设计单位确认的技术方案调整。

叠合梁起吊时，用吊索勾住扁担梁的吊环，吊索应有足够的长度以保证吊索和扁担梁之间的角度不小于 60°，如图 5.23 所示。

图 5.23 预制叠合梁吊装

需要注意主次梁吊装顺序，同一个支座的梁，梁底标高低的先吊，次梁吊装须待两向主梁吊装完成后才能吊装。即遵循先主梁后次梁、先低后高的整体吊装顺序原则，根据钢筋搭接顺序，谁的钢筋在下谁先吊装。

待预制叠合楼板吊装完成后，叠合次梁与预制主梁之间的凹槽采用灌浆料填实。

（4）微调定位。

当叠合梁初步就位后，应对水平度、安装位置、标高进行检查。叠合梁两侧安装位置借助柱上的梁控制线进行精确调整。叠合梁的标高通过支撑体系的顶丝来调节，在调平的同时需将下部可调支撑上紧，这时方可松去吊钩。

安装时叠合梁伸入支座的长度与搁置长度应符合设计要求。

装配式混凝土建筑梁柱节点处作业面狭小且钢筋交错密集，施工难度极大。因此，在拆分设计时即考虑好各方向主、次梁纵向钢筋的锚固关系，直接设计出必要的弯折。此外，吊装方案要按拆分设计考虑吊装顺序，吊装时则必须严格按吊装方案控制预制叠合梁先后吊装顺序。安装前，应复核柱钢筋与梁钢筋位置、尺寸，对梁钢筋与柱钢筋位置有冲突的，应按经设计单位确认的技术方案调整。

预制叠合梁应在后浇混凝土强度达到设计要求（表 5.1）后，方可拆除底模和支撑。

5.4.3　预制阳台板、空调板安装

装配式混凝土建筑的阳台一般设计成封闭式阳台，其楼板采用钢筋桁架叠合板；部分项目采用全预制悬挑式阳台。空调板以全预制悬挑式构件为主，全预制悬挑式构件是通过将甩出的钢筋伸入相邻楼板叠合层足够锚固长度，通过相邻楼板叠合层后浇混凝土与主体结构实现可靠连接。

预制阳台板、空调板安装

预制混凝土阳台、空调板的现场安装施工工艺为：测量放线→安装底部支撑并调整→安装构件→（绑扎叠合层钢筋）→浇筑叠合层混凝土→拆除模板（图 5.24）。

图 5.24　阳台板安装

预制阳台板、空调板安装施工均应符合下列规定：

（1）测量放线。

安装预制阳台板和空调板前测量并弹出相应周边（板、梁、柱）的控制线。

（2）设置板底支撑。

预制阳台板、空调板安装前应设置支撑架，防止构件倾覆。板底支撑采用钢管脚手架 + 可调顶托 + 100 mm × 100 mm 木方（或工字形木等），吊装前校对支撑高度是否有偏差，并作出相应调整。

（3）起吊就位安放：

① 预制阳台板吊装宜选用专用型框架吊装梁，预制空调板吊装可采用吊索直接吊装。吊装前应进行试吊装，且检查吊具预埋件是否牢固。

② 施工管理及操作人员应熟悉施工图纸，应按照吊装流程核对构件编号，确认安装位置，并标注吊装顺序。

③ 每块预制构件吊装前测量并弹出相应周边（隔板、梁、柱）控制线。

④ 吊装时注意保护成品，以免墙体边角被撞。

⑤ 预制阳台板、空调板吊装采用四点吊装。在预制阳台板、空调板吊装的过程中，预制构件吊至设计位置上方 100 mm 处停顿，调整位置，使锚固钢筋与已完成结构预留筋错开，然后进行安装就位。安装时动作要慢，构件边线与控制线吻合。预制阳台板、空调板预留的锚固钢筋应伸入现浇结构内，与现浇结构连成整体。

⑥ 当一跨板吊装结束后，要根据板周边线、隔板上弹出的标高控制线对板标高及位置进行精确调整，以确保误差控制为 2 mm。

⑦ 悬臂式全预制阳台板、空调板、太阳能板甩出的钢筋都是负弯矩筋，首先应注意钢筋绑扎位置的准确。同时，在后浇混凝土过程中要严格避免踩踏钢筋而造成钢筋向下位移。

⑧ 阳台板施工荷载不得超过设计的 1.5 kN/ m^2，施工荷载宜均匀布置。

（4）复核。

预制阳台板、空调板属于悬挑板，其校核主要控制其标高和两个水平方向的位置即可满足安装要求。

待预制阳台板、空调板等悬挑构件与连接部位的主体结构（梁、板、柱、墙）混凝土强度达到设计要求强度 100% 时，并应在装配式结构能达到后续施工承载要求后，方可拆除支撑架。

5.5 预制混凝土楼梯现场安装施工

【学习内容】

（1）弹出控制线；

（2）清理安装面、铺设找平层；

（3）预制楼梯吊装；

（4）预制楼梯微调就位；

（5）与现浇部位连接灌浆；

（6）预制楼梯板安装保护。

【知识详解】

预制楼梯的现场安装施工工艺流程：弹出控制线→清理安装面、铺设找平层→预制楼梯吊装→预制楼梯微调就位→与现浇部位连接灌浆→检查验收。

其安装施工过程应符合下列规定：

（1）弹出控制线。

吊装前，熟悉图纸，检查核对构件编号，并对吊装顺序进行编号。

楼梯周边梁板浇筑完成后，确定安装位置，测量并弹出相应预制楼梯构件端部和侧边安装控制线，对控制线及标高进行复核。

（2）清理安装面、铺设找平层。

楼梯侧面距结构墙体预留 30 mm 空隙，为后续初装的抹灰层预留空间。梯井之间根据楼梯栏杆安装要求预留 40 mm 空隙。

构件安装前，应将找平层清扫干净，并在楼梯段上、下口梯梁处铺 20 mm 厚 C25 细石混凝土找平灰饼，以保证预制楼梯构件与梯梁之间的良好结合与密实。找平层施工完毕后，应对找平层标高用拉线、尺量的方法进行复核，标高允许偏差为 5 mm。

（3）预制楼梯吊装。

预制楼梯采用水平吊装，吊装时，应使踏步呈水平状态，便于就位。吊装用吊环用螺栓将通用吊耳与预制楼梯板预埋吊装内螺母连接，使钢丝绳吊具及倒链连接吊装。起吊前检查卸扣卡环，确认牢固后方可继续缓慢起吊。

预制楼梯起吊前应进行试吊，检查吊点位置是否准确，吊索受力是否均匀等，试起吊高度不应超过 1 m。预制楼梯的吊装如图 5.25 所示。

预制楼梯就位，就位时预制楼梯要从上向下垂直安装，待预制楼梯吊装至作业面上方 300～500 mm 略作停顿，施工人员手扶预制楼梯调整方向，调整预制楼梯位置板边线基本与控制线吻合。放下时要求稳停慢放，严禁快速猛放，以免冲击力过大造成楼梯板震折损坏。

图 5.25　预制混凝土楼梯安装

（4）预制楼梯微调就位。

预制楼梯板基本就位后，根据已放出的楼梯控制线，用撬棍或其他工具微调、校正，搁置平实。先保证楼梯两侧准确就位，再使用水平尺和倒链调节水平。

滑动式楼梯上部与主体结构连接多采用固定式连接，下部与主体结构连接多采用滑动式连接。施工时应先固定上部固定端，后固定下部滑动端。

（5）与现浇部位连接灌浆。

预制楼梯吊装完毕后应当立即组织验收，对预制楼梯外观质量、标高、定位进行检查。

验收合格后应及时进行灌浆及嵌缝。通常梯段与结构梁间的缝隙需要进行嵌缝处理时采用挤塑聚苯板填充。梯段上端属于固定铰支，采用 C40 细石混凝土作为灌浆料，用 M10 水泥砂浆封堵收平。梯段下端属于滑动铰支，需将预埋螺栓的螺母固定好，上面再用 M10 水泥砂浆封堵收平。

灌浆前需要对基层进行清扫，基层表面不得有杂物，灌浆宜采用分层浇筑的方式，每层厚度不宜大于 100 mm。灌浆要求从楼梯板的一侧向另外一侧灌注，待灌浆料从另一侧溢出后表示灌满。灌浆过程中需要观察有无浆料渗漏现象，出现渗漏应及时封堵。灌浆完成 30 min 内需要进行保湿或覆膜养护。灌浆结束后 4 h 内应加强养护，不得施加有害的振动、冲击力等。

（6）预制楼梯板安装保护。

预制楼梯板进场后堆放不得超过四层，堆放时垫木必须垫放在楼梯吊装点下方。

在吊装前预制楼梯采用多层板钉成整体踏步台阶形状保护踏步面不被损坏，并且将楼梯两侧用多层板固定做保护。

在吊装预制楼梯之前将楼梯预留灌浆圆孔处砂浆、灰土等杂质清除干净，确保预制楼梯灌浆质量。

5.6 预制混凝土外挂墙板现场安装施工

【学习内容】

（1）预制混凝土外挂墙板施工前准备；
（2）预制混凝土外挂墙板的安装与固定；
（3）预制混凝土外挂墙板板缝的防水处理。

【知识详解】

预制混凝土外挂墙板是安装在主体结构（一般为钢筋混凝土框架结构、框架-剪力墙结构、钢结构）上，起围护、装饰作用的非承重预制混凝土外墙板。按装配式结构的装配程序分类属于"后安装法"。

预制混凝土外挂墙板与主体结构的连接采用柔性连接构造，主要有点支撑和线支撑两种安装方式；按装配式结构的装配工艺分类，属于"干作法"。

根据以上外挂墙板的特点，首先必须重视外挂节点的安装质量保证其可靠性；对于外挂墙板之间必须有的构造缝隙，必须进行填缝处理和打胶密封。

5.6.1 施工前准备

（1）预制混凝土外挂墙板安装前应该编制安装方案，确定预制混凝土外挂墙板水平运输、垂直运输的吊装方式，进行设备选型及安装调试。

（2）主体结构预埋件应在主体结构施工时按设计要求埋设。预制混凝土外挂墙板安装前应在施工单位对主体结构和预埋件验收合格的基础上进行复测，对存在的问题应与施工、监理、设计单位进行协调解决。主体结构及预埋件施工偏差应符合现行国家标准《混凝土结构施工质量验收规范》（GB 50204）的规定，垂直方向和水平方向最大施工偏差应该满足设计要求。

（3）预制混凝土外挂墙板在进场前应进行检查验收，不合格的构件不得安装使用，安装用连接件及配套材料应进行现场报验，复试合格后方可使用。

（4）预制混凝土外挂墙板的现场存放应该按安装顺序排列并采取保护措施。

（5）墙板安装人员应提前进行安装技能和安装培训工作，安装前施工管理人员要做好技术交底和安全交底。施工安装人员应充分理解安装技术要求和质量检验标准。

5.6.2　安装与固定

（1）预制混凝土外挂墙板正式安装前，应根据施工方案要求进行试安装，经过试安装并验收合格后可进行正式安装。

（2）预制混凝土外挂墙板应该按顺序分层或分段吊装，吊装应采用慢起、稳升、缓放的操作方式，应系好缆风绳控制构件转动。在吊装过程中应保持稳定，不得偏斜、摇摆和扭转，如图 5.26 所示。

图 5.26　预制混凝土外挂墙板吊装

应采取保证构件稳定的临时固定措施，预制混凝土外挂墙板的校核与偏差调整应按以下要求：

① 预制混凝土外挂墙板侧面中线及板面垂直度的校核，应以中线为主调整。

② 预制混凝土外挂墙板上下校正时，应以竖缝为主调整。

③ 墙板接缝应以满足外墙面平整为主，内墙面不平或翘曲时，可在内装饰或内保温层内调整。

④ 预制混凝土外挂墙板山墙阳角与相邻板的校正，以阳角为基准调整。

⑤ 预制混凝土外挂墙板拼缝平整的校核，应以楼地面水平线为准调整。

（3）预制混凝土外挂墙板安装就位后，应对连接节点进行检查验收，隐藏在墙内的连接节点必须在施工过程中及时做好隐检记录。

（4）预制混凝土外挂墙板均为独立自承重构件，应保证板缝四周为弹性密封构造。安装时，严禁在板缝中放置硬质垫块，避免预制混凝土外挂墙板通过垫块传力造成节点连接破坏。

（5）节点连接处外露铁件均应做防腐处理，对于焊接处镀锌层破坏部位必须涂刷三道防腐涂料，对有防火要求的铁件应采用防火涂料喷涂处理。

（6）预制混凝土外挂墙板安装质量的尺寸允许偏差检查，应符合规范要求。

5.6.3 板缝的防水处理

1. 预制混凝土外挂墙板板缝的防水处理

预制混凝土外挂墙板连接接缝防水节点基层及空腔排水构造做法应符合设计要求，通过设置高低缝、发泡聚乙烯棒、外封建筑密封胶等构造做法来达到防水的目的。

板缝防水施工人员应经过培训合格后上岗，具备专业打胶资格和防水施工经验。

预制外墙板外侧水平、竖直接缝的防水密封胶封墙前，侧壁应清理干净、保持干燥。嵌缝材料应与挂板牢固黏结，不得漏嵌和虚粘。

2. 预制混凝土外挂墙板板缝处打胶

板缝处打胶应满足以下要求：

（1）板缝防水密封胶的注胶宽度必须大于厚度并应符合生产厂家说明书的要求，防水密封胶应在预制外墙板校核固定后嵌填，先安放填充材料，然后注胶。防水密封胶应均匀、顺直、饱满、密实，表面光滑、连续。

（2）为防止密封胶施工时污染板面，打胶前应在板缝两侧粘贴防污胶条，注意保证胶条上的胶不转移到板面上。

（3）预制混凝土外挂墙板十字缝处 300 mm 范围内水平缝和垂直缝处的防水密封胶注胶要一次完成。

（4）板缝防水施工 72 h 内要保持板缝处于干燥状态，禁止冬期（气温低于 5℃）或雨天进行板缝防水施工。

（5）预制混凝土外挂墙板接缝的防水性能应该符合设计要求。同时，每 1 000 m² 外墙面积划分为一个检验批；不足 1 000 m² 时，也应划分为一个检验批。每 100 m² 应至少抽查一处，每处不得少于 10 m²，对其外墙板接缝的防水性能进行现场淋水试验。

5.7 装配式混凝土结构工程的水电安装

【学习内容】

了解装配式混凝土结构工程水电安装的预埋和预留要点。

【知识详解】

装配式建筑通过利用 BIM 技术来进行技术信息的集成，BIM 技术可以实现数学虚拟化，而各种系统主要是通过数字信息化的描述，来实现信息化的协同设计。装配式建筑的水电是通过集成化设计，集成化生产。在生产过程中水电的相关管道已经预埋，集成在构件中。施工更具有便捷性，而且模板工程现浇混凝土的施工量相对较小，不需要支撑预制楼板，叠合楼板的模板量也比较少，可以应用预制还有半预制的形式，减少了施工现场的作业量，不仅可以保护环境，节省施工用地，还能合理节约施工材料。另外，建设项目的工期比较短，也大大降低了对周边环境的各种污染。

5.7.1 预制混凝土墙板的水电安装

（1）深化设计构件时，钢筋的处理、预埋件的处理、线管和套管的处理、灌浆套筒和底盒的处理以及有预留孔洞位置冲突问题的处理，都可以使用 BIM 技术，未来使建筑可以达到精装修的要求。当构件在构件厂进行深化时就要调整钢筋位置，才能使套管、底盒以及预埋件等的位置更加准确。

（2）施工图纸中的底盒、预埋件等的标高都是建筑标高，在进行预制墙体深化设计时，要将其换算成结构标高。另外，需要注意建筑中不同房间地面的建筑标高不是相同的，同一面墙体两侧所对应的标高也会出现不一样的情况。

（3）为了控制好底盒间的高差和宽度，在剪力墙体上的并排底盒可以采用三联盒或连体穿筋盒，利于固定实施。

（4）预制墙体的下端会有现浇层的线管伸出来，通常情况下都会在预制墙体下端预留出相应的凹槽，以方便上下管线的连接。此凹槽的预留有的构件厂预留规格为 200 mm × 200 mm × 80 mm，但是不便于现场操作，如果是单根线管，凹槽的预留规格为 330 mm × 200 mm × 80 mm。

（5）为避免墙体有开裂的情况出现，保证结构具有安全性，套管应尽量避免设置在墙体构件的边缘。

（6）要根据实际情况调整钢筋的位置，才能保障预留预埋位置的准确性，并且根据有关的规范要求将局部进行加固处理，同时在构件的深化设计图纸中要明确相应的加固措施。

（7）在深化构件设计时，还要考虑到给水管道的走向，将给水管槽预留在预制墙体上面，水管槽体的宽度 $= D_e+30$ mm，深度 $= D_e+20$ mm。

5.7.2　预制混凝土叠合楼板的水电安装

（1）根据叠合楼板的预制层厚度来选择叠合楼板上需要预留的电气底盒深度，要确保叠合楼板预制层要低于底盒接管锁母，才能在后期正常地安装管道。普遍情况下 60 mm 为叠合楼板预制层的厚度，因此选用的预留底盒深度要在 90 mm 左右，也有部分 80 mm 的预制层厚度，这时就要选择 110 mm 的预留底盒深度。

（2）桁架钢筋和底盒的位置要预留出线管可以进行连接操作的空间，切记不能够过近，保持的间距在 100 mm 以上。

（3）合理设置叠合楼板上预留底盒接管端口的方向，要以接线管的具体走向来进行确定。要是随意设置接管端口，会使施工变得困难，还会增加线路和管线的绕弯情况，不利于控制施工成本。

（4）预留出相应大小的圆孔在叠合板上，穿电气线管的位置，以便在后期可以将线管引至板下。

（5）在地漏构件的选材上，要采用带止水环的，且采用不低于 5 分的高水封直埋地漏，在预制构件时就要把直埋地漏进行预埋，尽量不使用传统形式的地漏留洞的安装方式，因为在后期安装的过程中还要针对孔洞进行二次浇筑，会增加楼板的渗漏风险。

（6）选择合适高度的叠合板钢筋桁架，不能过低，也不能过高。钢筋桁架太低，会使得现浇层的线管不能顺利穿过。桁架高度过高，会导致上层的钢筋保护层厚度不够，从而影响建筑结构的安全性，并且板面的给水管压槽也不能形成。

（7）水暖水平管预埋在混凝土叠合层完成后的垫层（建筑做法）中，混凝土叠合层完成后及时铺设并与墙板预埋竖管对接。下水管对于钢筋桁架叠合板应该在预制厂预埋套管，PK板应在混凝土叠合层浇筑前开孔安装套管。

5.7.3　钢筋混凝土叠合梁的水电安装

（1）预留的电气线管及预留套管等不能预留在叠合梁上。

（2）在穿叠合梁线管时，预留套管比穿管直径大一个规格，在施工现场敷设线管时，应在套管中穿过电气线管，然后将其引导在叠合梁的下部。

（3）在叠合梁上预留套管时，在梁的中下部进行深化设计，套管直径不得大于梁截面的1/3，并且严格按照深化设计图纸来进行预留套管的安装，使用专用的预埋固定件来使其稳固，然后根据相关规范要求进行加固处理。

5.7.4　防雷、等电位联结点的预埋

框架结构装配式建筑的预制柱是在工厂加工制作的，两段柱体对接时，较多采用的是套筒连接方式：一段柱体端部为套筒，另一段为钢筋，钢筋插入套筒后注浆。如用柱结构钢筋做防雷引下线，就要将两段柱体钢筋用等截面钢筋焊接起来，达到电气贯通的目的。选择柱体内的两根钢筋做引下线和设置预埋件时，应尽量选择预制墙、柱的内侧，以便于后期焊接操作。

预制构件生产时，应注意避雷引下线的预留预埋，在柱子的两个端部均需要焊接与柱筋同截面的扁钢作为引下线埋件。

应在设有引下线的柱子室外地面上 500 mm 处，设置接地电阻测试盒，测试盒内测试端子与引下线焊接。此处应在工厂加工预制柱时做好预留，预制构件进场时，现场管理人员进行检查验收。

对于装配式混凝土剪力墙结构，可以将剪力墙边缘构件后浇混凝土段内钢筋作为防雷引下线。

装配式构件应在金属管道入户处做等电位联结，卫生间内的金属构件应进行等电位联结，在装配式构件中预留好等电位联结点。整体卫浴内的金属构件应在部品内完成等电位联结，并标明和外部联结的接口位置。

为防止侧击雷，应按照设计图纸的要求，建筑物内的各种竖向金属管道与钢筋连接，部分外墙上的栏杆、金属门窗等较大金属物要与防雷装置相连，结构内的钢筋连成闭合回路作为防侧击雷接闪带。均压环及防侧击雷接闪带均需与引下线做可靠连接，预制构件处需要按照具体设计图纸要求预埋连接点。

5.7.5　预制整体卫生间的预埋和预留

预制整体卫浴是装配式结构最应该装配的预制构件部品，它不仅将大量的结构、装饰、装修、防水、水电安装等工程工厂化，而且其同层排水做法彻底解决了本层漏水必须上层维修的邻里纠纷（甚至引起法律纠纷）的重大疑难问题。

5.7.6　装配式建筑水电安装现场施工注意事项

（1）水电预留预埋在预制墙体上实施，在一定程度上使施工现场的预埋人工工程量压力得到缓解，更有效保证了预埋预留的质量。

（2）给水压槽会影响和破坏建筑结构，虽然现在有很多开发商在顶棚布设给水管，但是还是未从根源上解决此影响。而装配式建筑，桁架钢筋会影响到板面压槽，保证楼板钢筋保护层具有相应的厚度便能满足给水槽的相关条件，但是水管压槽的深度要有 25 mm 左右才能有效。

（3）统一规划和布置配电箱的管线。

（4）桁架钢筋不能穿过线管时，可以预先处理桁架钢筋。

（5）在敷设水管压槽时，要使用专用管卡按照相应规范来进行固定，使其具有牢固性。

（6）线槽抹灰：当槽宽小于 30 mm 时，可用 1∶2.5 水泥砂浆补平；槽宽大于 30 mm 时，要用 C20 细石混凝土封堵，面层可用 1∶2.5 水泥砂浆补平。当槽深大于 30 mm 时，要分两次补灰，要保证水管外壁抹灰厚度大于 15 mm，并且注意浇水养护，避免槽体处有开裂空鼓的情况。

5.8 装配式混凝土构件的安装质量检查与验收

【学习内容】

（1）预制构件安装施工前质量控制；

（2）预制构件安装检验质量标准；

（3）成品保护措施；

（4）环境保护措施。

【知识详解】

装配式框架结构安装质量控制主要包括：网轴线偏差的控制、楼层标高的控制、现浇节点模板质量及高度控制、叠合楼板表面平整度控制。

装配式实心剪力墙结构安装质量控制主要包括：预制实心剪力墙网轴线偏差的控制、楼层标高的控制、连续预制叠合梁在中间支座处底部钢筋搭接质量控制、叠合楼板在预制叠合梁、预制实心剪力墙搭接处表面平整度控制。

装配式双面墙结构施工质量控制主要包括：预制双面叠合墙网轴线偏差的控制、楼层标高的控制、连续预制叠合梁在中间支座处底部钢筋搭接质量控制、叠合楼板在预制叠合梁、预制双面叠合墙搭接处表面平整度控制。

5.8.1 预制构件安装施工前质量控制

1. 国家标准

预制构件吊装质量检验

（1）装配式结构应按混凝土结构子分部工程进行验收。当结构中部分采用现挠混凝土结构时，装配式结构部分可作为混凝土结构子分部工程的分项工程进行验收。

装配式结构验收除应符合本规程规定外，尚应符合现行国家标准《混凝土结构工程施工质量验收规范》(GB 50204)的有关规定。

（2）预制构件灌浆料应符合现行行业标准《钢筋连接用套筒灌浆料》(JG/T 408)的要求。

（3）预制构件生产用原材料水泥、砂子、石子、钢筋质量应符合现行国家规范要求。

（4）进入现场的预制构件必须进行验收，其外观质量、尺寸偏差及结构性能应符合设计要求。

（5）构件安装前，应认真核对构件型号、规格和数量，保证构件安装部位准确无误。

（6）用于检查和验收的检测仪器应经检验合格方可使用，精密仪器如经纬仪和水准仪必须通过国家计量局或相关单位进行检验。

2. 验收时所需文件和规范

装配式混凝土结构验收时，除应按现行国家标准《混凝土结构工程施工质量验收规范》（GB 50204）的要求提供文件和记录外，尚应提供下列文件和记录：

（1）工程设计文件、预制构件制作和安装的深化设计图。

（2）预制构件、主要材料及配件的质量证明文件、进场验收记录、抽样复检报告。

（3）预制构件安装施工记录。

（4）钢筋套筒灌浆、浆锚搭接连接的施工检验记录。

（5）后浇混凝土部位的隐蔽工程检查验收文件。

（6）后浇混凝土、灌浆料、座浆材料强度检测报告。

（7）外墙防水施工质量检验记录。

（8）装配式结构分项工程质量验收文件。

（9）装配式工程的重大质量问题的处理方案和验收记录。

（10）装配式工程的其他文件和记录。

5.8.2　预制构件安装检验质量标准

（1）预制构件应采用吊装梁吊装，吊装时应保持吊装钢丝绳竖直。

（2）预制构件安装就位后，连接钢筋、套筒或浆锚的主要传力部位不应出现影响结构性能和构件安装施工的尺寸偏差。对已经出现的影响结构性能的尺寸偏差，应由施工单位提出技术处理方案，并经监理（建设）单位许可后处理。对经过处理的部位，应重新检查验收。

（3）预制构件安装完成后，外观质量不应有影响结构性能的缺陷。对已经出现的影响结构性能的缺陷，应由施工单位提出技术处理方案，并经监理（建设）单位认可后处理。对经过处理的部位，应重新检查验收。

（4）承受内力的接头和拼缝，当其混凝土强度未达到设计要求时，不得吊装上一层结构构件。当设计无具体要求时，应在混凝土强度不少于 10 MPa 或具有足够的支撑时，方可吊装上一层结构构件。

（5）已安装完毕的装配式混凝土结构，应在混凝土强度达到设计要求后，方可承受全部荷载。

（6）装配式结构安装完成后，预制构件安装尺寸允许偏差如表 5.2 所示。

表 5.2　预制构件安装尺寸允许偏差及检验方法

项目			允许偏差/mm	检验方法
构件中心线对轴线位置	基础		15	尺量检查
	竖向构件（柱、墙、桁架）		10	
	水平构件（梁、板）		5	
构件标高	梁、柱、墙、板地面或顶面		±5	水准仪或尺检查
构件垂直度	柱、墙	<5 m	5	经纬仪或全站仪测量
		≥5 m 且<10 m	10	

项目			允许偏差/mm	检验方法
构件垂直度	柱、墙	≥10 m	20	垂线、钢尺测量
构件倾斜度	梁、桁架		5	
相邻构件平整度		板端面	5	钢尺、塞尺量测
	梁板底面	抹灰	5	
		不抹灰	3	
	柱墙侧面	外露	5	
		不外露	10	
构件搁置长度	梁、板		±10	尺量检查
支座、支柱中心位置	板、梁、柱、墙、桁架		10	尺量检查
墙板连接	宽度		±5	尺量检查
	中心线位置			

（7）预制叠合板类构件安装质量标准，如表5.3所示。

表5.3　预制叠合板类构件安装质量标准

项目		允许偏差/mm	检验方法
构件中心线对轴线位置	板	5	尺量检查
构件标高	板底面或顶面	±5	水准仪或尺量检查
相邻构件平整度	板端面	5	钢尺、塞尺检查
	板下面	5	
	板侧表面	5	
构件搁置长度		±10	尺量检查
接缝宽度		±5	尺量检查

（8）预制楼梯板安装质量标准：灌浆质量应符合相关规定；预制楼梯板安装质量偏差应符合表5.4的规定。

表5.4　预制楼梯板安装质量偏差

项目	允许偏差/mm	检验方法
单块楼梯板水平位置偏差	5	基准线和钢尺检查
单块楼梯板标高偏差	±3	水准仪或拉线、钢尺检查
相邻楼梯板高低差	2	2米靠尺和塞尺检查

（9）预制墙板安装质量标准如表5.5所示。

表 5.5　预制墙板安装质量标准

序号	检测项目	允许偏差 / mm	检验方法
1	板的完好性（放置方式正确，有无缺损、裂缝等）	按标准	目测
2	楼层控制墨线位置	±2	钢尺检查
3	面砖对缝	±1	目测
4	每块外墙板尤其是四大角板的垂直度	±2	吊线、2 m 靠尺检查，抽查 20%（四大角全数检查）
5	紧固度（螺栓帽、三角靠铁、斜撑杆、焊接点等）	—	抽查 20%
6	阳台、凸窗（支撑牢固、拉结、立体位置准确）	±2	目测、钢尺全数检查
7	楼梯（支撑牢固、上下对齐、标高）	±2	目测、钢尺全数检查
8	止水条、金属止浆条（位置正确、牢固、无破坏）	±2	目测
9	产品保护（窗、瓷砖）	措施到位	目测
10	板与板的缝宽	±2	楼层内抽查至少 6 条竖缝（楼层结构面+1.5 m 处）

（10）装配式结构节点区施工质量标准：

① 预制叠合板构件安装完成后，钢筋绑扎前，应进行叠合面质量隐蔽验收。

② 预制叠合板构件板面钢筋绑扎完成后，应进行钢筋隐蔽验收。

③ 后浇连接部分的钢筋品种、级别、规格、数量和间距应符合设计要求。后浇混凝土应采取可靠的浇筑质量控制措施，确保连续浇筑并振捣密实。

④ 预制构件安装完成后，应采取有效可靠的成品保护措施，防止构件损坏。

⑤ 连接节点的防腐、防锈、防火和防水构造措施应满足设计要求。

5.8.3　成品保护措施

在装配式混凝土建筑施工全过程中，应采取防止预制构件、部品及预制构件上的建筑附件、预埋件、预埋吊件等损伤或污染的保护措施。

装配式混凝土建筑的预制构件和部品在安装施工过程、施工完成后，不应受到施工机具碰撞。

1. 剪力墙预制件成品保护

（1）外墙板进场后，应放在插放架内。

（2）运输、吊装操作过程中，应避免外墙板损坏。如已有损坏应及时修补。

（3）外墙板就位时尽量要准确，安装时防止生拉硬撬。

（4）安装外墙板时，不得碰撞已经安装好的楼板。

（5）隔墙板堆放场地应平整、坚实，不得积水或沉陷。板应在插放架内立放，下面垫木板或方木，防止折断或弯曲变形。

（6）隔墙板运输和吊卸过程中，应采取措施防止折裂。

（7）安装设备管道需在板上打孔穿墙时，严禁用大锤猛击墙板，严重损坏的墙板不应使用。

2. 叠合板的成品保护

（1）叠合板的堆放及堆放场地的要求应严格按规范要求执行。

（2）现浇墙、梁安装叠合板时，其混凝土强度要达到 4MPa 时方准施工。

（3）叠合板上的甩筋（锚固筋）在堆放、运输、吊装过程中要妥为保护，不得反复弯曲和折断。

（4）吊装叠合板，不得采用"兜底"、多块吊运。应按预留吊环位置，采用八个点同步单块起吊的方式。吊运中不得冲撞叠合板。

（5）硬架支模支架系统板的临时支撑应在吊装就位前完成。每块板沿长向在板宽取中加设通长木楞作为临时支撑。所有支柱均应在下端铺垫通长脚手板，且脚手板下为基土时，要整平夯实。

（6）不得在板上任意凿洞，板上如需要打洞，应用机械钻孔，并按设计和图集要求做相应的加固处理。

3. 楼梯的成品保护

（1）楼梯段、休息板应采取正向吊装、运输和堆放。构件运输和堆放时，垫木应放在吊环附近，并高于吊环，上下对齐。垃圾道宜竖向堆放。

（2）堆放场地应平整夯实，下面铺垫板。楼梯段每垛码放不宜超过 6 块，休息板每垛不超过 10 块。

（3）预制楼梯饰面砖宜采用现场后贴施工。采用构件制作先贴法时，应及时铺设木板或其他覆盖形式的成品保护措施，避免施工中将踏步口损坏。

（4）安装休息板及楼梯段时，不得碰撞两侧砖墙或混凝土墙体。

4. 其余保护措施

（1）装配整体式混凝土结构施工完成后，竖向构件阳角、楼梯踏步口宜采用木条（板）包角保护。

（2）预制构件现场装配全过程中，宜对预制构件原有的门窗框、预埋件等产品进行保护，装配整体式混凝土结构质量验收前不得拆除或损坏。

（3）预制构件饰面砖、石材、涂刷等装饰材料表面可采用贴膜或用其他专业材料保护。饰面砖保护应选用无褪色或污染的材料，以防揭膜后饰面砖表面被污染。

（4）预制构件暴露在空气中的预埋铁件应涂抹防锈漆。

（5）连接止水条、高低口、墙体转角等薄弱部位，应采用定型保护垫块或专用式套件做加强保护。

（6）遇有大风、大雨、大雪等恶劣天气时，应采取有效措施对存放预制构件成品进行保护。

（7）施工梯架、工程用的物料等不得支撑、顶压或斜靠在部品上。

（8）当进行混凝土地面等施工时，应防止物料污染、损坏预制构件和部品表面。

5.8.4 环境保护措施

装配式混凝土建筑结构构件在安装施工过程中可采取的环境保护措施主要有：

（1）施工场地和作业应当限制在工程建设允许的范围，合理布置，规范围挡，做到标牌清楚、齐全，各种标识醒目，施工场地整洁文明。

（2）在施工现场应加强对废水、污水的管理，现场应设置污水池和排水沟。废水、废弃料应统一处理，严禁未经处理而直接排入下水管道。

（3）在预制构件安装施工期间，严格控制噪声，遵守现行国家标准《建筑施工场界环境噪声排放标准》（GB 12523）的规定，加强环保意识的宣传，采用有力措施控制人为的施工噪声，严格管理，最大限度地减少噪声扰民。

（4）施工现场各类材料分别集中堆放整齐，并悬挂标识牌，严禁乱堆乱放，不得占用施工临时道路，并做好防护隔离。

（5）施工现场实行硬化地面：工地内外通道、临时设施、材料堆放地、加工场、仓库地面等进行混凝土硬地，并保持其清洁卫生，避免扬尘污染周围环境。

（6）施工现场必须保证道路畅通、场地平整，无大面积积水，场内设置连续、畅顺的排水系统。

（7）施工现场各类材料分别集中堆放整齐，并悬挂标识牌，严禁乱堆乱放，不得占用施工便道，并做好防护隔离。

（8）合理安排施工顺序，均衡施工，避免同时操作，集中产生噪声。

（9）教育全体人员防噪扰民意识。禁止构件运输车辆高速运行，并禁止鸣笛，材料运输车辆停车卸料时应熄火。

（10）构件运输、装卸应防止不必要的噪声产生，施工严禁敲打构件、钢管等。

（11）钢筋焊接时采用镶有特制防护镜片的面罩。

（12）现场设置处理雨水与降水的收集池，收集的水源经有关部门检验符合养护用水要求后，进行现场混凝土养护。

实际 工程 案例

1. 项目概况

广州市白云区某高层建筑项目建筑层数为地上 19 层、地下 3 层，主要用作某公司新的总部大楼，总体效果图如 5.27 所示。本项目总建筑面积约 44 036 m²，地上建筑面积约 30 476.7 m²，地下建筑面积约 13 559 m²，总高度为 78.65 m，建筑功能为办公大楼，建筑类别为 I 类高层办公楼，设计使用年限为 50 年，耐火等级为 1 级，抗震设防烈度为 7 度，人防工程等级为 6 级。

该项目原设计为现浇框架-剪力墙结构，后来改为装配式框架-剪力墙结构，其中 6 层以下为现浇，6 层为转换层，7 层及以上采用预制装配式施工工艺。

图 5.27　项目总体效果图

本工程采用的预制混凝土构件种类有：预制柱、预制叠合次梁、预制叠合主梁、预制叠合楼板、预制整体式阳台、预制楼梯。其中，现浇剪力墙、预制柱混凝土强度等级为 C30 ~ C55，预制叠合梁、预制楼板混凝土强度等级为 C30 ~ C40。

标准层每层预制构件数量为 291 件，其中预制柱数量为 32 根、预制次梁数量为 31 根、预制主梁数量为 58 根、预制叠合板数量为 137 片，预制楼梯数量为 2 片，预制阳台板为 13 片，最大单体构件重量为 8.4 t，尺寸见表 5.6。项目预制率达 60.24%、装配率达 78.91%，是广州市首个高预制率、高装配率的装配式混凝土工程。

表 5.6　预制构件尺寸

预制构件	数量	预制截面/mm	构件最大重量/t
预制柱	32	950×950、900×900、800×800、600×1200	8.4
预制次梁	31	250×570、250×470、200×470、200×370、200×270、350×570	4.48
预制主梁	58	300×570、350×670、300×670、200×570、200×470、450×770	6.5
预制叠合板	137	3 655×2 138、3 905×2 638、4 080×2 138、5 330×1 830	1.87

本项目各种预制构件类型众多，吊装复杂，专业协调难度大，工期紧，主要存在以下难点：① 装配式混凝土结构施工技术难度较大；② 施工管理难度大；③ 预制构件运输、堆放等管理难度较大；④ 构件吊装风险较大；⑤ 进度控制难度较大；⑥ 各专业施工队之间协调难度较大等。

2. 预制构件的场内运输和施工技术准备

（1）场内运输。

根据施工进度计划和施工现场场地条件对预制构件的吊装进行施工部署，按照吊装现场堆放备吊的预制构件应至少满足塔吊 1.5 d 的工作量来考虑。为了不延误吊装施工，在北塔吊旁边，设置两个 20 m×9 m 的吊装作业区，一个为预制构件堆场，另一个为预制构件翻置区。在南塔吊南侧设置一个 20 m×9 m 的预制构件堆场，西侧设置一个 15 m×9 m 的预制构件翻置区。

根据本项目预制混凝土构件尺寸，并对施工现场的运输道路进行全面考察和实地踏勘，充分考虑道路宽度、转弯半径、路基强度等因素，最终采用 13 m×2.4 m×1.5 m 的半挂车进行预制构件的运输。

施工现场内道路规划充分考虑现场周边环境影响，确保预制混凝土构件运输高效安全，分别在北面、东面、南面各设置了出入口，满足运输车辆的运输频率要求，并且为了充分提高运输效率，合理安排场内运输路线，放置在北面堆场的预制构件从北面 1 号门进场，放置在南面堆场的预制构件从东面 2 号门进场，运输车辆全部从南面的 3 号门出场。这样缩短构件运输距离，减少了车辆交会、掉头等时间的耗费，加快了场内运输速度，场内道路宽度为 6 m，满足双车道运行，减少了对现场施工工作的影响，详见图 5.28 所示。

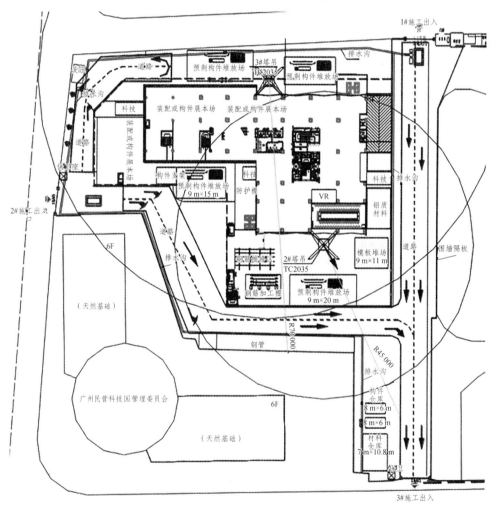

图 5.28　场内运输路线

（2）施工技术准备。

① 技术措施准备。

创建装配式预制构件施工技术小组，其中包括项目总工程师、质量负责人、技术员、现场安全管理人员、结构施工管理人员、构件安装管理人员等。

依据图纸以及相关施工技术资料，对装配式结构施工专项方案做进一步的优化和深化。结合深化图纸，现场技术人员展开分析，并就其中所涉及的相关问题进行及时的图纸会审。

对各工种施工劳动力进行协调部署，对预制构件安装技术工人进行专业性培训，结合每一工种特点、需求，对整个施工进行科学有序的安排，将前期工作落到实处。

② 交底与沟通。

按照技术交底程序要求，逐级进行技术交底，尤其对构件起重操作人员及构件安装人员，应予以有效的落实。认真对待设计交底事项，且在交底前应由项目总工程师负责组织各岗位相关人员对图纸中涉及的问题进行汇总，交底过程中针对工程的难点、要点进行逐一商榷。

各相关单位应保持密切的沟通，如建设单位、设计单位、预制混凝土构件预制单位等，保持信息的及时性、数据的准确性。在开始施工之前，做好样板引路，让所有施工人员都清楚了解装配式项目的特点和要点，避免正式施工时出错。

③ 专业单位及部门管理及协调。

构件厂必须按照项目总体进度计划编制满足施工需求的构件生产及运输计划。预制构件制作期间由专职质量员对预制构件的原材料、施工工艺、窗框位置、预埋件等进行抽查、检验。

对深化图纸中出现的问题及早发现，及时解决，不影响正常施工。现场施工员按照总体进度计划及现场实际情况编制每天的预制构件进场计划书并提前发送给构件厂执行。

预制构件进场后，由项目总工程师召集项目质量负责人、材料负责人对构件进行验收，验收合格后上报监理单位审核。预制构件经施工及监理方验收确认后，根据吊装的先后顺序放置在指定堆场，堆放原则为先放后吊，后放先吊。

3. 预制构件安装施工

（1）预制柱安装。

① 柱顶预留钢筋的固定措施。

使用定位套筒和定位铁板固定预留钢筋主要工艺流程如图 5.29。

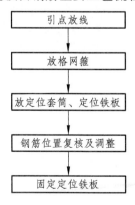

图 5.29　预制柱钢筋定位施工流程

在预制梁板吊装完成、叠合现浇部分混凝土浇筑前,从柱底楼面放线孔引线至柱顶楼面,并用鱼丝线拉出 X、Y 两方向结构边线,再定出各柱参照边线,如图 5.30。

图 5.30　引点放线

根据预制柱钢筋分布位置,采用 $\phi 6$ 钢筋制作格网箍,格网箍间距比钢筋间距略大 3 mm 左右,格网箍放置于叠合板面筋上方,现浇层施工时埋于混凝土中,确保钢筋相对位置准确,如图 5.31。

图 5.31　放置格网箍

由于格网箍只能保证钢筋相对位置准确,不能保证钢筋绝对位置,因此采用定位套筒及定位铁板进行调整固定。定位套筒同时能防止预留钢筋在浇筑混凝土过程中被污染,如图 5.32。

定位铁板放置完成后,复核各钢筋位置,若有偏差,采用手摇葫芦进行调整,如图 5.33。

图 5.32 放置定位套筒及定位铁板

图 5.33 钢筋位置复核及调整

钢筋位置复核调整后，用短钢筋将定位铁板与楼板面筋焊接固定，如图 5.34。

图 5.34 定位铁板点焊固定

② 预制柱吊运。

本项目采用一种新的柱翻身工艺，在预制柱底放置两处木枋，一处木枋为一层，一处木枋为两层，使预制柱在站立前底部刚好与这两处木枋接触，如图 5.35 所示，消除了预制柱翻身过程中的晃动，并在木枋上铺一层厚橡胶垫，对柱底混凝土保护。

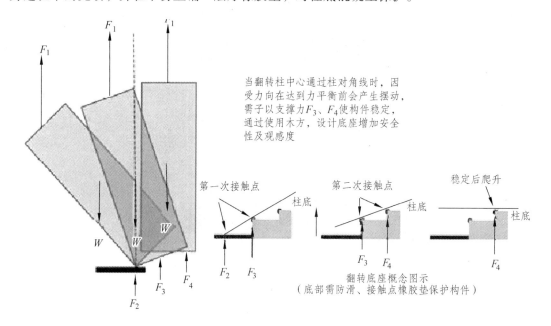

当翻转柱中心通过柱对角线时，因受力向在达到力平衡前会产生摆动，需予以支撑力 F_3、F_4 使构件稳定，通过使用木方，设计底座增加安全性及观感度

第一次接触点　　柱底

第二次接触点　　柱底

稳定后爬升　　柱底

翻转底座概念图示
（底部需防滑、接触点橡胶垫保护构件）

图 5.35　预制柱底放置木枋示意

为了在预制柱完成翻身时以最快速度消除晃动，在离柱底 1 m 位置设置牵引绳，如图 5.36 所示，一旦晃动，立即拉动牵引绳，可使柱子立即稳定。

图 5.36　柱身设置牵引绳

③ 预制柱垂直度调整。

预制柱吊装就位后，先沿 X、Y 方向安装斜支撑各一根，如图 5.37 所示，进行垂直度调整时，旋转中部把手，使用防风型垂直尺进行量测，直到符合精度要求，如图 5.38 所示，然后在预制柱底四角塞入钢垫片楔紧，防止产生扰动，再安装剩余斜支撑进行固定。

图 5.37　预制柱斜支撑安装（*X*、*Y* 方向各一根）

图 5.38　预制柱垂直度调整

（2）预制梁安装。

本项目预制梁的安装施工工艺流程详见图 5.39。

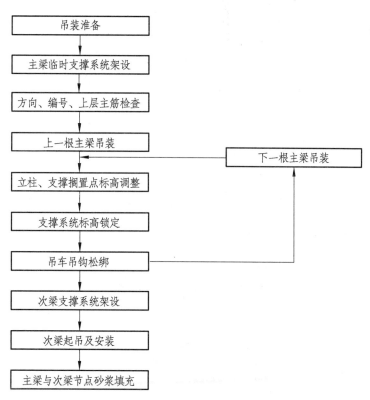

图 5.39　预制梁的安装施工工艺流程

（3）预制梁安装如图 5.40 所示，预制叠合板安装如图 5.41 所示。

图 5.40　预制梁吊装

图 5.41　预制叠合板标识

本项目预制叠合板通过使用自平衡吊架进行吊装，在安装过程中，吊点间均匀受力，板片稳定，操作便捷，定位更准确，如图 5.42 所示。

图 5.42　自平衡架吊装

预制叠合板安装时搭接边深入叠合梁或剪力墙上 15 mm，板的非搭接边与板拼缝按设计图纸要求安装（对接平齐），复核叠合板水平位置、标高、垂直度，使误差控制在规范允许范围内。预制叠合板接缝为 5 mm，需备料 8 mm 泡棉条，在吊装调整完成后进行接缝填塞并使用高强砂浆进行填充，以避免后续浇筑面层混凝土时漏浆污染。预制叠合板吊装好后，根据设计图将附加钢筋放置在内，同时组织机电班组对水、电相关的管线进行埋设，最后进行混凝土浇筑，如图 5.43 所示。

图 5.43 叠合板面管线预埋

（4）预制楼梯安装。

预制楼梯安装如图 5.44 所示。

图 5.44 预制楼梯吊装

4. 实施效果

该项目提出了预制柱、预制梁等预制构件吊装施工工艺的要点，并在施工过程中创新了一些关键施工技术，包括新的预制柱翻转技术、预制叠合楼板自平衡吊架等，简化了施工工艺，提高了预制构件的施工效率。

屹立千年不倒的历史文物——赵州桥

赵州桥建于隋代公元595—605年，由工匠李春等设计建造，是一座全长为64.40 m，净跨度长达37.02 m的单孔桥。赵州桥位于河北赵县城南，因赵县古称赵州，所以叫赵州桥（图5.45）。后由宋哲宗赵煦赐名安济桥，并以之为正名。

据世界桥梁考证，赵州桥敞肩拱结构，欧洲直到19世纪中期才出现，比中国晚了一千二百多年。赵州桥的设计施工符合力学原理，结构合理，选址科学，体现了中国古代科学技术上的巨大成就。赵州桥是世界上现存年代久远、跨度最大、保存最完整的单孔坦弧敞肩石拱桥，其建造工艺独特，在世界桥梁史上首创"敞肩拱"结构形式，具有较高的科学研究价值；雕作刀法苍劲有力，艺术风格新颖豪放，显示了隋代浑厚、严整、俊逸的石雕风貌，桥体饰纹雕刻精细，具有较高的艺术价值。赵州桥在中国造桥史上占有重要地位，对全世界后代桥梁建筑有着深远的影响。

赵州桥在建造技术上的特点有：

（1）敞肩圆弧拱。在主桥拱的两端上方再各建两个对称小桥拱，小桥拱净跨为2.85 m和3.81 m。符合结构力学原理，增加排水面积16.5%，节省石料，减轻桥身的质量和桥基的压力。水涨时，增大排水面积，减少水流推力，延长桥的寿命，是具有高度科学水平的技术与智慧的创造。

图 5.45　赵州桥

（2）跨度大，弧形平。采取单孔长跨形式，河心不立桥墩。赵州桥建造中选用了附近生产的质地坚硬的青灰色砂石作为石料，采用圆弧拱形式，使石拱高度降低。主孔净跨度为37.02 m，而拱高只有7.23 m，拱高和跨度之比约为1∶5，这样就实现了低桥面和大跨度的双重目的。

（3）纵向并列砌筑法。整个大桥由28道各自独立的拱券沿宽度方向并列组合在一起，每道拱券独立砌筑，可灵活地针对每一道拱券进行施工。每砌筑完一道拱券时，只需移动鹰架（施工时用以撑托结构构件的临时支架）再继续砌筑另一道相邻拱。这种砌筑方法利于修缮，如果一道拱券的石块损坏，只需要替换成新石，而不必对整个桥进行调整。

（4）造型美观大方，雄伟中显出秀逸、轻盈、匀称。桥面两侧石栏杆上那些"若飞若动""龙兽之状"的雕刻，令人赞叹，体现了隋代建筑艺术的独特风格，在世界桥梁史上占有十分重要的地位。

赵州桥是世界上最早的石拱桥，让世界为之惊叹，它是我国古代劳动人民智慧和工匠精神的结晶。实现这一切靠的正是李春的"大胆设想"和对设计的革新创造。李春（图 5.46）用他的聪明智慧在我国建筑史上写下了光辉的一页。

图 5.46　李春塑像

据记载，赵州桥自建成起共经历了10次水灾、8次战乱和多次地震，在大大小小的地震中，对其产生直接影响的有6次之多。特别是1966年3月22日发生在河北宁晋的7.2级地震，震中距离赵州桥仅不足40 km，地震烈度达到7度，而赵州桥安然无恙。

知识 拓 展

扫描二维码，自主学习。

外墙板接缝防水　　装配式框架结构　　装配整体式剪力　　预制装配式住宅
　　　　　　　　　施工与安装技术　　墙结构施工技术　　安全施工与环境

模块 小 结

　　本模块主要围绕预制混凝土构件吊装施工等方面来阐述装配式混凝土结构的安装施工过程。通过该模块学习，应达到以下要求：了解装配式混凝土构件施工安装技术的发展历程；熟悉预制混凝土构件安装流程；掌握预制柱、预制混凝土剪力墙、预制叠合楼板、预制叠合梁、预制阳台板、预制空调板、预制混凝土楼梯、预制外墙板的现场安装施工工艺流程及其施工要点；了解装配式混凝土结构工程的水电安装；掌握装配式混凝土构件的安装质量检查与验收。

模块 测 验

一、判断题（正确请打"√"，错误请打"×"）

1. 预制构件吊装过程不宜偏斜和摇摆，吊装构件可以长时间悬挂在空中。　　（　　）

2. 预制构件吊装时，构件上应设置缆风绳控制构件转动，保证构件就位平稳。（　　）

3. 预制墙板斜支撑和限位装置应在连接节点和连接接缝部位后浇混凝土或灌浆料强度达到设计要求后拆除；当设计无具体要求时，后浇混凝土或灌浆料应达到设计强度的 70% 以上方可拆除。　　（　　）

4. 预制柱的斜支撑最少要设置两道，且应设置在两个相邻的侧面上，水平投影相互垂直。　　（　　）

5. 对于预制剪力墙板，临时斜支撑一般安放在其背后，且一般不少于两道。　　（　　）

6. 对于预制剪力墙板上部设置的斜支撑，其支撑点与板底的距离不宜大于板高的 2/3，且不应小于高度的 1/2。　　（　　）

7. 叠合楼板支撑体系支撑最大间距不得超过 1.2 m，当跨度大于 4 m 时应在房间中间位置适当起拱。　　（　　）

8. 阳台板施工荷载不得超过设计的 1.5 kN/ m²。施工荷载宜均匀布置。　　（　　）

9. 待预制阳台板、空调板等悬挑构件与连接部位的主体结构（梁、板、柱、墙）混凝土强度达到设计要求强度 75%时，并应在装配式结构能达到后续施工承载要求后，方可拆除支撑架。　　（　　）

10. 预制混凝土外挂墙板侧面中线及板面垂直度的校核,应以中线为主调整。　　（　　）

11. 预制混凝土外挂墙板上下校正时,应以水平缝为主调整。　　（　　）

12. 板缝防水施工 48 h 内要保持板缝处于干燥状态,禁止冬期气温低于 10 ℃或雨天进行板缝防水施工。　　　　　　　　　　　　　　　　　　　　　(　　　)

二、填空题

1. 预制装配式混凝土建筑在工地现场的施工安装核心工作主要包括(　　　　　)、(　　　　　)、(　　　　　)三部分。

2. 预制构件应按施工方案的要求吊装,起吊时绳索与构件水平面的夹角不宜小于(　　　　　),且不应小于(　　　　　)。

3. 预制构件吊装应采用(　　　　　)、(　　　　　)、(　　　　　)的操作方式。预制墙板就位宜采用(　　　　　)的插入式安装形式。

4. 柱构件吊装宜按照(　　　　　)、(　　　　　)、(　　　　　)顺序进行安装,与现浇部分连接的柱宜先行吊装。

5. 预制墙板吊装时,为了保证墙体构件整体受力均匀,应采用 H 型钢焊接而成的(　　　　　)。

6. 当叠合楼板边与边支座的搭接长度大于或等于(　　　　　)时,叠合楼板边支座附近 1.5 m 内无需设置支撑;当叠合楼板与边支座的搭接长度小于 35 mm 时,需在叠合楼板边支座附近(　　　　　)范围内设置一道支撑体系。

7. 叠合楼板起吊点位置应合理布置,每块楼板起吊需设(　　　　　)个起吊点。

8. 预制混凝土外挂墙板与主体结构的连接采用柔性连接构造,主要有(　　　　　)和(　　　　　)两种安装方式。

9. 预制混凝土外挂墙板山墙阳角与相邻板的校正,以(　　　　　)为基准调整。

10. 预制混凝土外挂墙板拼缝平整的校核,应以(　　　　　)为准调整。

三、多选题

1. 装配式混凝土构件施工安装技术的发展历程经历了(　　　　　)阶段。

A. 人工加简易工具阶段

B. 人工、系统化工具加辅助机械阶段

C. 人工、系统化工具加自动化设备阶段

2. 常见的装配式混凝土结构建筑包括的结构体系有(　　　　　)。

A. 装配整体式框架结构

B. 装配整体式剪力墙结构

C. 装配整体式框架-现浇剪力墙

3. 无论什么形式的装配式混凝土结构的施工流程,都应遵循(　　　　　)的基本原则。

A. "先柱梁结构,后外墙构件"安装

B. 预制构件与连接结构同步安装

C. 从一侧向另一侧安装

4. 叠合楼板吊点位置一般位于(　　　　　),距离板端为整个板长的 1/4 ~ 1/5。

A. 叠合楼板左右两侧

B. 叠合楼板中格构梁上弦与腹筋交接处

C. 叠合楼板本身设计有吊环处

5. 预制混凝土叠合梁应遵循（　　　　　）的吊装顺序原则。

A. 先主梁后次梁

B. 先低后高

C. 根据钢筋搭接顺序，谁的钢筋在上谁先吊装

四、简答题

1. 装配式混凝土建筑结构施工具有哪些特点？

2. 简述预制混凝土柱构件的安装施工工序。

3. 简述预制混凝土剪力墙构件的安装施工工序。

4. 简述预制混凝土叠合楼板的安装施工工序。

5. 简述预制混凝土叠合梁的具体吊装流程。

6. 简述预制混凝土阳台、空调板的现场安装施工工艺。

7. 简述预制楼梯的现场施工工艺流程。

8. 叠合板的成品保护措施有哪些？

模块 6 装配式混凝土结构连接施工

情景 导入

目前，装配式构件节点连接分为干式连接和湿式连接。采用干式连接，可能实现承载力及刚度与现浇结构类似，但其延性及恢复力性能难以与现浇混凝土结构的节点等同，因此不能应用于等同现浇的预制框架结构中。采用湿式连接，即预制梁、柱构件在接合部利用钢筋连接或锚固的同时，节点区采用后浇混凝土将预制构件连为整体，这种连接方式的概念是建立在与全现浇框架的强度和延性相当的基础之上，其连接性能可靠，从总体上能够与现浇混凝土节点相媲美。

学习 目标

通过学习，掌握装配式混凝土结构套筒灌浆连接、后浇连接、拼缝处理；了解其质量检查与验收；掌握装配式混凝土结构现场施工工艺流程；以及现场的质量和安全要求。

通过"了不起的匠人·王震华"课程思政案例，培养学生严谨负责的态度和吃苦耐劳、团结合作的精神，增强行业自信。

6.1 装配式混凝土结构灌浆连接

【学习内容】

（1）装配式混凝土结构灌浆连接概述；
（2）装配式混凝土结构灌浆连接材料及技术要求；
（3）装配式混凝土结构灌浆连接座浆分仓施工；
（4）装配式混凝土结构灌浆连接施工工艺；
（5）装配式混凝土结构灌浆连接质量检查与验收。

【知识详解】

装配式建筑是用预制的构件在工地装配而成的，其工厂化和标准化程度高，施工速度快，节能省地，经济性好，已经成为我国目前推进建筑工业化发展的一个重要方向。预制构件现场连接作为装配式结构施工的重要环节，直接决定着结构是否安全可靠。

预制构件钢筋可以采用钢筋套筒连接、钢筋浆锚搭接连接、焊接或螺栓连接、钢筋机械连接等连接方式。灌浆连接包括钢筋套筒连接、钢筋浆锚搭接连接两种方式。

6.1.1 灌浆连接概述

预制构件装配完成后，经过座浆，通过预制构件灌浆口灌入浆料，浆料充满封闭空间，从预制构件出浆口溢出，浆料凝固且微膨胀将预制构件与安装位置混凝土（含钢筋、套筒、波纹管等）连接成整体，称之为灌浆连接。

1. 灌浆连接的发展

传统钢筋的连接方式有绑扎搭接、焊接连接、机械连接等，这些连接方式应用非常广泛，但却不适用于装配式混凝土钢筋的连接，为了适应住宅产业化的发展需求，人们研究出了两种新型钢筋连接方式：套筒灌浆连接和浆锚搭接连接。

装配式混凝土结构较现浇混凝土结构而言，具有施工速度快，节能环保，生产效率高等优点，在国内外发展迅速。装配式混凝土结构是推动建筑工业化和住宅产业化发展的有效途径，也是符合绿色发展的必然选择。1960年后期Alfred A.Yee博士发明了钢筋套筒灌浆连接接头，这项技术使得装配式结构纵向受力钢筋连接的问题得以解决。随后日本TTK公司经过改良，将其变成较短的Tops Sleeve。灌浆套筒连接于1983年被美国混凝土协会列入钢筋连接主要技术之一。随着装配式混凝土结构在国内的迅速发展，钢筋套筒灌浆连接这项技术也被逐渐引入我国。

浆锚搭接技术在欧洲有多年的应用历史，也被称为间接搭接或间接锚固。我国已有多家单位对间接搭接技术进行了一定数量的研究工作，也取得了许多试验研究成果。随着装配式混凝土结构的发展，浆锚搭接搭接技术也逐渐广泛应用。

2. 灌浆连接的分类及原理

灌浆连接包括钢筋套筒连接、钢筋浆锚搭接连接两种方式，如图6.1、图6.2所示。

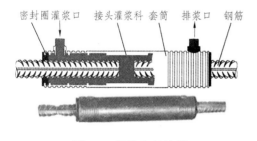

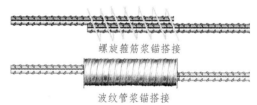

图 6.1　钢筋套筒连接　　　　　　　图 6.2　钢筋浆锚搭接连接

钢筋套筒灌浆连接的是透过铸造的中空型套筒，钢筋从两端开口穿入套筒内部，不需要搭接或熔接，钢筋与套筒间填充高强度微膨胀结构性砂浆，即完成钢筋续接动作。其连接的机理主要是借助砂浆受到套筒的围束作用，加上本身具有微膨胀特性，借此增强与钢筋、套筒内侧间的正向作用力，钢筋即借由该正向力与粗糙表面产生之摩擦力，来传递钢筋应力。

钢筋浆锚搭接连接是在混凝土中预埋波纹管，待混凝土达到要求强度后，钢筋穿入波纹管，再将高强度无收缩灌浆料灌入波纹管养护，以起到锚固钢筋的作用。这种钢筋浆锚体系属多重界面体系，即钢筋与锚固材料（灌浆料）的界面体系、锚固材料与波纹管界面体系以及波纹管与原构件混凝土的界面体系。因此，锚固材料对钢筋的锚固力不仅与锚固材料和钢筋的握裹力有关，还与波纹管和锚固材料、波纹管和混凝土之间的连接有关。

3. 灌浆连接的应用

钢筋套筒连接技术中,套筒采用钢制并设计了复合形式,机械性能稳定,外径及长度显著减小。套筒外表局部有凹凸,增强与混凝土的握裹;采用配套灌浆材料,可手动灌浆和机械灌浆;加水搅拌具有大流动度、早强、高强微膨胀性,填充于套筒和带肋钢筋间隙内,形成钢筋灌浆连接接头。本技术适用于装配整体式混凝土结构中直径 12 ~ 40 mm 的 HRB 400、HRB 500 钢筋的连接,包括预制框架柱和预制梁的纵向受力钢筋、预制剪力墙竖向钢筋等的连接,也可用于既有结构改造现浇结构竖向及水平钢筋的连接,如图 6.3 所示。

浆锚搭接连接技术机械性能稳定;采用配套灌浆材料,可手动灌浆和机械灌浆;加水搅拌具有大流动度、早强、高强微膨胀性,填充于带肋钢筋间隙内,形成钢筋灌浆连接接头;适合竖向钢筋连接,包括剪力墙、框架柱、挂板灯的连接,如图 6.4 所示。

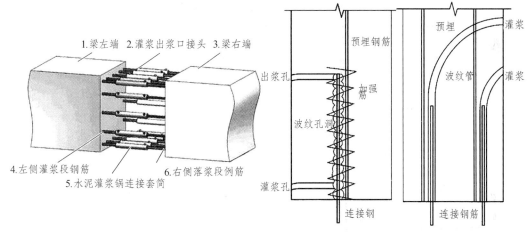

图 6.3 水平钢筋套筒连接　　　　图 6.4 竖向钢筋浆锚搭接连接

相比较而言,钢筋套筒灌浆连接技术更加成熟,适用于较大直径钢筋的连接;广泛应用于装配式混凝土结构中剪力墙、柱等纵向受力钢筋的连接。

钢筋浆锚搭接连接适用于较小直径的钢筋（$d \leqslant 20$ mm）的连接,连接长度较大,不适用于直接承受动力荷载构件的受力钢筋连接。

6.1.2　分仓、封缝施工

钢筋水平连接时,灌浆套筒应各自独立灌浆。

竖向构件宜采用连通腔灌浆,并应合理划分连通灌浆区域。每个区域除预留灌浆孔、出浆孔与排气孔外,应形成密闭空腔,不应漏浆。连通灌浆区域内任意两个灌浆套筒间距离不宜超过 1.5 m。竖向预制构件不采用连通腔灌浆方式时,构件就位前应设置座浆层。

1. 分仓、封缝

预制剪力墙和预制柱等竖向预制构件装配完成后,在构件连接处中间用浆料制作分隔带,将封闭的空间在长的方向上分成几段,称之为分仓。

而后,构件连接处下表面安装位置结合面之间形成空间（缝隙）,用浆料制作外围护带封闭该空间,使得内部形成密闭的空间,称之为封缝（座浆）。

2. 施工要求

（1）分仓。

采用电动灌浆泵灌浆时，每个联通灌浆腔区域内任意两个套筒最大距离不宜超过 1.5 m，如图 6.5 所示。采用手动灌浆枪灌浆时，单仓长度不宜超过 0.3 m。

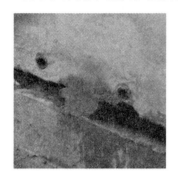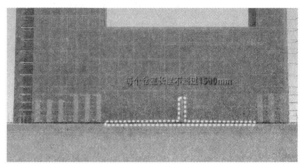

图 6.5　分仓砂浆及分仓长度要求

将专用工具塞入预制墙板下方 20 mm 缝隙中。将座浆砂浆放置于托板上，用另一专用工具塞填砂浆，分仓砂浆带宽度约 30～50 mm，分仓完成后进行封仓施工。

（2）用专用封缝料（座浆料）封堵。

① 封堵通用要求：

对构件的接缝的外沿进行封堵，如图 6.6 所示。一定保证封堵严密、牢固可靠。否则压力灌浆时一旦漏浆很难处理。

图 6.6　封缝（座浆）

② 做法：

使用专用封缝料时，要按说明书要求加水搅拌均匀。封堵时，里面加衬（内衬材料可以是软管、PVC 管，也可用钢板），填抹 1.5～2 cm 深（确保不堵套筒孔），一段抹完后抽出内衬进行下一段填抹。段与段结合的部位，同一构件或同一仓要保证填抹密实。

③ 座浆封缝 24 h 后再灌浆。

6.1.3　钢筋套筒灌浆连接施工

钢筋套筒灌浆连接技术是指带肋钢筋插入内腔为凹凸表面的灌浆套筒，通过向套筒与钢筋的间隙灌注专用高强水泥基灌浆料，灌浆料凝固后将钢筋锚固在套筒内实现针对预制构件的一种钢筋连接技术。钢筋套筒灌浆连接接头由钢筋、灌浆套筒、灌浆料三种材料组成，如图 6.7 所示。

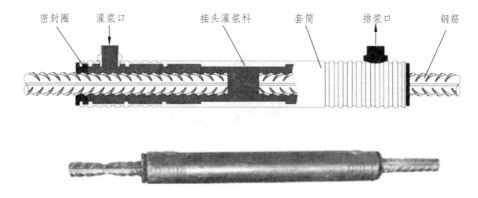

图 6.7　钢筋套筒灌浆连接接头

根据接头形式划分为半套筒灌浆接头和全套筒灌浆接头，如图 6.8 所示。

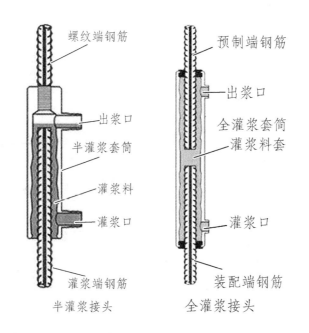

图 6.8　钢筋套筒灌浆连接接头分类

现场管理人员及作业人员应深入学习相关技术规范及施工工艺，编制专项施工方案，报总包单位技术负责人、监理单位审批后，对现场作业人员进行技术交底，并在施工现场设置灌浆施工样板，经现场总包单位、监理单位确定后，方可进行大面积灌浆作业。钢筋套筒灌浆施工工艺流程如图 6.9 所示。

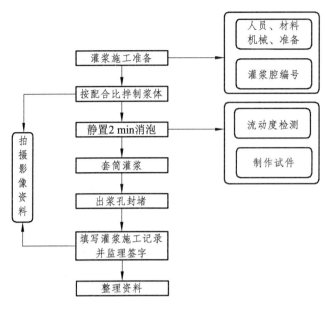

图 6.9　钢筋套筒灌浆施工工艺流程

6.1.3.1　材料及技术要求

钢筋连接用灌浆套筒宜采用优质碳素结构钢、低合金高强度结构钢、合金结构钢或球墨铸铁制造，其材料的机械和力学性能应分别符合现行相关标准。钢套筒应符合现行行业标准《钢筋连接用灌浆套筒》（JG/T 398）的规定，球墨铸铁套筒应满足有关规定的要求。

钢筋连接的套筒为金属材料，通常采用铸造工艺或者机械加工工艺制造而成，一般分为全灌浆套筒和半灌浆套筒。套筒长度应根据试验确定，其最大应力处的套筒屈服承载力和受拉承载力的标准值不应小于被连接钢筋的屈服承载力和受拉承载力标准值的 1.1 倍。

套筒灌浆段最小内径与连接钢筋公称直径差最小值不宜小于 10 mm（钢筋直径 12 ~ 25 mm）、15 mm（钢筋直径 28 ~ 40 mm）。

套筒检验分为出厂检验和型式检验。出厂检验时，材料性能检验应以同钢号、同规格、同炉（批）号的材料作为一个验收批，随机抽取 2 个。

套筒尺寸和外观应以连续生产的同原料、同类型、同规格、同炉（批）号的 1 000 个套筒为一个验收批，不足 1 000 个套筒时仍可作为一个验收批，随机抽取 10%。材料性能、尺寸、外观检查的各项指标要符合现行行业标准《钢筋连接用灌浆套筒》（JG/T 398）的规定。

在材料性能检验中，若两个试件均合格，则该批套筒材料性能判定为合格。在套筒尺寸及外观检验中，套筒试样合格率不低于 97% 时，则判定该批套筒为合格。

材料性能、尺寸及外观检验均合格的套筒才能判定为合格品，方可出厂使用。套筒出厂时应附有产品合格证，至少包括产品名称、套筒型号、规格、使用钢筋的强度级别、生产批号、材料牌号、数量、检验结论、检验合格签章、企业名称、邮编、地址、电话、传真。

灌浆套筒进场时，应抽取灌浆套筒并采用与之匹配的灌浆料制作对中连接接头试件，并进行抗拉强度检验，检验结果均应符合现行行业标准《钢筋套筒灌浆连接应用技术规程》（JGJ 355）的有关规定才能使用。检查数量为同一批号、同一类型、同一规格的灌浆套筒，不超过 1 000 个为一批，每批随机抽取 3 个灌浆套筒制作对中连接接头试件。

钢筋套筒灌浆连接工艺在每个装配式建筑工程使用预制构件生产前，也应进行套筒灌浆接头抗拉强度检测。每个工程、每种规格连接接头试件数量不少于 3 个，进行相应的抗拉强度试验，合格后才能用于相应工程。

使用钢筋套筒连接用专用灌浆料。材料进场使用前应提供出厂合格证及质量证明文件，并进行抽样检测，合格后方能使用。其使用性能应符合现行行业标准《钢筋连接用套筒灌浆料》（JG/T 408）的规定。套筒灌浆料应按产品设计（说明书）要求的用水量进行配制。常温型套筒灌浆料使用时，施工及养护过程中 24 h 内灌浆部位所处的环境温度不应低于 5℃；低温型套筒灌浆料使用时，施工及养护过程中 24 h 内灌浆部位所处的环境温度不应低于 -5℃，且不宜超过 10℃。

套筒灌浆料应与灌浆套筒匹配使用，灌浆料的检验分为出厂检验和型式检验。

出厂检验项目包括：初始流动度；30 min 流动度；1 d、3 d、28 d 抗压强度；3 h 竖向膨胀率；竖向膨胀率 24 h 与 3 h 的差值及泌水率。

型式检验项目除出厂检验全部项目外，有下列情况之一时，应进行型式检验：① 新产品的定型鉴定；② 正式生产后如材料及工艺有较大变动，有可能影响产品质量时；③ 停产半年以上恢复生产时；④ 型式检验超过 2 年时。

生产厂家在交货时，应提供产品合格证、使用说明书和产品质量检测报告，其中的产品质量检测报告就包括出厂检验和型式检验。

出厂检验的取样规则是在 15 d 内生产的同配方、同批号原材料的产品以 50 t 作为一个检验批，不足 50 t 也应作为一个检验批。

检验时应从多个部位等量取样，样品总量不应少于 30 kg，使产品取样具有代表性。灌浆料出厂检验和型式检验各项指标都符合现行行业标准《钢筋连接用套筒灌浆料》（JG/T 408）要求才能判定为合格品，否则若有一项指标不符合要求，则判定为不合格品。质量检验不合格的灌浆料不得在建筑工程上使用。

6.1.3.2 作业准备

1. 人员准备

（1）灌浆作业人员须经过培训考核，全面掌握灌浆技术并持证上岗；根据工期、作业面积计算出需要的作业人员和时间。

（2）一般每组需要 4 名作业人员，组长 1 人，操作人员 3 人。每组作业人员协同完成接缝封堵、分仓、灌浆料搅拌和灌浆等作业。

（3）根据实践经验，每组作业人员完成一根截面积 600 mm，600 mm 预制柱的灌浆作业累计时间需要 20 min 左右；完成一个 3 m 左右，间距为 200 mm 的双排套筒剪力墙灌浆作业累计时间需要 15 min 左右；完成一个 3 m 左右，单排套筒内剪力墙的灌浆作业累计时间需要 10 min 左右。

（4）灌浆作业应配备专职质检人员，对灌浆作业进行全过程检查和监督，并形成文字及影像记录。

2. 设备及工具准备

（1）灌浆料制备设备与工具：

① 浆料搅拌器：用于灌浆料的搅拌。

② 电子秤：用于灌浆物料的称量。

③ 刻度量杯：称量制备灌浆料用水。

④ 平板手推车：器具盛放及运输。

⑤ 塑料桶：用于灌浆料搅拌及盛放。

⑥ 电线和电缆：用电设备电力连接。

⑦ 电子测温仪：用于环境温度及拌合物温度测量。

⑧ 试块试模：用于试块制作，最少准备三组试模。

⑨ 截锥圆模：用于流动度检测。

⑩ 玻璃板：用于流动度检测。

⑪ 计时器：用于流动度检测及控制一盘料的作业时间。

⑫ 电动灌浆机：用于灌浆。

⑬ 手动灌浆枪：用于补浆及灌浆套筒水平连接灌浆。

⑭ 钢尺：用于流动度检测。

⑮ 刮板：用于试块制作。

⑯ 试验用套筒及钢筋：用于套筒灌浆连接节点试件制作。

⑰ PVC管：用于接缝封堵时防止封堵料进入结合面。

⑱ 钢筋定位钢板：用于检查及校正套筒灌浆连接钢筋。

（2）应急与备用设备。

应急与备用设备是为防止设备损坏或停水停电、影响灌浆作业正常进行，须准备的设备与材料。

① 发电机：预防因停电导致的灌浆作业无法连续进行。

② 高压水泵及水管：用于灌浆作业失败时对连接节点的冲刷。

③ 浆料搅拌器（备用）：用于及时替换损坏的搅拌器。

④ 手动灌浆枪（备用）：用于及时替换损坏的手动灌浆枪。

⑤ 设备配件：用于损坏配件的更换。

3. 材料准备

灌浆作业所需的材料应根据项目部报批的材料领用表到库房领取。领取材料时应检查领用材料的出厂日期、实物性能状态是否符合材料领用表的要求。

套筒灌浆作业主要使用的材料分为灌浆料、分仓料、接缝封堵材料，其中接缝封堵材料的种类较多，包括不限于座浆料、木方、充气管、橡塑海绵胶条、木板、聚乙烯泡沫棒等。施工时可根据已批准的灌浆作业施工方案要求领取。

灌浆料用量的框算可以参考下列公式：

单个套筒灌浆料拌合物用量（体积）＝（套筒内径截面积-连接钢筋截面面积）×套筒空腔的有效高度

接缝处灌浆料拌合物用量（体积）=结合面底面面积×结合面缝隙高度（通常为 20 mm）

单个预制构件灌浆料拌合物用量（体积）=（接缝处灌浆料拌合物用量+n×单个套筒灌浆料拌合物用量）×1.1（损耗系数）

单个预制构件灌浆料拌合物用量（质量）=单个预制构件灌浆料拌合物用量（体积），灌浆料拌合物容重

以水料比 11%为例：单个预制构件灌浆料用量（质量）=单个预制构件灌浆料拌合物用量（质量），100/（100+11）。

4. 灌浆作业前检查

（1）检查伸出钢筋的规格、数量、位置和长度。检查方式为目测和尺量，检查数量为全数检查。

① 现浇混凝土伸出的钢筋应采用专用模具进行定位，并采用可靠的固定措施控制连接钢筋的中心位画置及伸出钢筋的长度以满足设计要求。

② 钢筋位置偏差不得大于 ±3 mm（可用钢筋位置检验模板检测）；如果钢筋位置偏差超过要求，并在可校正范围内，可用钢管套住钢筋等方法进行校正。

③ 钢筋长度偏差在 0～15 mm。

（2）检查伸出钢筋上是否残留混凝土，如有应清理干净。检查方式为目测，检查数量为全数检查。

（3）检查连接钢筋的规格、数量、位置和长度。检查方式为目测和尺量，检查数量为全数检查。

① 连接钢筋的外表面应标记插入灌浆套筒最小锚固长度，标记位置应准确，标记颜色应清晰。

② 预制构件吊装后检查两侧预制构件伸出的待连接钢筋对正情况，轴线偏差不得大于 ±5 mm。

③ 对灌浆套筒与钢筋之间的缝隙应采取防止灌浆料拌合物外漏的封堵措施。

④ 如果超过偏差需要进行纠偏处理。

（4）检查连接钢筋上是否残留混凝土，如有应清理干净。检查方式为目测，检查数量为全数检查。

（5）预制构件安装前对结合面的检查。

① 预制构件安装前，应将结合面清理干净。

② 如果设计要求结合面有键槽或粗糙面，应对键槽或粗糙面情况进行检查，如不符合要求或遗漏，应采取剔凿等方式进行处理。

③ 预制构件底部应放置调整接缝高度和预制构件标高的垫片。

④ 高温干燥季节应对构件与灌浆料接触的表面做润湿处理，但不得形成积水

⑤ 采用座浆料进行接缝封堵和分仓时，预制构件安装前须对座浆料的高度和密实度进行检查。

（6）套筒/浆锚孔、灌浆孔和出浆孔检查。

① 检查套筒数量是否与伸出钢筋数量相符。检查方式为目测，检查数量为全数检查。

② 检查套筒内部或浆锚孔内部是否有影响灌浆料拌合物流动的杂物，确保孔路畅通。如有可用空压机吹出套筒或浆锚孔内部松散杂物。检查方式可采用手电透光检查、通气检查通丝检查，检查数量为全数检查。

③ 参照伸出钢筋数量检查灌浆孔和出浆孔的数量，每个伸出钢筋对应一个灌浆孔及一个出浆孔。检查方式为目测检查数量为全数检查。

④ 检查灌浆孔和出浆孔是否有残留的砂浆等，如有应清理干净。检查方式为目测，检查数量为全数检查。

（7）构件的支撑及定位检查。

灌浆作业前需检查预制构件的支撑是否牢靠。安装位置及垂直度是否符合设计要求。

（8）设备、工具、电源和水源等检查。

灌浆作业前应检查使用设备、工具是否满足安全及生产要求。检查水电等线路是否良好。各项准备无误后方可进行灌浆作业。

6.1.3.3 灌浆料制作

1. 选型

必须采用经过接头型式检验，并在构件厂检验套筒强度时配套的接头专用灌浆材料。

2. 制备灌浆料

对机械进行灌水湿润：虽然灌浆料流动性较强，但依旧有一定的黏滞性。对机械进行灌水湿润，可以有效防止在灌浆过程中，灌浆料堵塞注浆管，对灌浆质量产生一定影响。

对灌浆套筒喷水湿润：此步与湿润机器原理相同，防止在灌浆过程中，浆料堵塞套筒，导致套筒中无法进入浆料，影响灌浆质量。

对灌浆套筒的湿润仅能使用高压喷雾对灌浆套筒进行喷水湿润，喷水次数不宜超过两次。严禁向灌浆套筒中注水湿润。

严格按本批产品出厂检验报告要求的水料比（比如 11% 即为 11 g 水+100 g 干料）。用电子秤分别称量灌浆料和水（水也可用刻度量杯）。

灌浆料选择与灌浆套筒相匹配的品牌。并在灌浆前仔细阅读灌浆料背后的使用说明，明确水灰比，适用灌浆机械与搅拌方法，如图 6.10 所示。先将水倒入搅拌桶，然后加入约 70%，用专用搅拌机搅拌 1 ~ 2 min 大致均匀后，再将剩余料全部加入，再搅拌 3 ~ 4 min 至彻底均匀，如图 6.11 所示。搅拌均匀后，静置约 2 ~ 3 min，使浆内气泡自然排出后再使用。

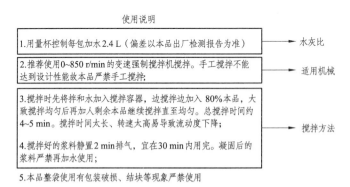

图 6.10　灌浆料使用说明

鉴于灌浆料对水灰比要求严格，故在搅拌前需准备量杯，对加水量进行严格把控。为了对灌浆料进行充分的搅拌，在器具与容器上，本项目选择适用手持型搅拌器与 30L 左右灌浆料搅拌桶。需注意的是搅拌桶严禁选择铝制桶，会对灌浆料造成一定影响，影响灌浆质量。

竖向构件钢筋灌浆
套筒连接施工工艺

水平构件钢筋灌浆
套筒连接施工工艺

图 6.11　灌浆料制作

　　钢筋套筒灌浆连接在灌浆施工前，要进行灌浆料拌合物流动度检测，每工作班应检查灌浆料拌合物初始流动度不少于 1 次，确保能顺利进行灌浆作业。

　　灌浆前，湿润玻璃板和截锥圆模，将截锥圆模放置在玻璃板中央，将搅拌好的灌浆料倒满试模，振动排出气体，慢慢提起圆锥试模，待浆料无扰动条件下自由流动扩散直至停止，测量两个垂直方向的扩展度，取平均值即为灌浆料的流动度，如图 6.12 所示。要求初始流动度不小于 300 mm，30 min 流动度不小于 260 mm，一般情况在 200～300 mm 为合格。

图 6.12　灌浆料的流动度测定

　　在钢筋套筒灌浆过程中，由监理人员监督、项目实验员制作灌浆料抗压强度试件。抗压强度检验应符合现行国家标准《装配式混凝土建筑技术标准》(GB/T 51231) 等相关规范中的规定，且不低于设计要求的灌浆料抗压强度。

6.1.3.4　灌浆和封堵

（1）开动机器，将注浆管插入其中一个灌浆孔中。

竖向钢筋套筒灌浆施工时，如图6.13所示，从套筒下方灌浆口注浆，待接头上方的排浆孔流出浆料1~2 s后，用塞子封堵，封堵时要保持一定的压力。

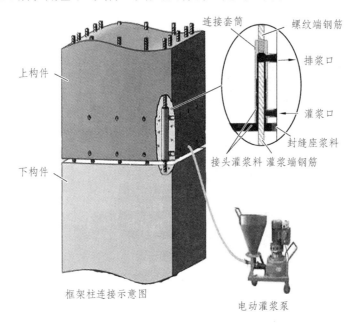

图6.13　竖向钢筋套筒灌浆施工

（2）将灌浆料缓慢均匀的倒入机器中进行注浆，灌浆过程先快后慢。

（3）待出浆口有浆料均匀溢出时，使用木塞或者橡皮塞封堵出浆口，如图6.14所示。

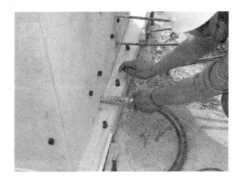

图6.14　封堵出浆口

（4）待出气孔有浆料均匀溢出时，则证明柱体中已充分灌浆，可停止此根柱子的灌浆作业。

竖向钢筋套筒灌浆施工时出浆孔未流出圆柱体灌浆料拌合物不得进行封堵，积压时间不得低于规范要求。水平钢筋套筒灌浆施工时，灌浆料拌合物的最低点低于套筒外表面不得进行封堵。当灌浆套筒施工时出浆孔出现无法出浆的情况时采取的补灌工艺应符合现行行业标准《钢筋套筒灌浆连接应用技术规程》（JGJ 355）的规定。

灌浆枪口撤离，注浆孔及时封堵完成，防止倒流。严禁对同一连通枪从两处及以上注浆，剩余浆料如果经搅拌不能达到260 mm以上流动度要求时，要废弃不用，严禁二次加水使用。如图6.15所示。

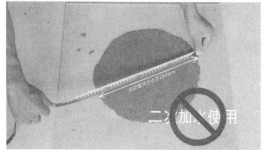

图 6.15　剩余浆料要求

　　灌浆施工后，施工单位和监理单位相关人员必须对灌浆孔、出浆孔内灌浆料拌合物情况实施检查。刚才用竖向钢筋连接套筒时，灌浆料加水拌和 30 min 内，一经发现出浆孔空洞明显，应及时进行补灌，采用水平钢筋连接套筒施工停止后 30 s 内发现灌浆料拌合物下降，应检查灌浆套筒的密封或灌浆料拌合物排气情况并及时补灌。补灌后施工单位和监理单位必须进行复查。

6.1.3.5　工完料清

　　灌浆结束，一定要及时清洗灌浆机各种管道以及连有灰浆的工具，严禁将留在地上的灌浆料回收到灌浆机。如图 6.16 所示。

图 6.16　严禁浆料回收

6.1.4　钢筋浆锚搭接连接施工

　　浆锚搭接预留孔道的内壁是螺旋形的，有两种成型方式：一种是埋置螺旋的金属内模，构件达到强度后旋出内模成型；一种是预埋金属波纹管做内模，不用抽出。

　　浆锚搭接连接包括螺旋箍筋约束浆锚搭接连接、金属波纹管浆锚搭接连接以及其他采用预留孔洞插筋后灌浆的间接搭接连接方式，如图 6.17 所示。

（a） 螺旋箍筋约束浆锚搭接连接　　　（b） 金属波纹管浆锚搭接连接

图 6.17　浆锚搭接连接

钢筋浆锚搭接连接接头应采用水泥基灌浆料，灌浆料的性能应满足表 6.1 的要求。

表 6.1　钢筋浆锚搭接连接接头用灌浆料性能要求

项目		性能指标	试验方法标准
泌水率/%		0	《普通混凝土拌合物性能试验方法标准》GB/T 50080
流动值/mm	初始值	≥200	《水泥基灌浆材料应用技术规范》GB/T 50448
	30 min 保留值	≥150	
竖向膨胀率/%	3 h	≥0.02	《水泥基灌浆材料应用技术规范》GB/T 50448
	24 h 与 3 h 的膨胀率之差	0.02 ~ 0.5	
抗压强度/MPa	1 d	≥35	《水泥基灌浆材料应用技术规范》GB/T 50448
抗压强度/MPa	3 d	≥55	
	28 d	≥80	
氯离子含量/%		≤0.06	《普通混凝土拌合物性能试验方法标准》GB/T 8077

浆锚搭接连技术的关键在于孔洞的成型技术、灌浆料的质量以及对被搭接钢筋形成约束的方法等各个方面。

纵向钢筋采用浆锚搭接连接时，对预留孔成孔工艺、孔道形状和长度、构造要求、灌浆料和被连接钢筋，应进行力学性能以及适用性的试验验证。

纵向钢筋采用浆锚搭接时，对预留成孔工艺、孔道形状和长度、构造要求、灌浆料和被连接钢筋应进行力学性能以及实用性试验验证。其中，不能用浆锚搭接的有以下几种：

（1）直径大于 20 mm 的钢筋不宜采用浆锚搭接连接。

（2）直接承受动力载荷构件的纵向钢筋不应采用浆锚搭接连接。

（3）房屋高度大于 12 m 或超过三层时，不宜使用浆锚搭接连接。

（4）在多层框架结构中，不推荐采用浆锚搭接方式。

钢筋浆锚搭接连接施工工艺流程如图 6.18 所示。

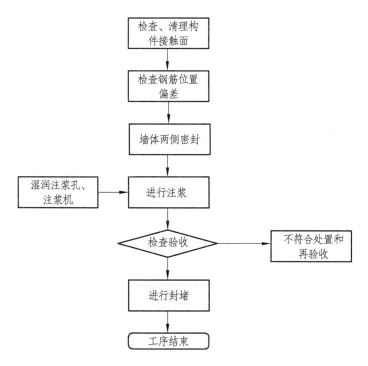

现场灌浆施工
质量检验

图 6.18 钢筋浆锚搭接连接施工工艺流程

6.1.5 灌浆连接质量检查与验收

套筒灌浆与浆锚搭接灌浆是预制混凝土结构工程最为重要的竖向连接方式,灌浆质量的好坏对结构整体性能影响非常大。应采取措施保证孔道灌浆密实。钢筋采用套筒灌浆连接或浆锚搭接时,连接接头的质量及传力性能是影响装配式混凝土结构受力性能的关键,应严格控制。

钢筋套筒在灌浆前,还应在现场模拟构件连接接头的灌浆方式,每种规格钢筋应制作不少于 3 个套筒灌浆连接接头,进行灌注质量以及接头抗拉强度的工艺检验;经检验合格后,方可进行灌浆作业。进行灌浆作业过程中,应采取下列措施严格控制作业质量。

(1)灌浆施工时,环境温度不应低于 5 ℃;当连接部位养护温度低于 10 ℃时,应采取加热保温措施。

(2)应按产品使用说明书的要求计量灌浆料和水的用量,并搅拌均匀;每次拌制的灌浆料拌合物应进行流动度的检测,且其流动度应满足标准要求。

(3)灌浆操作全过程应有专职检验人员负责旁站监督并及时形成施工质量检查记录。

(4)灌浆作业应采用压浆法从下口灌注,当浆料从上口流出后应及时封堵。

(5)灌浆料拌合物应在制备后 30 min 内用完。

(6)套筒灌浆连接接头的质量保证措施。

① 采用经验证的钢筋套筒和灌浆料配套产品。

② 施工人员是经培训合格的专业人员,严格按技术操作要求执行。

③ 质量检验人员进行全程施工质量检查,能提供可追溯的全过程灌浆质量检查记录。

现行国家标准对套筒灌浆与浆锚搭接灌浆的检查验收有如下规定:

（1）钢筋采用套筒灌浆连接、浆锚搭接连接时。灌浆应饱满、密实，所有出口均应出浆。

检查数量：全数检查。

检验方法：检查灌浆施工质量检查记录和有关检验报告。

（2）钢筋套筒灌浆连接及浆锚搭接连接用的灌浆料强度应符合国家现行有关标准的规定及设计要求。

检查数量：按批检验，以每层为一批。

检查方法：每工作班应制作 1 组且每层不少于 3 组 40 mm × 40 mm × 160 mm 的长方体试件，标准养护 28 d 后进行抗压强度试验。

钢筋套筒灌浆连接接头、钢筋浆锚搭接连接接头的灌浆应符合节点连接施工方案的要求。

6.1.5.1 套筒灌浆连接质量要求

采用钢筋套筒灌浆连接的混凝土结构验收应符合现行国家标准《混凝土结构工程施工质量验收规范》（GB 50204）的有关规定，可划入装配式结构分项工程。

灌浆施工前，应对不同钢筋生产企业的进场钢筋进行接头工艺检验；施工过程中，当更换钢筋企业生产企业，或同生产企业生产的钢筋外形尺寸与已完成工艺检验的钢筋有较大差异时，应再次进行工艺检验。

灌浆套筒进厂（场）时，应抽取灌浆套筒并采用与之匹配的灌浆料制作对中连接接头试件，并进行抗拉强度检验，检验结果均应符合规范要求。

预制混凝土构件进场验收应按现行国家标准《混凝土结构工程施工质量验收规范》（GB 50204）的有关规定进行。

当施工过程中灌浆料抗压强度、灌浆质量不符合要求时，应由施工单位提出技术处理方案，经监理、设计单位认可后进行处理。经处理后的部位应重新验收。

6.1.5.2 灌浆连接施工常见问题及对策

1. 施工人员能力不足

（1）施工人员的能力直接影响施工效果，施工前应培训施工人员业务能力，使用 BIM 技术，通过建筑模型进行作业交底。

（2）坚持样板引路制度，在施工过程中随时组织集体或个人参观实体样板，及时查漏补缺，掌握预制装配式工程的特点提高施工能力。

（3）邀请相关专家根据不同时期构件的连接方式，讲授施工工艺及安全理论，普及不断进步的操作流程，更新施工知识，增强安全意识、品质意识及操作技能水平。

2. 连接材料不符合标准要求

（1）材料的合格与否关系着施工成败。材料入场前须严格审查，保证预制构件内埋式螺母材料、预制构件的钢筋吊环和吊钉材料、钢筋连接接头的抗拉品质、套筒等材料标准符合相关标准及产品应用技术手册规定。

（2）检查人员需注意，连接构件的座浆材料强度须高于被连接件混凝土强度 10 MPa 以上，砂浆流动度在 130 ~ 170 mm，1 d 抗压强度值不小于 30 MPa。

3. 灌浆料制备不合格

（1）应保证灌浆料的质量合格且符合标准，严格按说明书进行配置，不得偷工减料。按参考配合比配制灌浆料拌合物，若无特殊客观情况，自加水算起整个灌注过程须在 30 min 内完成。

（2）按照要求留置同期试件用于指导拆模及控制扰动。灌浆料须符合标准要求，不得用座浆料、水泥砂浆等替代灌浆料。应定期保养灌浆设备，确保状态良好。

4. 出浆口浆体回流

（1）为避免浆体回流，宜使用连通腔灌浆方式。灌浆时选择一个灌浆口使浆体通过其进入连通腔，再逐一流入每个套筒中。

（2）在连通腔灌浆未完成而其他全部套筒都完成出浆封堵时，仍需保压不小于 15 s。灌浆结束从连接处拔出设备时,灌浆及封堵人员均需在场以保证拔出灌浆设备时开始封堵工作，避免灌浆口出浆情况。密封材料须为符合标准要求的专用材料，须密封材料达到养护期后方可进行灌浆。

5. 外墙接缝处渗漏

在外墙缝隙连接处,密封材料应与混凝土有高度相容性。缝隙处的密封材料抗剪切能力、伸缩变形能力均须符合相关标准要求。密封材料应防霉变、防水渗、不可燃。

密封材料对外墙缝隙处填充完成后，应不再受外界影响，故须填充位置保养良好。进行淋水试验时，从最低缝隙处开始应由下往上直到最高处的水平接缝。

灌浆连接质量验收记录见表 6.2 所示。

表 6.2　灌浆连接质量验收记录

工程名称				分部（子分部）工程名称	装配式混凝土结构	分项工程名称	钢筋套筒灌浆和钢筋浆锚连接	
施工单位				项目负责人		检验批容量		
分包单位				分包单位 项目负责人		检验批部位		
施工依据					验收依据	《装配式结构工程施工质量验收规程》DGJ32/J 184-2016 的规定		
验收项目			设计要求及规范规定		最小/实际抽样数量	检查记录		检查结果
主控项目	1	套筒规格、数量	钢筋套筒的规格、质量应符合设计要求		—	合格证编号：		
	2	连接质量	套筒与钢筋连接的质量应符合设计要求		—	套筒与钢筋连接的检测报告编号：		
	3	灌浆料的质量	灌浆料的质量应符合标准的要求		—	灌浆料的合格证编号：灌浆料的复试报告编号：		
	4	构件留出的钢筋尺寸	构件留出的钢筋长度及位置应符合设计要求。严禁擅自切割钢筋		—	设计预留机长度及位置：实际预留钢筋长度及位置：		
	5	现场套筒注浆	现场套筒注浆应充填密实，所有出浆口均应出浆		—	出浆口出浆情况：无损或有损检测报告编号：		
	6	灌浆料的28 d抗压强度	灌浆料的28 d抗压强度应符合设计要求		—	抗压强度报告编号：		
	7	浆锚连接	采用浆锚连接时，钢筋的数量和长度除应符合设计要求外，尚应符合下列规定： 1 注浆预留孔道长度应大于构件预留的锚固钢筋长度。 2 预留空宜选用镀锌螺旋管，管的内径应大于钢筋直径 15 mm		—	设计钢筋的数量和长度：实际钢筋数量和长度：预留孔道的长度：预留孔道的材料：		
一般项目	1	预留孔	预留孔的规格、位置、数量和深度应符合设计要求，连接钢筋偏离套筒或孔洞中心线不应超过5 mm		—	设计预留孔的规格、位置、数量和深度：预留孔的规格：预留孔的位置：预留孔的数量：预留孔的深度：		
施工单位检查结果			专业工长： 质量员： 　　　　　年　　月　　日					
监理单位验收结论			专业监理工程师： 　　　　　年　　月　　日					

6.2 装配式混凝土结构后浇连接

【学习内容】

（1）装配式混凝土结构后浇连接概述；
（2）装配式混凝土结构后浇连接分类；
（3）预制墙板、预制梁柱节点后浇连接；
（4）装配式混凝土结构后浇连接施工工艺；
（5）装配式混凝土结构后浇连接质量检查与验收。

【知识详解】

后浇混凝土连接时装配式混凝土结构中非常重要的连接方式，基本上所有的装配式混凝土结构建筑都会有后浇混凝土。后浇混凝土钢筋连接是后浇混凝土连接节点最重要的环节。

后浇混凝土钢筋连接方式可采用现浇结构钢筋的连接方式，主要包括：机械螺纹套筒连接、钢筋搭接、钢筋焊接等。

6.2.1 后浇连接概述

装配式混凝土结构中节点后浇连接是指在预制构件节点处通过钢筋绑扎、支模浇筑混凝土来达到预制构件连接的一种处理工艺。按照结构体系划分，节点包括梁柱节点、叠合梁板节点、叠合阳台节点、空调板节点、预制墙板节点等。

后浇混凝土是指预制构件安装后在预制构件连接区域或叠合层现场浇注的混凝土。连接区域或叠合部位的现场浇注的混凝土称为后浇混凝土。

1. 一般规定

后浇混凝土连接施工应符合下列规定：

（1）预制构件结合面疏松部分的混凝土应剔除并清理干净。

（2）混凝土分层浇筑高度应符合现行国家有关标准的规定，应在底层混凝土初凝前将上一层混凝土浇筑完毕。

（3）浇筑时应采取保证混凝土或砂浆浇筑密实的措施。

（4）预制梁、柱混凝土强度等级不同时，预制梁、柱节点区混凝土强度等级应符合设计要求。

（5）混凝土浇筑应布料均衡，浇筑和振捣时应对模板及支架进行观察与维护，发生异常情况应及时处理；构件接缝混凝土浇筑和振捣应当采取措施防止模板、相连接构件、钢筋、预埋件及其定位件移位。

（6）现浇混凝土部分的模板与支架应符合设计标准：装配式混凝土结构宜采用工具式支架和定型模板；模板应保证现浇混凝土部分形状、尺寸和位置准确；模板与预制构件接缝处应采取防止漏浆的措施，可粘贴密封条；对清水混凝土工程及装饰混凝土工程，应使用能达到设计效果的模板。

（7）现浇混凝土强度对安装下一层构件的影响。

在实际施工中，对于预制柱或预制墙板安装，通常在浇筑完混凝土 24 h 后即可进行上部构件安装，但在安装过程中需要采取构件下垫方木等方式对现浇混凝土及构件进行保护，在构件下落或调整位置时需放缓速度，并且加强施工人员对混凝土及构件等成品的保护意识。对于预制梁或预制叠合板安装，只要保证下层梁板底部有效支撑未拆除，即可进行上层预制梁板安装施工，底模拆除时的混凝土强度要求见表 6.3。

表 6.3　底模拆除时的混凝土强度要求

结构类型	结构跨度/m	按设计的混凝土强度标准值的百分率计/%
板	≤2	50
	>2，≤8	75
	>8	100
梁、拱、壳	≤8	75
	>8	100
悬臂构件	≤2	75
	>2	100

（8）固定在模板上的预埋件、预留孔和预留洞均不得遗漏，且应安装牢固，其偏差应符合表 6.4 的规定。检查中心线位置时，应沿纵、横两个方向量测，并取其中的较大值。对预埋件的外露长度，只允许有正偏差，不允许有负偏差；对预留洞内部尺寸，只允许大，不允许小。在允许偏差表中，不允许的偏差都以"0"来表示。

表 6.4　预埋件和预留孔洞的允许偏差

项目		允许偏差/mm
预埋钢板中心线位置		3
预埋管、预留孔中心线位置		3
插筋	中心线位置	5
	外露长度	+10，0
预埋螺栓	中心线位置	2
	外露长度	+10，0
预留洞	中心线位置	10
	尺寸	+10，0

2. 后浇接触面的处理

预制混凝土构件与后浇混凝土的接触面须做成粗糙面或键槽面，或两者兼有，以提高混凝土抗剪能力。预制板与后浇混凝土叠合层之间的结合面应设置粗糙面。预制梁与后浇混凝土叠合层之间的结合面应设置粗糙面；预制梁端面应设置键槽，如图 6.19 所示。

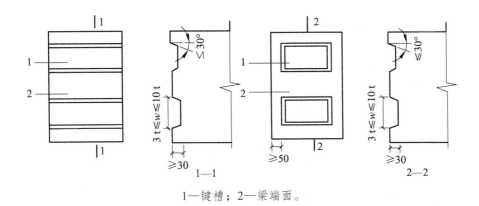

1—键槽；2—梁端面。

图 6.19 梁端键槽构造示意

键槽的尺寸和数量应按现行行业标准《装配式混凝土结构技术规程》（JGJ 1）的规定计算确定。键槽的深度不宜小于 30 mm，宽度不宜小于深度的 3 倍且不宜大于深度的 10 倍，键槽可贯通截面，当不贯通时槽口距离截面边缘不宜小于 50 mm，键槽间距宜等于键槽宽度，键槽端部斜面倾角不宜大于 30°。

预制剪力墙的顶部和底部与后浇混凝土的结合面应设置粗糙面；侧面与后浇混凝土的结合面应设置粗糙面，也可设置键槽。键槽深度不宜小于 20 mm，宽度不宜小于深度的 3 倍且不宜大于深度的 10 倍，键槽间距宜等于键槽宽度，键槽端部斜面倾角不宜大于 30°。

预制柱的底部应设置键槽且宜设置粗糙面，键槽应均匀布置，键槽深度不宜小于 30 mm，键槽端部斜面倾角不宜大于 30°。柱顶应设置粗糙面。

粗糙面的面积不宜小于结合面的 80%，预制板的粗糙面凹凸深度不应小于 4 mm，预制梁端、预制柱端、预制墙端的粗糙面凹凸深度不应小于 6 mm。

粗糙面的处理方法：

① 人工凿毛法：人工使用铁锤和凿子剔除预制构件结合面的表皮，露出碎石骨料。

② 机械凿毛法：使用专门的小型凿岩机配置梅花平头钻，剔除结合面混凝土表皮。

③ 缓凝水冲法：在预制构件混凝土浇筑前，将含有缓凝剂的浆液涂刷在模板上，浇筑混凝土后，利用已浸润缓凝剂的表面混凝土与内部混凝土的缓凝时间差，用高压水冲洗未凝固的表层混凝土，冲掉表面浮浆露出骨料形成粗糙表面。

粗糙面种类通常有留槽、露骨料、拉毛、凿毛四种形式，如图 6.20 所示。

（a）留槽

（b）露骨料

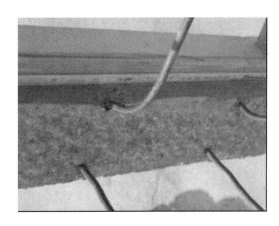

（c）拉毛　　　　　　　　　　　（d）凿毛

图 6.20　粗糙面种类

3. 后浇连接施工工艺流程

后浇节点形式主要包括预制墙板后浇带连接、预制叠合板后浇带连接、预制墙板节点后浇连接、预制梁柱节点后浇连接、叠合阳台、空调板节点现浇连接等。

后浇连接施工工艺流程如图 6.21 所示。

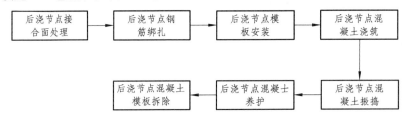

图 6.21　后浇节点混凝土施工工艺流程

本模块主要介绍几种现场施工中常用的节点现浇连接形式。

6.2.2　预制墙板节点后浇连接

1. 预制剪力墙节点形式

后浇连接是在预制剪力墙安装于设计位置后,在要连接的上下层剪力墙之间设置后浇带,然后将预留钢筋通过搭接方式连接,剪力墙安装就位后浇筑混凝土成为一个整体。剪力墙竖向连接节点（相邻层剪力墙的连接）、预制剪力墙水平连接节点（同楼层剪力墙的连接）、预制剪力墙-连梁连接节点、预制剪力墙-楼板连接节点及预制剪力墙-填充墙连接节点,各种结构性节点工程示例如图 6.22 所示。

2. 预制剪力墙节点后浇连接

预制剪力墙的顶面、底面和两侧面应处理为粗糙面或者制作键槽,与预制剪力墙连接的圈梁上表面也应处理为粗糙面。粗糙面露出的混凝土粗骨料不宜小于其最大粒径的 1/3,且粗糙面凹凸不应小于 6 mm。

（a）预制剪力墙竖向连接节点（全预制）　　（b）预制剪力墙竖向连接节点（叠合形式）

（c）预制剪力墙水平连接节点　　（d）预制剪力墙-连梁连接节点（整体预制）

图 6.22　预制剪力墙节点工程示例

根据行业标准《装配式混凝土结构技术规程》（JGJ 1—2014），对高层预制装配式墙体结构，楼层内相邻预制剪力墙的连接应符合下列规定：

（1）边缘构件应现浇，现浇段内按照现浇混凝土结构的要求设置箍筋和纵筋。预制剪力墙的水平钢筋应在现浇段内锚固，或者与现浇段内水平钢筋焊接或搭接连接。

（2）相邻预制剪力墙板之间如无边缘构件，应设置现浇段，现浇段的宽度应同墙厚 现浇段的长度：当预制剪力墙的长度不大于 1 500 mm 时不宜小于 150 mm，大于 1 500 mm 时不宜小于 200 mm，现浇段内应设置竖向钢筋和水平环箍，竖向钢筋配筋率不小于墙体竖向分布筋配筋率，水平环箍配筋率不小于墙体水平钢筋配筋率，如图 6.23 所示。

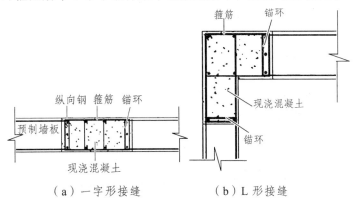

（a）一字形接缝　　　　　　　（b）L 形接缝

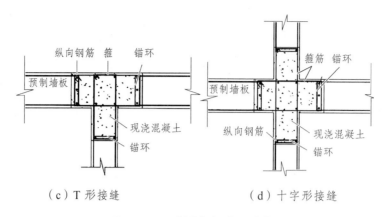

（c）T形接缝　　　　　　　　　　（d）十字形接缝

图 6.23　预制墙板间节点连接

（3）现浇部分的混凝土强度等级应高于预制剪力墙的混凝土强度等级两个等级或以上。

（4）预制剪力墙的水平钢筋应在现浇段内锚固，或者与现浇段内水平钢筋焊接或搭接连接。但上层剪力墙的位置不好固定，会导致现浇带肋面的混凝土浇筑密实程度不够。

6.2.3　预制梁柱节点后浇连接

预制梁柱连接节点，对结构性能如承载能力、结构刚度、抗震性能等往往起到决定性的作用，同时深远影响着预制混凝土框架结构的施工可行性和建造方式。

1. 预制梁柱节点后浇连接的发展

目前，常用的装配式框架结构体系主要包括装配式混凝土框架结构和钢框架结构。装配式框架结构体系的核心是梁柱连接节点构造。

在预制装配式框架结构中梁柱节点性能的好坏关系着建筑整体性能的好坏。从预制装配式建筑本身的特点而言，预制构件自身质量有绝对的可靠，而将这些构件组合成建筑物依靠的是节点，所以节点性能关乎着建筑的整体性能。从梁柱节点的受力特性来看，梁柱节点不仅受力、传力机理复杂，而且节点极易发生非延性破坏。故梁柱节点既是建筑承载受力的关键部位，也是建筑最薄弱的一环，一旦破坏将引起严重的后果。

在节点的诸多性能中，节点抗震性能是最为关键的。由于连接构成的梁柱节点多是刚性节点，节点的延性主要靠充分发挥节点钢材的延性来实现。由此可见，在设计此类节点时合理地设置塑性铰是非常重要的。在湿式连接（后浇混凝土、灌浆）中，可以通过改变梁的上、下部钢筋的数量来改变梁的抗弯刚度，即形成 X 形交叉筋，构成塑性铰，同时斜筋也可增强了梁的抗剪能力。

对装配式混凝土框架结构，一般采用预制柱和叠合梁，梁柱连接节点一般采用后浇混凝土的方式，且需要现场设置临时支撑及模板。该体系建造成本较低，但现场作业量较大，施工周期较长。

2. 预制梁柱节点后浇连接施工

预制梁混凝土部分设计到柱侧面，柱筋与梁筋在节点部位错开插入，在梁、柱吊装完成后支模浇筑混凝土，通常该节点与楼面混凝土同时浇筑。施工步骤如图 6.24 所示。

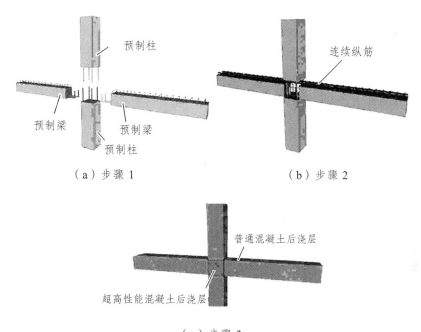

（a）步骤 1　　　　　　　　　　（b）步骤 2

（c）步骤 3

图 6.24　预制梁柱节点后浇连接施工步骤

　　梁、柱纵向钢筋在后浇节点区间内采用直线锚固、弯折锚固或机械锚固方式时，其锚固长度应符合现行国家标准《混凝土结构设计规范》（GB 50010）中的有关规定。当梁柱纵向钢筋采用锚固板时，应符合现行行业标准《钢筋锚固板应用技术规程》（JGJ 256）中的有关规定。

　　（1）对框架中间层中节点，节点两侧的梁下部纵向受力钢筋宜锚固在后浇节点区内，可采用 90°弯折锚固，也可采用机械连接或焊接的方式直接连接；梁的上部纵向受力钢筋应贯穿后浇节点区。

　　（2）对框架中间层端节点，当柱截面尺寸不满足梁纵向受力钢筋的直线锚固要求时，应采用锚固板锚固，也可采用 90°弯折锚固。

　　（3）对框架顶层中节点，梁纵向受力钢筋的构造符合规范要求，柱纵向受力钢筋宜采用直线锚固；当梁截面尺寸不满足直线锚固要求时，宜采用锚固板锚固。

　　（4）对框架顶层端节点，梁下部纵向受力钢筋应锚固在后浇节点区内，且宜采用锚固板的锚固方式。梁、柱其他纵向受力钢筋的锚固应符合下列规定：

　　① 柱宜伸出屋面并将柱纵向受力钢筋锚固在伸出段内，伸出段长度不宜小于 500 mm，伸出段内箍筋间距不应大于 5 d（d 为柱纵向受力钢筋直径），且不应大于 100 mm；柱纵向受力钢筋宜采用锚固板锚固，锚固长度不应小于 40 d；梁上部纵向受力钢筋宜采用锚固板锚固。

　　② 柱外侧纵向受力钢筋也可与梁上部纵向受力钢筋在后浇节点区搭接，其构造要求应符合现行国家标准《混凝土结构设计规范》（GB 50010）中的规定。柱内侧纵向受力钢筋宜采用锚固板锚固。

　　（5）采用预制柱及叠合梁的装配整体式框架节点，梁下部纵向受力钢筋也可伸至节点区外的后浇段内连接，连接接头与节点区的距离不应小于 1.5 h（h 为梁截面有效高度）。

6.2.4 叠合梁、板节点后浇连接

1. 叠合梁节点后浇连接施工

当叠合框架梁采用对接连接时，梁下部纵向钢筋在后浇段内宜采用机械连接、套筒灌浆连接或焊接等连接形式连接。

叠合框架梁纵向受力钢筋应伸入后浇节点区锚固或连接，其下部的纵向受力钢筋也可伸至节点区外的后浇段内进行连接。叠合框架梁的箍筋可采用整体封闭箍筋及组合封闭箍筋形式，如图 6.25 所示。

采用叠合式构件，可以减轻装配构件的重量更便于吊装，同时由于有后浇混凝土的存在，其结构的整体性也相对较好。

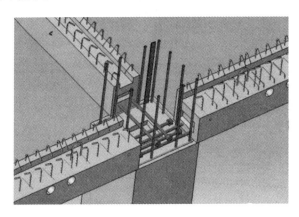

图 6.25　叠合梁节点后浇连接处

采用现有技术中的叠合梁连接节点进行施工时，需要提前搭设支撑系统或者在混凝土柱的外侧设置牛腿，从而保证叠合梁能够稳定地吊装至混凝土柱上。

若是采用搭设支撑系统的方式，则会占据更多的施工场地，延长施工周期；而在混凝土柱的外侧设置牛腿，不仅会增加现浇工作量，更会因牛腿结构的外露而增大整个连接节点的外形体积。

为加强预制梁间的横向连接，每根梁都设置有 6 块横隔板，当预制梁就位后，即进行横隔板间的焊接，之后再浇筑顶部的混凝土。

2. 叠合板节点后浇连接施工

预制装配式混凝土叠合板是由预制板和现浇钢筋混凝土层叠合而成的装配整体式楼板，是如今建筑行业常用的一种建筑板材，能广泛用于各种房屋建筑工程。预制装配式混凝土叠合板中，由于运输以及吊装、搬运的原因，尺寸有所限制，大板块的叠合板需要拆分成两块，在现场通过现浇接缝进行连接，再浇筑混凝土使之达到等同现浇板的受力性能。这样既能节省模板用量、加快施工进度，又能保证连接部位的可靠性。而且，结构构件在工厂预制能减少现场湿作业，提高构件的可靠性。因此，这类叠合板具备提高建筑楼盖刚度、整体抗震性能和工业化生产、快速施工的优势。行业标准《装配式混凝土结构技术规程》（JGJ 1）对钢筋混凝土叠合板的设计与施工有明确规定。

（1）构造形式。

不同板块之间的连接形式主要包括键槽式拼缝、传统拼缝、整体式拼缝、板面附加钢筋式拼缝和焊接拼缝钢筋等。叠合板板间拼缝构造形式见图 6.26。

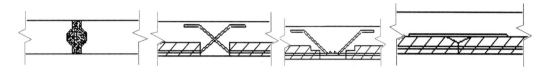

（a）键槽式拼缝　　　（b）传统拼缝　　　（c）整体式拼缝　　（d）板面附加钢筋式拼缝

图 6.26　叠合板板间拼缝构造形式

叠合板与支座之间常用的构造形式见图 6.27 和图 6.28。预制板可自带外露锚固筋，或外加构造筋在支座处形成锚固连接。

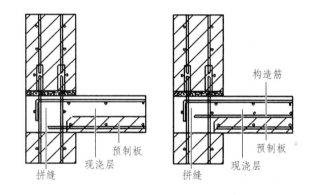

图 6.27　叠合板端支座构造形式

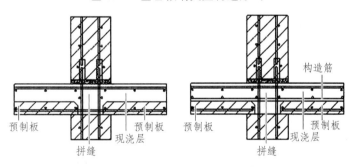

图 6.28　叠合板中间支座构造形式

（2）施工要点。

当叠合板上层现浇混凝土与结构其余构件的混凝土同时浇筑时，通常在预制板与墙体或梁搭接位置，采用周圈硬架支模方式保证平整度，即在墙体或梁的模板支设完成后，吊装叠合板至合适位置，然后浇筑混凝土。这样对支撑稳定性和可靠性的要求较高，应确保模板位置达到设计要求，保证预制板水平安放。当板跨 > 4 m 时，需要在跨中适当起拱。支模时，梁侧模板的木方上侧可设置 100 mm 宽的水平木板，沿木板四周粘贴海绵条，避免叠合板板块与木板之间因不紧密而造成漏浆。

浇筑叠合层混凝土前，需要保证预制板板面干净，浇水适当湿润，并避免积水。浇筑混凝土后，优先选用平板振动器对后浇混凝土层进行振捣。需要对叠合板下表面的较大板缝的位置进行后处理，通常选用掺有纤维丝的混合砂浆对板缝进行填补。对于预制带肋的钢筋混凝土叠合板，应特别注意下部支撑点的位置，严格按照图6.29所示的形式布置。混凝土浇筑时，应从中间向两头连续施工，一次性完成浇筑工序。

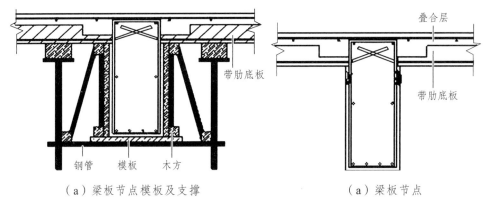

| （a）梁板节点模板及支撑 | （a）梁板节点 |

图 6.29　预制带肋底板的节点及支撑及示意

6.2.5　后浇连接质量检查与验收

装配式混凝土结构预制构件连接施工通常有预制构件与预制构件接缝、预制构件与现浇构件接缝两种接缝形式，后浇混凝土或砂浆连接方式应重点控制以下内容。

构件现浇连接施工质量检验

（1）后浇混凝土部位在浇筑前应进行隐蔽工程验收，验收项目应包括下列内容：

① 钢筋的牌号、规格、数量、位置、间距等。

② 纵向受力钢筋的连接方式、接头位置、接头数量、接头面积百分率、搭接长度等。

③ 纵向受力钢筋的锚固方式及长度。

④ 箍筋、横向钢筋的牌号、规格、数量、位置、间距，箍筋弯钩的弯折角度及平直段长度。

⑤ 预埋件的规格、数量、位置。

⑥ 混凝土粗糙面的质量，键槽的规格、数量、位置。

⑦ 预留管线、线盒等的规格、数量、位置及固定措施。

（2）后浇连接处混凝土或砂浆的强度及收缩性能要求。

① 对承受内力的连接处应采用混凝土浇筑，混凝土强度等级值不应低于连接处构件混凝土强度设计等级值的较大值。

② 对非承受内力的连接处可采用混凝土或砂浆浇筑，其强度等级不应低于C15或M15。

③ 混凝土粗骨料最大粒径不宜大于连接处最小尺寸的1/4。

④ 连接节点、水平拼缝应连续浇筑；竖向拼缝可逐层浇筑，每层浇筑高度不宜大于2 m。应采取保证混凝土或砂浆浇筑密实的措施。

（4）混凝土或砂浆强度达到设计要求后，方可承受全部设计荷载。

后浇连接质量验收记录见表6.5。

表6.5 后浇带检验批质量验收记录

单位（子单位）工程名称			分部（子分部）工程名称		分项工程名称	
施工单位			项目负责人		检验批容量	
分包单位			分包单位 项目负责人		检验批部位	
施工依据				验收依据	《地下防水工程质量验收规范》GB 50208—2011	
验收项目			设计要求及规范规定	最小/实际抽样数量	检查记录	检查结果
主控项目	1	后浇带用遇水膨胀止水条或止水胶、预埋注浆管、外贴式止水带	第5.3.1条	/		
	2	补偿收缩混凝土的原材料及配合比	第5.3.2条	/		
	3	后浇带防水构造	第5.3.3条	/		
	4	采用掺膨胀剂的补偿收缩混凝土，其抗压强度、抗渗性能和限制膨胀率	第5.3.4条	/		
一般项目	1	补偿收缩混凝土浇筑前，后浇带部位和外贴式止水带应采取保护措施	第5.3.5条	/		
	2	后浇带两侧的接缝表面应先清理干净，再涂刷混凝土界面处理剂或水泥基渗透结晶型防水涂料	第5.3.6条	/		
		后浇混凝土的浇筑时间应符合设计要求				
	3	遇水膨胀止水条应具有缓膨胀性能	第5.1.8条	/		
		止水条埋设位置、方法	第5.1.8条			
		止水条采用搭接连接时，搭接宽度	不得小于30 mm			
	4	遇水膨胀止水胶施工	第5.1.9条	/		
	5	预埋式注浆管设置	第5.1.10条	/		
	6	外贴式止水带在变形缝与施工缝相交部位和变形缝转角部位位置	第5.2.6条	/		
		外贴式止水带埋设位置和敷设				
	7	后浇带混凝土应一次浇筑，不得留施工缝	第5.3.8条	/		
		混凝土浇筑后应及时养护，养护时间不得少于28 d	第5.3.8条			
施工单位检查结果		专业工长：项目专业质量检查员：　　　　　　　　　　　年　月　日				
监理单位验收结论		专业监理工程师：　　　　　　　　　　　年　月　日				

6.3 装配式混凝土结构拼缝处理

虽然湿式连接是目前装配式结构最主要的连接方法，但也存在明显的不足：

（1）这种连接需要后浇混凝土，由于现浇混凝土的施工及凝结硬化需要较长的周期，使装配式结构施工速度快的特点无法发挥。

（2）节点后浇混凝土需要模板支撑及养护，使装配式结构的建造成本增加。

（3）后浇水泥混凝土的体积收缩大，二者体积变形性不协调，易出现开裂或脱离现象。

（4）后浇混凝土与预制构件之间黏结强度较差，结构连续性和整体性受到一定影响，结合界面容易成为侵蚀性介质进入结构的通道。在预制构件规模化装配时，节点的连接和处理往往成为影响工程进度和整体质量的关键环节，这就要求接缝材料能够在较短时间内实现与预制构件的协同工作，同时对各种异型或复杂预制构件具有较好的施工操作性。

混凝土建筑由于采取拼装的形式，难以避免地会出现叠合板与其他构件之间的接缝，叠合板自身也是由多个预制板连接而成的，也会存在接缝的问题。接缝问题最显著的困扰就是可能会使建筑主体结构发生渗漏，对相关问题进行处理，也有助于保障装配式工程的施工质量，从而促进装配式建筑模式的普及。

对于装配式混凝土工程叠合板与其他构件之间的接缝处理，大致流程为：深化设计→工具准备→处理方式确认→缝隙清洁→内衬材料施工→美纹纸施工（防污染措施施工）→初步处理（界面剂施工）→耐候密封胶施工→修饰与工程修复→施工完处理。随着工程形式的不同，其具体处理形式也会具有一定差别，但其核心思想就是将缝隙位置处理为满足施工条件的形式，而后利用建筑密封胶处理接缝位置，使其具有一定的密闭性与防水性。装配式混凝土结构拼缝处理如图 6.30 所示。

图 6.30 装配式混凝土结构拼缝处理

6.3.1 装配式建筑混凝土接缝密封胶性能要求

接缝材料是装配式建筑中预制构件节点连接和处理的核心技术之一，混凝土预制件具有一定的热胀冷缩性，其接缝是典型的大位移伸缩缝，其位移量受环境温度因素影响。大位移伸缩缝对密封防水材料性能要求较高。

（1）黏接性：始终是最重要的性能之一。混凝土是一种多孔性材料，孔洞的大小和分布不均匀，不利于密封胶的黏接；混凝土本身呈碱性，部分碱性物质迁移到密封胶和混凝土接触界面，影响黏接效果；部分脱模剂残存在预制构件表面，影响密封胶的黏接性能。因此，配套专用底涂非常关键。

（2）气密性和水密性：赋予建筑物良好的气密性和水密性是最基本的性能，与预制混凝土板形成连续的不渗透层，预制混凝土板与密封胶形成的外墙密封防水系统宜按照幕墙规范对气密性、水密性等应用性能指标作出相应的、明确的要求。

（3）力学性能：预制外墙板、装饰板在荷载、温度、收缩等作用下，外墙板之间会产生相对位移，预制混凝土密封胶必须具备一定的弹性，有一定的自由伸缩变形能力和恢复能力。

（4）耐久性和耐候性：预制墙板、饰面板是建筑外围护结构，建筑外墙分隔缝、装饰缝宜与预制混凝土结构、围护板的分隔一致，以充分发挥密封胶的延弹性，抵抗接缝的位移变形；密封胶完全暴露在室外，日晒雨淋、昼夜温差胀缩等会使密封胶逐渐老化，因此应具备一定的耐久性和耐候性。

（5）抗疲劳性和蠕变性：环境温度变化出现热胀冷缩现象，使得接缝尺寸发生循环变化，一天一个循环，无时无刻不在变化，必须具备良好的抗位移能力和抗疲劳性；预制混凝土板密封胶应具备一定的蠕变性，即便黏结面长期处于拉伸受力状态，也不易发生黏结或内聚破坏。

（6）其他性能：包括防霉、耐水、防污染性、易涂装性、可维修性、建筑材料相容性等。

6.3.2　外墙板拼缝

《装配式混凝土结构技术规程》（JGJ 1—2014）中第 5.3.4 条规定："预制外墙板的接缝及门窗洞口等防水薄弱部位宜采用材料防水和构造防水相结合的做法。"如果未采用合适的接缝胶，容易发生胶体白化收缩、黏接不牢等情况。密封胶开裂损坏后，雨水顺着水平缝渗进室内。

6.3.2.1　材料、工具

聚氨酯防水密封胶、防水砂浆、聚乙烯棒、美纹纸、底涂、打胶枪、角磨机、钢丝刷、软毛刷、刮刀，如图 6.31 所示。

（a）聚氨酯防水密封胶　　　　　　　（b）工具

图 6.31　拼缝施工材料、工具

6.3.2.2　外墙拼缝打胶施工要点

1. 接缝基层清理

（1）用角磨机清理水泥浮浆；

（2）用钢丝刷清理杂质及不利于黏结的异物。

（3）用羊毛刷清理残留灰尘，如图 6.32 所示。

图 6.32　羊毛刷清理

2. 接缝处修复

（1）清除破损松散硅，剔除突出的鼓包，采用防水砂浆分层修补。随机抹压防水砂浆，防水砂浆应压实、压光使其与基层紧密结合。

（2）接缝宽度大于 40 mm 时应进修补。

3. 填塞背衬

（1）背衬材料主要是，控制密封胶的施胶深度（接缝宽小于 10 mm 时宽深比 1∶1，接缝宽大于 10 mm，宽深比 2∶1）以及避免密封胶三面黏接。

（2）背衬材料应大于接缝 25%，一般采用柔软闭孔的圆形聚乙烯泡沫棒，如图 6.33 所示。

4. 粘贴美纹纸

美纹纸胶带应遮盖住边缘，要注意纸胶带本身的顺直美观。如图 6.34 所示。

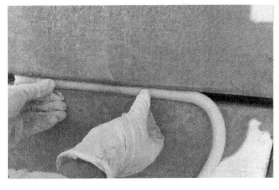

图 6.33　填塞背衬

图 6.33　粘贴美纹纸

5. 涂刷底涂

（1）底涂（图 6.35）涂刷根据密封胶提供商材料性能对基层要求确定是否需要涂刷；

（2）底涂涂刷应一次涂刷好，避免漏刷以及来回反复涂刷；

（3）底涂应晾置完全干燥后才能施胶，具体时间以材料性能为准。

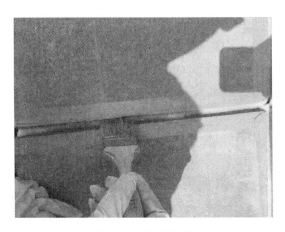

图 6.35　涂刷底涂

6. 施胶

（1）混胶。

单组分密封胶可直接填充密封胶，若是双组分密封胶，用专用混胶机（图 6.36）将密封胶混好，混胶工序如下：

① 将定量包装好的固化剂、色料添加至主剂桶中。

② 将主剂桶置于专用的混胶机器上，扣好固定卡扣，安装搅拌桨。

③ 设置搅拌时间 15 min，启动电源开关，按设定的程序自动进行混胶；建议不要分多次搅拌和使用手动搅拌机，以防止气泡混入。

图 6.36　搅拌混胶

混胶结束后，可通过蝴蝶试验来判断混胶是否均匀，如胶样无明显的异色条纹，可认为混胶均匀。

④ 将搅拌桨取出并将附着在桨上的密封胶刮入桶内，然后取出主剂桶垂直震击数次。

⑤ 将已混好后的密封胶用专用的胶枪抽取使用，注意已混好的密封胶应尽快使用，避免阳光照射。

（2）施胶前应确保基层干净、干燥，并确保宽深比为 2∶1 或 1∶1。

（3）施胶时胶嘴探到接缝底部，保持匀速连续打足量的密封胶并有少许外溢，避免胶体与胶条下产生空腔。当接缝宽度大于 30 mm 时，应分两步施工，即打一半之后用刮刀或刮片下压密封胶，然后再打另一半，如图 6.37 所示。

7. 胶面修整

密封胶施工完成后用压舌棒、刮片或其他工具将密封胶刮平压实，用抹刀修饰出平整的凹型边缘，加强密封胶效果，禁止来回反复刮胶动作，保持刮胶工具干净，如图 6.38 所示。

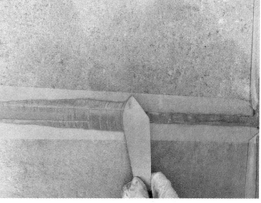

图 6.37　填充密封胶　　　　　　　　图 6.38　修饰接缝

8. 清理

修饰完成后应立刻去除美纹纸。施工场所黏附的胶样要趁其在固化之前用溶剂进行去除，并对现场进行清扫，如图 6.39 所示。

图 6.39　后处理

6.3.2.3　外墙拼缝打胶施工注意事项

为保证获得较佳的黏结和密封胶优异的性能，装配式建筑板块接缝密封施工时需注意以下事宜：

（1）应在温度 4 ~ 40 ℃，相对湿度 40% ~ 80% 的清洁环境下施工，下雨、下雪时不能施工。

（2）混凝土基面未干燥不宜施工。

（3）底涂涂刷好后，须涂层干燥后（约 15 ~ 30 min）方可进行密封胶施工，且应在底涂涂刷后 8 h 内完成，如果有脏东西或灰尘被黏附时，要将异物除去后再次进行涂刷。如遇到密封胶施工顺延到第 2 天时，需要再次进行涂刷底涂的操作。

（4）浅色或特殊颜色密封胶应避免与酸性或碱性物质接触（比如外墙清洗液等），否则可能导致密封胶表面发生变色。

（5）施胶后 48 h 内密封胶未完全固化，密封接缝不允许有大的位移，否则会影响密封效果。

6.3.3　内墙板拼缝

（1）基面处理（图 6.40）注意事项：

① 拼缝凹槽两侧表面需用钢丝刷清除浮浆、脱模剂、油污及模板残留物，并剔凿凸出的混凝土块。

② 凹槽两侧墙体，用喷雾器喷水湿润表面，让基层吸水均匀，不得直接用水管淋水。

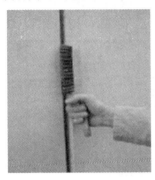 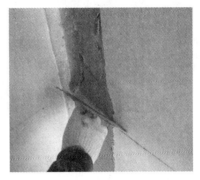

图 6.40　基面处理　　　　　图 6.41　抹底层抗裂砂浆

（2）抹底层抗裂砂浆（图 6.41）应注意以下事项：

① 抹集中拌和好的抗裂砂浆一道，厚度为 3 ~ 4 mm。

② 表面比两侧墙体低 2 mm，用木抹子压平、搓毛。

（3）压入耐碱玻纤网格布（图 6.42）应注意以下事项：

将网格布切割成 20 cm 条状（同压槽宽度），自上而下用铁抹子压入底层抗裂砂浆。

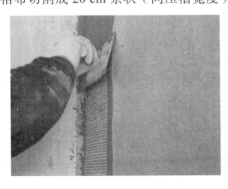 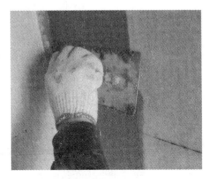

图 6.42　压入耐碱玻纤网格布　　　　图 6.43　抹面层抗裂砂浆

（4）抹面层抗裂砂浆（图 6.43）应注意以下事项：

用铁抹子抹面层抗裂砂浆，用力压平、压密实，抹光后砂浆面应与两侧墙体齐平、无错台。

（5）7 d 内应用喷雾器洒水养护。

6.3.4　叠合板拼缝

1. 叠合板拼缝形式

装配式混凝土建筑叠合板接缝分为两大类：一类是叠合板与其他构件（如剪力墙、框架柱、梁）之间接缝；另一类是叠合板相互之间接缝。叠合板与其他构件之间接缝有密缝连接和离缝连接，如图 6.44 所示。叠合板相互之间接缝有分离式接缝和后浇带式接缝。

（a）传统的出筋叠合板　　　　　（b）叠合板不出筋、板缝密拼

图 6.44　叠合板拼缝形式

（1）叠合板与其他构件接缝。

叠合板与其他构件密缝连接要求预制混凝土构件截面尺寸质量控制相当精确，连接槎处平整度、顺直度要相当好。预制板一般要伸进剪力墙、框架柱、梁等构件边沿 5～10 mm。施工装配时，只要在接缝处粘贴宽 5～10 mm 双面胶带，构件吊运装配完成达到连接密缝，浇筑上部混凝土结合成整体且不漏浆。

叠合板与其他构件离缝连接是指预制板和其他预制构件（如剪力墙、框架柱、梁）组装时之间留有 10 mm 的空隙，其构件预制尺寸和吊装精度相对宽松。离缝连接在构件吊运装配校对复核检查后，采用类似于硬架支模的方式进行接缝处理。一般构件在工厂预制时都留有拉结栓孔，堵缝采取铝质或塑木质工具式定制模板。从施工安排上比密缝连接多了接缝模板支设加固，接缝模板拆除等工序。在工具式模板和预制构件结合处也采取粘贴宽 5～10mm 双面胶带防止漏浆措施，确保阴角方正，接缝顺直，接茬密实清洁。

（2）叠合板相互之间接缝。

叠合板相互之间分离式接缝主要存在于拼装单向叠合板时，由于叠合板预制的质量尺寸偏差及施工装配的定位偏差等因素，单向叠合板在施工现场吊运装配中，预制叠合板块之间总是存在 10 mm 的通透缝隙，即分离式接缝。对于这种缝隙，施工现场采取"滤堵结合法"。

"滤"是指在叠合板装配定位完成后，在板块缝隙处铺设宽 200 mm 的密目钢丝网，缝隙每边 100 mm，目的是浇筑顶部混凝土时，通过钢丝网的过滤，流进板块缝隙中的全是水泥浆液；"堵"是指在叠合板的下部顺着缝隙，采用直径 15 mm 的 PVC 管模板进行密封，可以采用细扎丝间距 200 mm 穿板缝隙与上部垂直于板缝的附加钢筋拉结，达到叠合板缝隙中水泥浆液被封堵，不漏浆的目的（图 6.45）。在混凝土凝固后，拆除的 PVC 管可以重复使用。叠合板块接缝处形成的凹槽在楼板面刮腻子前用弹性腻子嵌缝密实，再进行后续工序施工。

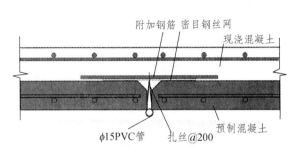

图 6.45　分离式接缝示意　　　　图 6.46　后浇带式接缝示意

后浇带式接缝主要是指双向叠合板板侧的整体式接缝，设置在叠合板的次要受力方向宜避开最大弯矩截面。接缝采用后浇带形式（图 6.46），宽度不宜小于 200 mm，内部的钢筋采取焊接、搭接连接、弯折锚固等。施工现场在双向叠合板吊运装配完成后，采取铝质或塑木质工具式模板进行后浇带模板支设，预制构件叠合板与后浇带模板沿接缝采用粘贴双面胶带等措施进行漏浆封堵，后浇带模板支设采用工具式竖向顶撑，其间距不大于 900 mm，要求支撑竖向垂直，固定牢靠，与模板、构件顶靠密切，确保浇筑混凝土时不移位，不漏浆。

（3）叠合板板间拼缝构造形式。

不同板块之间的连接形式主要包括键槽式拼缝、传统拼缝、整体式拼缝、板面附加钢筋式拼缝和焊接拼缝钢筋等。叠合板板间拼缝构造形式见图 6.25。

2．叠合板拼缝施工

叠合板底板与墙体交界处板缝采用高强砂浆封堵。叠合板之间拼缝处底部模板采用 15 mm 多层板，次龙骨采用 50 mm × 100 mm 方木，主龙骨采用 100 mm × 100 mm 方木。吊模支撑采用双排 ϕ16 丝杆吊模，丝杆纵向间距 600 mm。为了防止拼缝浇筑时发生漏浆，叠合板板边加工时应预留为 4 mm × 50 mm（深，宽）的企口，并在企口内塞 10 mm 宽防水胶条防止漏浆。

（1）根据预制混凝土构件深化图纸，绘制叠合板拼缝图，统计每栋楼标准层的拼缝位置、尺寸和数量。

（2）按照拼缝图下料，铁皮不能太厚，太厚不易控制板底平整度，也不能太薄，在拆模时容易卷起，以 1 mm 厚为宜，铁皮长度同板模板，宽度为拼缝宽度+50 mm。

（3）按照常规搭设支模架的工艺，搭设板底支模架，注意控制板底平整度在 1 cm 以内；在支模架上铺设模板，模板上铺设 1 mm 厚的铁皮，铁皮铺设需定位，应按照拼缝居中，以确保两侧均能够压在叠合板以下。

（4）叠合板应注意严格按照轴线位置吊放，轴线偏差不应小于 5 mm，两侧各压住下方铁皮尺寸在 25 mm 左右。

（5）混凝土浇捣并养护完成后，对底模进行拆模，之后拆去铁皮时应小心，防止破坏铁皮和混凝土表面，并在下次投入使用。拆除后对板底进行平整度检查。

6.3.5　拼缝处理质量检查与验收

1. 外墙拼缝质量要求

（1）墙板接缝外侧打胶要严格按照设计流程来进行，基底层与预留空腔内必须使用高压空气清理干净。打胶前背衬深度要认真检查，打胶厚度必须符合设计要求，打胶部位的墙板要用底涂处理增强胶与混凝土墙板之间的黏结力，打胶中断时要留好施工缝，施工缝内高外低，互相搭接不能少于 5 cm。

（2）使用打胶枪或打胶机以连续操作的方式打胶。应使用足够的正压力使胶注满整个接口空隙，可以用枪嘴"推压"密封胶来完成。施打竖缝时，建议从下往上施工，保证密封胶填满缝隙。

（3）现场施打预制混凝土密封胶的周围环境要求，包括温度、湿度等。温度过低，会使密封胶的表面润湿性降低，基材表面会形成霜与薄冰，降低密封胶的黏结性；温度过高，抗下垂性会变差，固化时间加快，修整的时间会缩短。若环境湿度过低，胶的固化速度变慢；湿度过高，在基材表面容易形成冷凝水膜，影响黏结性。因此，一般打胶时温度在 5 ~ 40 ℃、环境湿度 40% ~ 80% 为宜。建议在黄昏或傍晚施打预制混凝土密封胶，这时白天与晚上的温差会相对较小。

（4）墙板防水施工完毕后应及时进行淋水试验以检验防水的有效性，淋水的重点就是墙板十字接缝处、预制墙板与现浇结构连接处以及窗框部位，淋水时宜使用消防水龙带对试验部位进行喷淋，外部检查打胶部位就是否有脱胶现象，排水管就是否排水顺畅，内侧仔细观察就是否有水印，水迹。发现有局部渗漏部位必须认真做好记录查找原因及时处理，必要时可在墙板内侧加设一道聚氨酯防水提高防渗漏安全系数。

2. 内墙拼缝质量要求

（1）基面干净，无油脂、水泥浮浆等杂质，基面被水水充分润湿。

（2）砂浆密实、表面平整。

（3）网格布压入后，不应有皱褶、空鼓、翘边。

（4）抹面层砂浆厚度应为 1 ~ 2 mm，以网格布现而不露为宜。

3. 叠合板拼缝质量要求

（1）叠合板密封拼接的常见问题。

① 拼缝处产生裂缝。

在施工中如果拼缝设置的位置不合理，后期拼缝处容易开裂，产生裂缝，影响板的整体性能。我们在设计拼缝位置时应避开弯矩较大的地方，同时对拼缝处采取一些防开裂的措施，比如采用抗裂砂浆、挂钢筋网片等，以此减少叠合板拼缝处出现开裂现象。

② 拼缝处施工处理不当。

施工人员在处理叠合板拼缝时，往往会忽视一些操作要点，导致叠合板拼接得不太理想。比如由于吊装不到位导致板面不平影响拼缝质量。其实在现浇混凝土层前没有对板缝进行清理，板缝间存在杂质影响板缝的拼接质量。施工人员没有采用正确的下料方法，导致板缝间的浆料不均匀。

③ 拼缝处出现漏浆。

施工时未采取一定的措施使得拼缝处产生漏浆现象。我们可以采用 PVC 管对拼缝底部进行密封，这样拼缝中的水泥浆液被封堵就不会产生漏浆的现象了。而 PVC 管等到混凝土凝固后可以拆除重复利用，拆除所形成的凹槽可以用腻子抹平。

④ 拼缝处渗水漏水。

叠合板的搭接处产生渗水漏水的原因是多方面的。在设计时搭接处未设置止水结构。后期浇筑混凝土时振捣方式不当、养护方式不当都会导致叠合板搭接处产生裂缝发生渗漏现象。

（2）叠合板密封拼接质量的影响因素。

① 混凝土后浇层厚度的影响。

我们对不同后浇层厚度的叠合板进行受力性能分析。发现随着后浇层混凝土厚度的增加，板所能承受的极限荷载也在增加。这是因为随着板厚度的增加，混凝土整个受压区也增高了，提高了叠合板的承载力，使得裂缝展开的速度变缓。在同样荷载的作用下我们发现叠合板的混凝土现浇层的厚度越大则板的挠度越小。

② 板底连接纵筋的影响。

除了混凝土后浇层的厚度，板底部连接的纵筋也会对叠合板受力性能产生很大的影响。我们发现在相同荷载的作用下板底连接纵筋的直径越大，那么板所产生的挠度越小。这是因为钢筋直径的增大加大了板的配筋面积，可以承担更多的荷载，使得叠合板的整体性和刚度得到了提升。同时减少底部纵筋的间距，使钢筋排布更密也可以增大叠合面钢筋面积，这样板底部的连接纵筋就可以承受更大的弯矩，通过这种方法增强其抗剪性能。

③ 拼缝两侧钢筋桁架间距的影响。

在施工中，我们加密靠近拼缝侧的桁架，发现加密后的桁架叠合板拼缝处所受的应力比普通的桁架叠合板拼缝处所受的应力要小。当增大荷载时，加密后的桁架叠合板只有在拼缝中间位置的钢筋产生较大的应力。由此可见通过加密叠合板拼缝侧的桁架，可以增大叠合板刚度。

（3）叠合板拼缝质量的优化措施。

① 设计方面。

在设计时，我们需要控制好叠合板的厚度。叠合板的厚度越大，那么板所能承受的极限荷载越大，但增加板的厚度同时会增加成本。因此我们要充分衡量好这之间的利弊。拼缝处纵筋的直径以及纵筋间的间距对配筋面积产生直接影响，采用大直径及小间距的排布方式，可以增强整个叠合板的抗剪性能，拼缝处的钢筋可以承受更多荷载所带来的弯矩。同时我们可以加密拼缝处的桁架使叠合板具有更大的刚度。通过这些设计优化桁架叠合板的拼缝构造，增强叠合板的整体性，可以使得桁架叠合板得到更加广泛的应用。

② 吊装方面。

根据图纸要求对叠合板构件质量、尺寸进行详细检查，核准好叠合板的安装位置。在吊装过程中，采取"慢起慢落"的方式避免叠合板与其他物品发生碰撞。在起吊过程中吊钩位置应当与构件的中心在一条垂直线上，吊索与构件的角度在 45°以上。待叠合板吊至正确位置后下降，等下降到一定高度后应由工人对叠合板的位置进行手动调整，确保拼缝两侧叠合板在同一平面上。

③ 施工方面。

对施工人员做好技术交底工作，使施工人员明确拼缝的构造做法，尽量选用对灌浆操作比较熟练的工人施工。叠合板的拼缝位置应设在结构受力比较小的部位，尽量避开结构薄弱的部位同时兼顾施工方便的原则。灌浆前首先对基层进行处理，光滑混凝土表面凿毛，采用钢丝刷清洁表面油污、灰尘等杂质，保证基层表面干净整洁。严格按照配合比配置灌浆料，在规定的时间内进行灌浆。对钢筋密集区，需要仔细振捣保证结构的严密性。同时需要做好拼缝处的防水施工，可以在拼缝处设置止水钢板以达到防水防渗的目的。在上层结构施工时，不得在拼缝处集中堆放各种材料，以免增加拼缝处所受荷载。拼缝处应当做同条件混凝土试块，等试块强度达到设计强度的100%时方可拆除模板。

实际 工 程 案 例

1．项目概况

本项目总用地面积 21 551.526 m²，总建筑面积 90 501.28 m²（其中地上建筑面积61 760.36 m²，地下建筑面积28 740.92 m²）。项目及内装效果如图 6.47 所示。

图 6.47　项目及内装效果

2．装配式建筑主要技术指标

本项目共四栋高层住宅（1#、2-1#、5-1#、6-1#）均采用装配式装修，主要体现在装修与建筑同步设计、装配式墙面、装配式吊顶、装配式地面、标准化内装部品、管线分离、机电设备及室内装修一体化的 BIM 技术应用、可追溯管理系统、工程总承包模式等环节。

本项目已根据《××市建设局关于执行房屋建筑工程装配式建造方式评价标准的通知》进行装配式装修评价，1#、2-1#、5-1#、6-1#单体装配率均为74%，并于2021年4月被确认为××市装配式建造试点项目，是××市首个通过装配式装修试点认定的项目，同时也获得了健康建筑标准金奖认证。

3. 工程应用的装配式建造技术及特点

（1）装配式吊顶。

装配式吊顶取消了传统主副龙骨的安装方式，通过大模块、卡扣式、面层基层一体化的安装优势，大幅度提升吊顶安装效率。解决了传统吊顶装修工艺复杂、易开裂脱落、安装效率低及现有装配式吊顶产品造型单一等问题。效果上，实现木饰面、圆弧造型等风格设计；功能上满足防潮、防霉、轻质、高强的优越性能。

（2）装配式墙面。

装配式墙面是以高强环保基层板、环保装饰膜为特色，并以 H-H 或自带连接结构的两种快装结构为主特征的装配式墙面产品。由墙饰面板、收口模块、装饰模块等组合构成，自带插接结构，安装快捷。解决了现有装配式墙面产品易翘曲、易形变，表面平整度差等问题。

（3）装配式地面。

装配式地面是以轻质高强的基板、水性环保装饰膜为特色的高性能装配式地板产品，四边锁扣设计，扣合紧密，保证水分不渗透到地板下端。安装便捷，拆卸方便。解决了传统地板装修施工周期长，工序繁杂，质量不可控如易翘曲、变形等问题。

（4）智能建造技术应用。

BIM 技术的应用，可实现图纸会审、深化设计、设计协调、现场实测实量、下单、放线、加工生产等一系列工作。并通过搭建建筑业数字化监管平台，探索建筑信息模型报建审批和 BIM 审图，完善工程建设数字化成果交付、审查和存档管理体系，支撑对接城市信息模型（CIM）基础平台，探索大数据辅助决策和监管机制，建立健全与智能建造相适应的建筑市场和工程质量安全监管模式智能生产。

装配式装修材料使用全自动化生产流水线，可实现智能化管理，实施 ERP，TPM 管理。通过 MES 系统和 WMS 仓储管理系统的结合，通过 4 个子系统即：条码打印子系统、仓库管理子系统、产品跟踪子系统、系统设置子系统在生产过程实现从原材料入库、生产加工、包装、成品入库、出库全过程条码伴随。在条码中输入产品代码、名称、规格以及其他信息。生产加工过程中，各个工序设备的加工信息等，均通过条码扫描录入 MES 系统。产品信息实时可查，实现终端可追溯。

4. 案例实施情况

（1）装修材料的选用。

本项目所使用的装配式吊顶、装配式墙面和装配式地面材料均为自主研发材料，性能优越，各项性能指标均符合国家标准，甲醛释放量及 TVOC 释放量均低于国家标准，材料可循环再利用率达到 90% 以上。

材料的耐磨、耐污、抗渗性能均优于国家标准，其使用年限和安全系数远超传统装修材料。材料的防火等级符合国家标准，吊顶可达到 A 级防火，墙面、地面可达到 B1 级防火。材料的防潮及防水性能也优于传统装修材料，可以很好地解决南方城市潮湿、发霉等室内硬装常见问题。

本项目使用的装修材料节能环保，可实现即装即住；注重健康环保的同时，给人们提供了亲生态的绿色居住空间。

（2）装配式装修施工工艺。

本项目采用装配式装修与传统装修相比，工艺简单，工序简化，大大降低对人工的要求，工序如图 6.48 所示。采用大板块，标准化的安装方式，全干法施工，在减少工期、节约项目成本的同时，也缩小了硬装占用面积，提高了得房率。

吊顶系统主要由基层——几字形龙骨，面层——琉晶板材，连接件——底座、螺钉、胶黏剂，三者共同构成。安装空间垂直方向上，首先把几字形龙骨卡接底座后共同黏结在面层背面，然后由螺钉固定龙骨与底座，防止龙骨与底座脱开的同时形成顶板模块；水平方向上由水平连接件——嵌缝条连接，拼缝间由木块固定。两方向固定后使得吊顶形成整体结构，整体安装，实现吊顶的快装，同时保证了安装面的平整性，如图 6.49 所示。

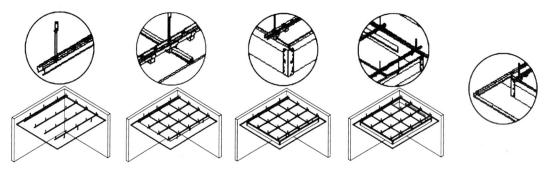

（a）基层安转 （b）面层安转 （c）造型模块 （d）后置类模 （f）低位板安转

　　（贴面平顶）　　　　（立框板）安装　　（集成风口）安装

图 6.48　装配式吊顶安装顺序

图 6.49　装配式吊顶现场安装

墙面系统：墙体的调平安装技术采用将竖龙骨的两端分别与天龙骨和地龙背连接，天龙骨和地龙骨分别与墙体上部和墙体下部连接，使得竖龙骨与墙体相对设置，装饰层可通过竖龙骨安装在墙体上，降低装配难度，提高装配速度；支撑座与竖龙骨配合使用，然后将调平螺杆插入支撑座的第一通孔内，而且第一螺纹段和第二螺纹段均采用半螺纹结构，当螺杆抵牢原始墙体，将螺杆顺时针旋转 90°，即可完成调平，如图 6.50 所示。该装置通过调节调平螺杆的插入深度，为竖龙骨提供有效支撑，保持竖龙骨的平直延伸，实现竖龙骨相对墙体的找平,为安装在竖龙骨上方的装饰层提供相同的支撑高度;支撑座与调平螺杆通过螺纹连接,可提高调平精度;并且半螺纹底座可对转动角度进行限位,避免过度调节,保证连接稳定性。在出厂前,可将支撑座安装在竖龙骨上,在施工现场只需要完成调平螺杆的安装和定位。安装步骤简单,降低组装难度,提高安装速度。

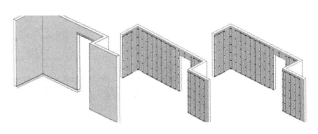

（a）测量放线　（b）基层找平　（c）顶墙收口安装

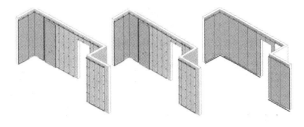

（d）墙面板安装　（e）阳角模块安装　（f）踢脚收口安装

图 6.50　装配式墙面安装顺序

地面系统:其结构包括面层、静音垫和由无机板材构成的基材层以及注塑于基材层外周的环形的塑料体,面层粘接复合在基材层上方,静音垫粘接复合在基材层下方,基材层的各个侧边均通过槽口结构与所述塑料体的环形内侧壁贴合连接,塑料体的外侧壁交错设有若干个卡扣和若干个卡槽,卡扣与卡槽相适配,如图 6.51 所示。从而使其在安装时可以使各种无机板材与塑料板材完美复合,机械连接效果好,复合板之间插接方便快捷。

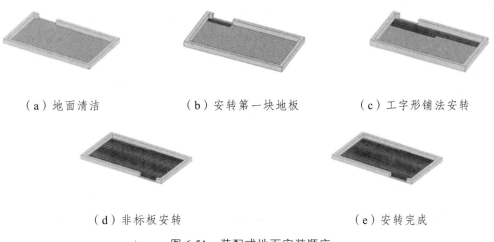

（a）地面清洁　　　　（b）安转第一块地板　　　　（c）工字形铺法安转

（d）非标板安转　　　　　　　　　　　（e）安转完成

图 6.51　装配式地面安装顺序

十万多道工序，两万多个小时的独自死磕，六万多公里披星戴月的往返，退休工人——王震华亲手造出了一座天坛祈年殿。这座微缩的祈年殿（图6.52）由7 108个零件组成，最小零件仅有2 mm，是一个完完全全的榫卯结构，不用一个钉子，一滴胶水。其高0.5 m，最大直径不超0.8 m，比原比例整整缩小了81倍。每个部件都可拆卸，按照力学原理，像建真正的房子那样搭建而成。

图6.52 微缩的祈年殿

1. 历程·决心

儿童时期的王震华就是个木痴，儿时隔壁家住着一个木匠，"小王"没事就喜欢跟在木匠屁股后头捡刨花玩。到了十六岁中学毕业，痴迷于木工的他开始自学木工图，后来又学习了古建筑修复。没过几年，他就熟练掌握了鲁班锁与各种榫卯结构技艺，那时他还不到20岁。1986年，一个偶然的机会，王震华去参观了中国故宫建筑群，走到祈年殿时，他不禁看呆了。白石雕栏环绕的汉白玉圆台，鎏金宝顶、蓝瓦红柱的圆形大殿，龙凤浮雕，结构精巧的藻井，以及整体拔地擎天的气势一次次敲击着王震华的内心。他当时就萌生念头——60岁之前一定要做出一个祈年殿来。

2. 砥砺·坚持

一旦下定决心，老王立刻在僻静的（上海市）青浦区租了个民房。每天骑电动车往返18.6公里路程，耗费两个多小时的时间。在三年里，老王用最便宜的二手钢刀制作了300多把特制刀（图6.53），用处各不相同，最细的刀头仅仅只有0.8 mm。每天工作10小时，一年只休息10天，整整五年没有收入。

从2010年开始，老王几乎天天都会遇到难题，但是他仍咬牙坚持了下来了。直到第四年的时候，老王的第三代祈年殿终于做好了。他舒了一口气说："我才真正感觉到希望了，因为1.5的榫卯出来了。"

6.53　特制刀

3. 成果·展示

2015 年的 10 月 30 日晚 8 点,比原比例整整缩小了 81 倍的祈年殿完成了!窗上有雕花,窗户可开合,小小的一扇门,竟然是由八个以毫厘计算的零件拼接而成。这座祈年殿,是按照力学原理,像建真正的房子那样搭建而成。王震华成就了他千辛万苦、不可思议的五年!

知识拓展

扫描二维码,自主学习。

水平构件现浇连接

灌浆连接技术工程实例

模块小结

　　装配式混凝土结构施工的关键技术就是节点之间的连接技术。因为预制构件的连接点是建筑结构受力的关键部位。而且装配式结构件的连接点需要能够具有很强的稳定性,能够有较强的承载力、刚度、延性。因为对装配式混凝土结构施工提出了更高的要求,需要结构件具有整体性,以确保装配式混凝结构的受力稳定,更好地保障建筑结构的安全性和可靠性。本模块完整详细介绍了装配式混凝土结构灌浆连接、后浇连接、拼缝处理的施工工艺流程以及质量检验验收要求。

模块测验

一、判断题

1. 灌浆连接包括钢筋套筒连接、钢筋浆锚搭接连接两种方式。　　　　　　　　(　　)

2. 预制剪力墙的顶面、底面和两侧面应处理为粗糙面或者制作键槽,粗糙面露出的混凝土粗骨料不宜小于其最大粒径的 1/3,且粗糙面凹凸不应小于 5 mm。　　　　(　　)

3. 钢筋套筒灌浆灌浆料要求初始流动度不小于 200 mm。　　　　　　　　(　　)

4. 外墙拼缝打胶施工应在温度 5 ~ 40℃下施工。　　　　　　　　　　(　　)

5. 叠合板相互之间接缝有分离式接缝和后浇带式接缝。 ( )

二、简答题

1. 简述什么是装配式混凝土结构灌浆连接。
2. 简述装配式混凝土结构钢筋套筒灌浆连接施工工艺流程。
3. 装配式混凝土结构钢筋连接不能用浆锚搭接的有哪几种？
4. 装配式混凝土结构后浇连接粗糙面的处理方法有哪几种？

参考文献

[1] 中国建筑标准设计研究院. 桁架钢筋混凝土叠合板（60 mm 厚底板）：15G366-1 [S]. 北京：中国计划出版社，2015.

[2] 中华人民共和国住房和城乡建设部.装配式混凝土结构技术规程：JGJ 1—2014 [S]. 北京：中国计划出版社，2015.

[3] 中国建筑标准设计研究院. 装配式混凝土结构表示方法及示例（剪力墙结构）：15G107-1 [S]. 北京：中国计划出版社，2015.

[4] 中国建筑标准设计研究院. 预制混凝土剪力墙外墙板：15G365-1 [S]. 北京：中国计划出版社，2015.

[5] 中国建筑标准设计研究院. 预制混凝土剪力墙内墙板：15G365-2 [S]. 北京：中国计划出版社，2015.

[6] 中国建筑标准设计研究院. 预制钢筋混凝土板式楼梯：15G367-1 [S]. 北京：中国计划出版社，2015.

[7] 中国建筑标准设计研究院. 预制钢筋混凝土阳台板、空调板及女儿墙：15G368-1 [S].北京：中国计划出版社，2015.

[8] 中华人民共和国住房和城乡建设部. 装配式混凝土建筑技术标准：GB /T 51231—2016 [S]. 北京:中国建筑工业出版社，2017.

[9] 中华人民共和国住房和城乡建设部.混凝土结构工程施工质量验收规范：GB 50204—2015 [S].北京:中国建筑工业出版社，2011.

[10] 中华人民共和国住房和城乡建设部.混凝土强度检验评定标准：GB/T 50107—2010 [S].北京：中国建筑工业出版社，2010.

[11] 中华人民共和国住房和城乡建设部.混凝土结构设计规范：GB 50010—2010 [S]. 北京：中国建筑工业出版社，2010.

[12] 中华人民共和国住房和城乡建设部. 钢筋锚固板应用技术规程：JGJ 256—2011 [S]. 北京：中国建筑工业出版社，2011.

[13] 蒋明慧，邓林，颜有光. 装配式混凝土建筑构造与识图[M]. 北京：北京理工大学出版社，2021.

[14] 张波. 装配式混凝土结构工程 [M]. 北京：北京理工大学出版社， 2016.

[15] 沈春国，徐荣增. 上海地区装配式建筑预制混凝土构件生产工厂现状及发展前景[D]. 论文， 2016.

[16] 夏峰，张弘. 装配式混凝土建筑生产工艺与施工技术[M]. 上海：上海交通大学出版社，2017.

[17] 肖凯成，杨波，杨建林. 装配式混凝土建筑施工技术[M]. 化学工业出版社，2019.

[18] 郭学明. 装配式混凝土结构建筑的设计、制作与施工[M]. 北京：机械工业出版社，2017.

[19] 黄延铮，魏金桥. 装配式混凝土建筑施工技术[M]. 郑州：黄河水利出版社，2017.

[20] 张金树，王春长. 装配式建筑混凝土预制构件的生产与管理[M]. 北京：中国建筑工业出

版社，2017.

[21] 田春鹏. 装配式混凝土结构工程[M]. 武汉: 华中科技大学出版社， 2020.

[22] 陈伟，刘美霞，胡兴福.装配式混凝土建筑施工技术与项目管理[M]. 北京: 北京理工大学出版社，2021.

[23] 高中. 装配式混凝土建筑口袋书——构件制作[M]. 北京: 机械工业出版社，2019.

[24] 王欣，郑娟，窦如忠. 装配式混凝土结构[M]. 北京: 北京理工大学出版社，2021.

[25] 王鑫，王奇龙. 装配式建筑构件制作与安装[M]. 重庆: 重庆大学出版社，2021.

[26] 胡健昌. 某高层建筑装配式混凝土结构的深化设计和施工关键问题研究[D]. 广东:华南理工大学，2020.

[27] 刘丘林，吴承霞. 装配式建筑施工教程[M]. 北京: 北京理工大学出版社，2021.

[28] 李业斌，朱朝艳. 预制装配式混凝土梁柱节点连接方式研究[J]. 吉林水利，2017.10.

[29] 任士俊，崔建兵，严璟，等 装配式建筑混凝土接缝密封解决方案[J]. 中国房地产业. 2021.01.